新時代「戦争論」

マーチン・ファン・クレフェルト
Martin van Creveld

石津朋之
監訳
Ishizu Tomoyuki

江戸伸禎
訳
Edo Nobuyoshi

原書房

新時代「戦争論」

目次

日本語版への序文

七〇年以上前、アメリカの政治学者クインシー・ライトは、『戦争の研究（*A Study of War*）』（シカゴ大学出版局、一九四二年）という大著を刊行した。その中では日本を、対外拡張に積極的な国の最上位に位置づけている。当時、大々的な征服戦争を行っていたヒトラーのドイツよりも、さらに上ということになる。明治維新以後の日本の歴史を踏まえれば、そうした見方もある程度うなずける。とはいえ、ありがたいことに、そうした時代は終わった。一つには、連合国軍最高司令官ダグラス・マッカーサーによって、日本に憲法改正が課されたからだ。そしてまた、日本人自身が、ほかにほとんど類を見ないような戦争の恐怖を味わわされた結果、それまでとは別の方向に決然と顔を向けたからでもある。

だが、日本の歩みと世界の歩みは違っていた。アメリカの庇護（ひご）の下に安住し、非常に平和主義的な価値観を吹き込まれた日本は、経済の再建と発展に邁進した。一方、世界のほかの国々は、多くの点で以前と同じように行動した。あまりにも頻繁に戦争やその脅しに訴えたこともそうだ。日本の場合、一九四五年以来の防衛政策は、つまるところ、何としてでも武力紛争には関わらないようにすることだったと言える。この政策がこれまで大きな成果を収めてきたことは、認めなければならないだろう。しかし、二一世紀に入って二〇年がたとうとするなか、それを続けることは明らかに地政学的な情勢が許さなくなった。

そこで本書の出番となる。この本では、歴史に即して、戦争をそれにふさわしい仕方で扱っている。つまり戦争を、かつて日本的な考え方とされた武士道の延長でも、「他の手段による政治の継続」（クラウゼヴィッツ）でもなく、「世の中で最も重要なこと」（中国の戦国時代の兵法家で政治家の呉起（ごき）、紀元前四四〇～三八一年）として扱っている。呉起によれば、戦争がそれほど重要なのは「死者たちが硬くなって横たわり、あなた（君主）が彼らのことを嘆き悲しんでいる時、あなたは正義を果たせなかった」ということになるからだ。孫子もこう言っている。「兵（戦争）とは国の大事」であると。呉起と同じ戦国時代に活躍した兵法家、孫臏（そんぴん）の言葉を借りれば「軍事は研究せざるを得ない」ものなのだ。

では、私たちが扱おうとしている戦争とはどんなものなのか。起源はどこにあるのか。どんな性質を持つのか。何に分類され、何から構成されるのか。どのように行うべきなのか。また、社会生活全体の中でどんな位置を占めるのか。こうした問いに答えるために、私は戦争に関する研究や教育に四五年を費やしてきた。大半は一般市民向けの高等教育機関でだが、中には軍の機関もある。場所はストックホルムからキャンベラまで、東京からワシントンDCまで、さまざまだ。研究のほとんどは机の前で行ってきたが、イスラエル人として時にもっと戦場に近い場所でも学んだ。

そうする中で私が気づいたのは、このテーマについて本当に優れた作品は、少なくとも自分が知っている言葉では書かれていないということだった。戦争の理論的な基礎を見落とさないように哲学的な内容を備えつつ、理解しやすい作品。戦争を行うのに欠かせない英雄的資質や自己犠牲を正当に扱っているという意味で気品がありながら、戦争自体がほぼ必ずそうであるような残酷な現実を反映した作品。最新の情報を盛り込む一方で、今後、技術がさらに進歩して新たな装備が登場してからも耐え得るように、歴史のなかで明らかにされてきた根本的な原理にしっかり根ざした作品。重要な主題で触れられていないものがないほど包括的でありながら、何年も研究しなくても理解できるくらい簡潔な作品。周りを見渡しても、自分が必要とするこうした作品は見つからなかった。とくに、私が読んだ一九四五年以後の著作については、中には興味深く、刺激的なものもあったものの、大部分は満足のいくものではなかった。

そのため、長い時間をかけて少しずつではあったが、自分の作品を書いてみようという気持ちが芽生えてきた。ためらいがなかったわけではない。だが、本書の誕生に助力してくれた人たちがいた。彼らにはここであらためて謝意を表したい。私は本書で、いくつかの点に関しては、二人の偉大な先達である孫子とクラウゼヴィッツの例に倣おうとした。一方で、絶対に必要と思われるところでは二人の説を更新し、また善かれ悪しかれ、さまざまな理由から彼らが無視している分野を新たに論じて、彼らを乗り越えることも試みた。

こうして本書が誕生した。今では原書の英語版以外にも、いくつかの言語の訳書が出版されたり、その準備が進められたりしている。私は本書を、自分がずっと大切にし、育て、できる限り守ろうとしてきた自分の子どもたちのように感じている。とはいえ、彼らもすっかり成長し、もう私が世話を焼く必要はなくなった。私自身、研究分野が別のものに移っていることもあり、もはや彼らをそばに引き留めておくわけにもいかない。彼らが自分の世界を歩んでいけるように、独り立ちさせる時が来た。

そんな私の心境を代弁するものとして、イスラエル史上、おそらく最も偉大な軍人であるモーシェ・ダヤンが家族に書き送った言葉を引いておきたい。

愛する人たちよ……
それぞれ自分のかばんと、自分の杖を持って、
神があなたの前に用意された川を渡りなさい
私の祝福があなたたちとともにありますように。

二〇一七年九月、エルサレム近郊のメヴァセレット・シオンにて。

マーチン・ファン・クレフェルト

謝辞

本書は二つのきっかけで成立した。まず二〇一〇年、当時イスラエル軍参謀本部に勤めていた友人のダン・ファイュクティン（退役少佐）から、戦略について短い論文を書いてもらえないかと頼まれた。それに応じて論文を書いたのだが、イスラエル軍には取り上げてもらえなかった。そのため、ヘブライ語で書いたこの論文は未発表のままとなっている。

その三年後、今度はスウェーデン国防大学から軍事思想に関する会議に出席してほしいと依頼された。私は、孫子とクラウゼヴィッツへの称賛にかけては誰にも引けを取らないと自負している。本書を執筆するにあたって最初に痛感したのは、理論書を書くのがいかに難しいかということだった。クラウゼヴィッツはそれをワープロも使わずにおこなったのだから感嘆するばかりだ。とはいえ、私はかねて、理由はわからないが、彼らが考え尽くしていない事柄、答えを出していない問題があると感じていた。私は、自分に機会が回ってきたと考えた。

いろいろな形で助けてくれた以下の諸氏に謝意を表したい。エイァル・ベン・アリ名誉教授、イツハク・ベン・イズラエル教授（退役大将）、ロバート・バンカー教授、モシェ・ベン・デヴィッド博士（退役大佐）、ニヴ・デヴィッド、スティーヴ・キャンディー博士、ジェフ・クレメント（中尉）、ヤイル・エヴロン名誉教授、エイシャ・ハウン博士、ヤジル・ヘンキン博士、ハガイ・クライン、リー・ティン・ティン博士（少佐）、ジョナサン・レヴィ博士（愛する継子）、エドワード・ルトワック博士、アンディー・マーシャル、サミュエル・ネルソン＝マン、ジョン・オルセン教授（大佐）、ティム・スウェイス博士、ジェイク・サッカレー（退役大将）、エーリッヒ・ヴァド博士（退役大将）、エルダッド・ファン・クレフェルトとユリ・ファン・クレフェルト（愛する息子たち）、マーティン・ワグネル教授。それぞれが本書に多大な貢献をしてくれた。彼らがいなければ、本書は完成していなかっただろう。

この仕事を引き受けたとき、愛する妻ドゥヴォラは、求められている水準の作品を私が完成させられるか疑問に思っていた。やっと完成したわけだが、彼女に納得してもらえるかどうかはわからない。でもドゥヴォラ、あなたがいなければ本書は誕生しなかった。愛している。

どこであれ、戦争を研究する人たちのために。戦争が研究される限りは。

序章　軍事理論の危機

一　戦争の研究

　およそ世の中の出来事で戦争ほど重要なものはない。ひとたび戦争が起きると、国家や政権の存続、個人の生存が左右されることになるからだ。だからこそ、たとえ実際に起きるのは一〇〇年に一度だとしても、我々は日々、戦争への備えを怠ってはならないのである。冷たく硬くなった遺体が横たわり、生き残った人たちが嘆き悲しんでいるとすれば、それはしかるべき立場の人がその備えを十分にできなかったということにほかならない。

　これまで、戦争をテーマに膨大な数の書物が著されている。それらが全部、かのタイタニック号に積みこまれていたら、氷山に激突した船は、乗客が脱出するひまもなくたちまち沈没していたことだろう。また、紀元前五世紀のトゥキュディデス以来、優れた軍事史家も数多くいる。我々が戦争とは何かを理解するうえで、彼らが果たしている役割は大きく、その影響は今も続いている。とはいえ、歴史と理論は別のものだ。歴史は、具体的なもの、移ろいゆくもの、繰り返せないものに焦点を当て、何が起きたのか、それがなぜ起きたのか、また場合によっては、どの方向に進んでいるのかを記録する。これに対して、歴史の後に登場する理論は、繰り返し現れるパターンを探り、それを用いて、いつでもどこにでも当てはまる一般的な法則を導き出す。ただし、歴史も理論も、扱う対象がどのようなものかを記述し、折に触れて規定するところは共通する。どちらも、その原因や目的は何か、どう切り分けて考えればよいか、ほかのさまざまな事柄とどう関連しているか、どのような対応や管理の仕方があるか、といったことを探っていく。

人間の思想や行動に関わるほぼいかなる分野にも、優れた理論家が多数存在する。彼らは、美学、倫理学、論理学、神の存在証明など分野は何であれ、対象を吟味し、それを構成している要素に分解する。次にそれらの要素を、多くの場合、驚くほど斬新な方法で再構成してみせる。それによって、読者は知識を広げたり、理解を深めたりできるわけだ。とはいえ、軍事理論の分野では、過去二五〇〇年間に、真に重要な理論家はたった二人しかいない。ほかの軍事理論家はすべて、活躍した当時は有名だった人も含めて、今では多かれ少なかれ忘れられている。

たとえば、フロンティヌス（四〇頃〜一〇三年）、ウェゲティウス（五世紀前半）、ビザンツ帝国の皇帝マウリス（五三九〜六〇二年）、アントワーヌ＝アンリ・ジョミニ（一七七九〜一八六九年）、バジル・リデルハート（一八九五〜一九七〇年）といった名前に関心を持つのは、ごく一部の専門家だけだろう。同じことはニッコロ・マキャヴェリの『戦術論』（一五二一年）についても言える。この本は二〇〇年にわたって数カ国語で読み継がれていたが、今では彼はほとんど政治思想によってのみ知られており、戦争や軍について述べたことが顧みられることは少ない。

こうした多くの軍事理論家が忘れ去られた理由は単純である。一部の人が言うように、戦争とは、抽象的に考える気にさせないほど実践的なものだからだ。その意味では、戦争は楽器の演奏や、一段高い水準ではオーケストラの指揮に似ているとも言える。戦争をする者は、あくまで勝利を得るために戦うのであって、ありとあらゆる理論を試すために戦うのではない。最も優れた理論であっても、それ自体では敵の剣から身を守ることはできない。だからこそ、大方の理論家は、実践的な思考法の持ち主である指揮官に実践的な助言をしようと、戦争に向けて組織する方法や、戦争の始め方、戦争中の戦い方などに傾注することになったのである。

ただ、そこでは見落とされがちなことが二つあった。一つは、二つとして同じ戦争はないということ。もう一つは、人間の歴史と切り離せない戦争そのものが絶えず変化しており、今後も変化し続けるだろうということだ。多くの理論家は、どの戦争も違うということに気づいていなかったために、戦争の「原理」や「原則」なるものの不毛で、無駄に細かい探究に取り組んだ。彼らはまた、戦争自体が変わっているという点も見落としていたことから、自分たちの生きている特定の時代や場所にとらわれた。そのためやはり、もはや重要でない細部にこだわることになった。たとえば、史上最高の海軍戦略家に数えられるアルフレッド・マハン（一八四〇〜一九一四年）とジュリアン・コーベット（一八五四〜一九二二年）は、いずれも海戦における石炭の重要性に言及しているが、コーベットがそれを指摘したとき、イギリス海軍はすでに燃料を石炭とはかなり異なる石油に切り替えつつあった。同じような道をたどった理論家は枚挙にいとまがない。最新の状況を反映させようとするのは、すぐに時代遅れになることを請け合うようなものだった。

例外的な存在は二人しかいない。中国の武将で軍事思想家の孫子（前五四四頃～四九六年頃）と、プロイセンの軍人で軍事理論家のカール・フォン・クラウゼヴィッツ（一七八〇～一八三一年）である。確かに、彼らも時代によって注目されたりされなかったりしてきた。彼らの著作はこの分野に関心のある人なら誰もが読んでいた、あるいは読んでいると考えられていた時代もあれば、内容が古過ぎる、限界がある、理論的過ぎる、などといった理由で退けられていた時代もある。特にクラウゼヴィッツの場合、実際に読んで理解されるより引用されるほうが多かったのも事実だ。だがそれでも、孫子とクラウゼヴィッツはほかの軍事理論家から抜きん出た存在なのである。戦争がなくならない限り、彼らの思想は何らかの形で残り続けるだろうし、もし戦争は近くなくなると言う人が正しければ、戦争より長く残ることになるかもしれない。

とはいえ、彼らの著作にも問題がないわけではない。それは特に、著者が死去した一八三一年の段階では未整理な論文の寄せ集めだったクラウゼヴィッツの『戦争論』について言える。一つ目の問題点は、孫子もクラウゼヴィッツも、戦争の原因と目的について何も語っていないことだ。孫子の場合は、『孫子』をこう書きだしていることに起因する。「兵とは国の大事なり。死生の地、存亡の道、察せざるべからざるなり」[1]。そのため、孫子はそこから直接、戦争の準備や実施の記述に向かうことになり、戦争の原因となる人や物事の分析はおこなわない。

対照的に、クラウゼヴィッツは戦争をポリティーク（政治、政策）の延長と定義している。彼が生きていた当時のプロイセンでは、戦争の最も効果的な遂行法について議論することが許されており、戦争に反対する意思を正式に書面で表明することすらできた。とはいえ彼は、国家やその代表者が一度命令を下せば、指揮官や兵士はただちに行動を開始すべきだし、実際にそうするということを決して疑わなかった。プロイセンのさほど広くない領土内では、市民もまた同じように行動していただろう。いずれにせよ、市民は、プロイセンが一八〇六年一〇月にナポレオンに完敗した後にベルリン首長が述べたとおり、平静を保たなくてはならなかった。要するに、クラウゼヴィッツは政策の目的と「なぜ」という問いを無視していたのである。その結果、支配者が自分の気に入った目的や方法で戦争を開始し、遂行する力をひどく誇張していた。

二つ目の問題点は、孫子もクラウゼヴィッツも戦争と経済の関係についてあまり論じていないことだ。孫子は、少なくとも戦争に莫大な費用がかかる点については警鐘を鳴らしている。一方のクラウゼヴィッツはそれすらしていない。その理由を問われていたら、きっと彼はこう答えたことだろう。経済は確かに重要だが、戦争それ自体を構成するものではない、と。論理的にはそれは正しいのかもしれない。だが、フリードリヒ・エンゲルス（一八二〇～九五年）も述べているとおり、戦争にとって「陰気な科学」（トマス・カーライル）である経済学は非常に重要であり、逆もまたそうなので、経済を無視することは大きな欠点だと言わざるを得ない。実際、第二次世界大戦やその他の戦争で、経済はどんな軍事行動よりも結果を大きく左右したと言ってよい。

三つ目の問題点は、両者とも上位の指揮官の視点をとる傾向があることだ。それは彼らが取り上げる例によく表れている。また、想定されていた読者層からも明らかだ。彼らの著作は万人に向けて書かれたものではなかった。『孫子』は中国のほかの古典と同じように、出版することはまったく意図されていなかった。この書物はもともと、ごくひと握りの人しか利用できない書庫に所蔵され、門外不出だった。これまで知られている最古のテクストが紀元前二世紀の王墓から見つかったことも、おそらく偶然ではないだろう。一方、『戦争論』も、最初はプロイセンの将校向けに予約販売されたものだった。

トップダウンの視点から書かれた両書はともに、戦争、特に一般の兵士が体験する戦争を、実際よりも合理的で統制の利いたものに見せているきらいがある。そこでは、実行される命令が一つあれば、決して実行されない命令が複数、ことによると多数あるということが忘れ去られてしまっている。この問題はとりわけ孫子の場合に明らかだ。ほぼ同時代に生きた孔子と同じように、孫子はもっぱらエリートに向けて語っており、それ以外の人は単なる「人的資源」としてしか扱っていない。彼は、戦場ではすべてが混沌としているように見えると言っているが、どんな時代、どんな場所でも、兵士にとっては戦場の状況は実際に混沌そのものであり、しかも恐るべき混沌であるということをつけ加えていない。疲れきり、腹をすかせ、恐れを抱いている部隊は、自分たちが無事であっても、目の前の現実を離れて何かを考える余裕はないのが普通だ。一八一五年（ナポレオン戦争が終結した年）以降、火力の発展にともなって演習が放棄され、「誰もいない戦場」が生まれると、その傾向はますます顕著になった。また、さまざまな勢力、しばしば離合集散し、区別が難しい諸勢力が争う国家内戦争（内戦）では、それが特に当てはまる。民間人は言うまでもなく、兵士も自分の考えを持っている可能性があり、またそれらの考えが戦争の各レベルでの遂行に影響を及ぼす可能性があることは、めったに言及されない。

むろん、孫子もクラウゼヴィッツも、訓練や組織、規律、統率力といったものを完全に無視していたわけではない。それでもやはり、彼らの議論に問題がないとは言えない。たとえば、孫子がそれらに関して言っていることは警句の域を出ていない。またクラウゼヴィッツの組織に関する章は、今ではほとんど時代遅れになっている。歩兵部隊と騎兵部隊、砲兵部隊の最も優れた連携法について書いている箇所などがそうだ。さらに悪いことに、『戦争論』では「武徳」「大胆さ」「忍耐力」などが「戦略」編の中で論じられている。こうした扱いは、著者の戦略の定義にも、私たちの戦略の定義にもそぐわない。

四つ目の問題点は、孫子とクラウゼヴィッツはともに、「戦争の手段」、すなわち軍事技術の分野を軽視していることだ。孫子がそれについて語っている箇所はごくわずかしかない。クラウゼヴィッツはそれに言及こそしているものの、軍事技術と戦争の関係は鍛冶職人の技術とフェンシングの技術の関係のようなものだとつけ加えている。もちろん二人は、戦争が剣や槍、弓矢、あるいはマスケット銃、大砲などを使って戦われることくらい知っていた。イギリスの軍事史家で戦略家のJ・F・C・フラー（一八七八〜一九六六年）が、適切な武器を見つけられれば戦争の勝利をほぼ確実に得られると述べているように、孫子もクラウゼヴィッツも、技術が戦争の形勢を決める最も重要な要素の一つだという点も理解していたに違いない。だが、彼らが技術を、入念な検討に値する根本的な要素とは見ていなかったことも、同じくらい明らかだ。理由としては、彼らが当時の軍隊はすべて、ほぼ同じ技術を用いていると考えていたことや、一八一五年以来、ほぼ自明になった急速な技術発展が、当時はまだ存在しなかったことなどが挙げられるだろう。

五つ目の問題点は、孫子もクラウゼヴィッツも参謀の任務や兵站（ロジスティクス）、情報（インテリジェンス）についてほとんど語っていないことだ。クラウゼヴィッツは軍が必要とする馬車の数などについては書いているものの、それらは今となってはまったく用をなさない。だが、参謀の任務や兵站は戦争の要となるものだ。第二次世界大戦中のイギリスの陸軍元帥サー・アーチボルド・ウェーヴェル（一八八三～一九五〇年）が述べているとおり、戦略は素人にも理解できるくらい単純なものだが、部隊を移動させ、部隊への補給を確保する実践的な術と定義される兵站は、プロが本領を発揮する分野である。安楽椅子に座った戦略家（アームチェア・ストラテジスト）にとって、地球儀を眺め回してある国の空母を配備すべき位置を判断するのは造作ないことだろう。しかし、出港を控えた排水量九万トン級の艦艇に何万点もの物品を積載する作業には、膨大な専門技術が求められるのだ。

情報についても、両者ともそれぞれの仕方で一部の側面に言及しているに過ぎない。孫子は情報の重要性を強調しており、指揮官が情報を入手するために用いる各種の間諜について説明している。だが、情報の性質や、情報がどう解釈されるか、またどう解釈すべきかといったことについては、ほとんど何も語っていない。クラウゼヴィッツは、軍事情報の性質やそれが戦争で果たす役割については論じている。だが、情報の入手方法にはほとんど触れていない。情報に関して彼らが論じた内容をさらに広げ、更新する差し迫った必要がある。

六つ目の問題点は、孫子もクラウゼヴィッツも戦略の最も重要な特徴である相互作用と、この特徴が戦略の実施を規定する仕方を強調していることだ。孫子は相互性を作品の要としているが、詳しい説明はしていない。クラウゼヴィッツの場合は、戦略の性質と結果というテーマは、より重要度の低いほかの多くのテーマの中に埋没しがちだ。そのため、このテーマについて現代的な観点から論じる必要がある。

七つ目の問題点は、二人とも海戦に関心を示していないことだ。これは、当時の中国とプロイセンが海洋国家ではなかったからかもしれない。あるいは、第二次世界大戦まで、陸軍と海軍は別々の政府機関が管轄していたという事情も関わっているのかもしれない。海戦はおそらく陸戦よりも後に登場したものだが、すでに三〇〇〇年前の中国やエジプトの浮き彫り（レリーフ）にはその場面が見られる。ペルシアのギリシア侵攻を挫折させた紀元前四八〇年のサラミスの海戦から、一九四四〜四五年に太平洋で繰り広げられた一連の大規模な戦闘まで、海戦はときに陸戦に引けをとらない決定的な役割を果たしている。また、イギリス軍は制海権がなければ、一九八二年にフォークランド諸島の奪還はおろか、上陸も不可能だったはずだ。

八つ目の問題点は、孫子もクラウゼヴィッツも空戦（海上の空戦も含む）を論じていないことだ。理由はあえて説明するまでもないだろう。当然のことながら、宇宙戦争やサイバー戦争も扱っていない。これらすべての分野を同じ水準で論じ、伝統的な戦略概念と関連づけたり、その中に位置づけたりした現代の書物はないようだ。一方で、二一世紀初めの現在、「統合性（jointness）」ほど必要性が叫ばれているものもない。これは単に国防予算の切り詰めによる影響に過ぎないのかもしれないが、いずれにせよ、そうした書物が切実に求められている。

九つ目の問題点は、両者とも、これも明らかな理由から、一九四五年以降、群を抜いて重要な「戦争」形態となっている核戦争を扱っていないことだ。宇宙戦争やサイバー戦争（さらにネットワーク戦争や文化戦争、ハイブリッド戦争、効果に主眼を置く作戦［EBO］なども）の場合は、それらの創始者が主張するほど革命的なのかには議論の余地がある。だが核兵器の場合は、政治手段としての戦争の有用性に疑問を投げかけて、軍事理論にかつてないほど大きな革命をもたらしたことは疑い得ない。巨大なきのこ雲のように、核兵器はあらゆる事柄に影を落としており、それは今後ずっと変わらないだろう。この点を考慮していない理論は、核時代よりも前に登場したとか、理論家自身に落ち度があったとか理由が何であれ、有効性が危うくなる。

一〇番目の問題点は、両者とも戦争法についてほとんど何も言っていないことだ。孫子の場合は、当時はまだこうした法が存在しないに等しかったことが理由かもしれない。少なくとも、研究者の中にはそう主張する人がいる。一方、クラウゼヴィッツの場合は、戦争法をわずか一、二文で片づけてしまっている。彼は、戦争法では戦争の最も単純な暴力ですらほとんど減らないと言っている。[2]この主張は、彼がナポレオンに対するプロイセンの敗北に強く影響されていることを踏まえるとよく理解できるし、またある意味正しいとすら言えるだろう。だが、法は正式なものかどうかや成文化されているかどうかを問わず、ほかの社会現象と同様に戦争も方向づけると考えるべきだ。それどころか、第二次世界大戦が終結した一九四五年以降、戦争法の重要性は高まり続けていると主張する人もいる。実際、戦争法は一部のケースでは、反乱や暴動に対処する側が武力を行使できる要件を厳格に制限している。

一一番目の問題点は、両者とも非対称の交戦者による戦争にあまり関心を示していないことだ。ここでの「非対称」には二種類ある。一つ目は、交戦者である共同体や組織が異なる文明に属している場合を指す。孫子がこの意味での非対称戦争に無関心だった背景には、彼が生き、部隊を指揮し、(事実であれば) 作品を書いた時代が、さまざまな政治勢力が「天下」で争っていた戦国時代 (紀元前四五三頃〜二二一年) だったという事情がある。つまり、彼が活躍した時代に戦争をしていた諸勢力は互いによく似ていたのだ。孫子はいわゆる夷狄については軽蔑しきっていたためか、特別な章を割いて論じていない。クラウゼヴィッツも同じ文明内の戦争に焦点を絞っている。それはたとえば、ヨーロッパの軍隊について、同じような発展を遂げているために質よりも量が重要になっていると指摘しているあたりにうかがえる。彼はまた、ヨーロッパとそれ以外の地域では軍事力の格差が日々拡大しているとも書いている。いずれにせよ、プロイセンは植民地帝国でもなかった。

もう一つの非対称は、軍隊同士が対峙したり前進し合ったりするのではなく、まったく別の種類の交戦者同士が争う状態を指す。つまり、自由の闘士 (パルチザン)、反乱者、反体制派、ゲリラ、賊、テロリストといった非正規の戦闘員が、彼らよりも少なくとも最初ははるかに強力な軍隊を相手にするような場合だ。クラウゼヴィッツは『戦争論』で一章を費やしてこの問題を論じているが、孫子はこちらの非対称戦争も取り上げていない。また、二人とも、対称戦争と非対称戦争の両方を包含できるような理論的枠組みを示していない。もっとも、これは二人に限らず、まだ誰もしていないことではある。植民地帝国が支配圏を保てなかったり、アメリカやソ連がヴェトナムやアフガニスタン、イラクで敗北を喫したりしたのも、こうした理論的枠組みの不在が、原因とまではいかなくても影響は与えている。

私が本書を執筆しようと考えたのは以上のような問題点からだが、もう一つ言うと、長年の教員経験から、孫子とクラウゼヴィッツは若者にとって理解するのが難しいと痛感したこともある。孫子の場合は、『孫子』が箴言(しんげん)風のスタイルで書かれていることに加え、弟子たちによって言及されている名前の多くが現代の読者にとって馴染みが薄くなっていることが原因だろう。一方のクラウゼヴィッツのほうは、『戦争論』がもともと未完成の作品だったこと、非常に抽象的な書き方をしている箇所が少なくないことが難点となっている。本書は、孫子とクラウゼヴィッツがみずからつくり出した欠落と、彼らが生きて書いた時代や場所に由来する欠落の両方を埋め合わせようという試みだ。私は、彼らが何らかの理由から無視したり触れなかったりしたテーマについて詳しく論じつつ、彼らの作品で取り上げられているトピックに関して、そうすることが可能で、ふさわしいと判断される場合に現代化を図ろうと思う。これらはすべて、彼らの業績に対する心からの称賛と謝意からおこなうものである。

二　実践、歴史、理論

繰り返すと、戦争の遂行は楽器の演奏やオーケストラの指揮のように実践的な活動である。したがって、戦争に慣れるのに良い方法は、それを実際にやってみるということになる。これは、戦争に慣れる唯一の方法ではないにせよ、最も良い方法かもしれない。格言にあるとおり、戦争の最良の師は戦争なのである。そして、ほかの条件が同じであれば、このオーケストラの規模が大きくなるほど、またそれが複雑になるほど、指揮者、すなわち指揮官の役割も大きくなる。指揮官は、目標に向けて自分以外のすべての人の行動を調整すると同時に、みずからの作戦が敵の干渉によって台無しになってしまわないよう配慮することに最終的な責任を負う。

指揮官になるには、最も低いレベルの仕事をマスターすることから始める必要がある。歴史家のプルタルコス（四六～一二〇頃年）が古代ローマの将軍ティトゥス・フラミニヌス（前二二七頃～一七四年）に関する箇所で書いているとおり、まず、みずから一兵士として奉仕することを通じて兵士を指揮する方法を学ぶわけだ。続いて指揮官たちはだんだん高い役職をこなしていき、その中で最も優秀な指揮官が選抜されていく。段階が一つ上がるにつれて、考慮すべき要素が新たに増え、重要な役割を果たすようになる。たとえば、より高い地位の指揮官ほど、連携させたり使用したりする兵器や装備、部隊の種類が多くなる。

そうした要素には軍事的なもののほかに、政治や経済、社会、文化、宗教に関するものもある。一つ一つの要素を研究し、理解し、修得し、ほかのすべての要素と組み合わせる必要がある。戦争の本質とはこうしたものなので、戦争をするにあたっては究極的に、個別的、集団的な人間行動のあらゆる側面が影響を及ぼすことになる。戦争の当事者はこうした側面を考慮し、それを踏まえて行動しなくてはならない。

歴史をひもとくと、指揮官の中には、ほとんど才能と実践のみでその地位を得て、技量を発揮した人もいる。ナポレオンをして「わが帝国軍の中でも傑出した人材」[3]と言わしめたフランスの陸軍元帥、アンドレ・マセナ（一七五八～一八一七年）はそんな一人だ。読み書きすらろくにできない田舎者の息子だったマセナは、フランス陸軍に入隊して曹長まで務めた後、いったん除隊し、二年間の密輸業を経て再び入隊した。それから元帥まで昇進したわけだが、士官学校では一度も学んでいない。同様に、第二次世界大戦中のドイツの将軍で最も有名な一人、エルウィン・ロンメル（一八九一～一九四四年）も、参謀養成機関である陸軍大学の出身者ではなかった。もう一人の例は、イスラエル軍が輩出したおそらく最も才能ある作戦指揮官、アリエル・シャロン（一九二八～二〇一四年）だ。シャロンは一九四八年、二〇歳のときに兵卒となり、暗闇と雨の中、イラク軍からテルアビブ近郊の故郷の村を守った。類まれな能力を発揮したことが認められるや、将校の養成校をとばして、ほかの兵士らを指揮する役割を任されている。

とはいえ、経験も才能もそれだけでは十分ではない。どんな人も、引き受ける役職の責任が大きくなるにつれて対処すべきことが増えていくが、経験だけでそれらすべてに対処できるという人はまずいない。プロイセンのフリードリヒ二世（大王、在位一七四〇～八六年）が言ったと伝えられるように、経験だけで十分だとすれば、最も優れた指揮官はオーストリアの軍人オイゲン・フォン・ザヴォイエン（一六六三～一七三六年）が従軍中に乗っていたラバということになるだろう。[4]しかも、経験がある人に限って変化に抵抗しがちだ。状況の変化が速くなるほど、その危険は大きくなる。

天才というものは、その定義からしてめったに出現しない。天才はまた、歴史上いつ現れるかを予想できず、思いどおりに登場させることもままならないので、当てにもできない。第二次世界大戦中、ソ連が苦境に陥っていた時期に、ヨシフ・スターリン（一八七八～一九五三年）はこう言ったという。「ヒンデンブルクが次から次に現れるわけではないのだ」[5]。ヒンデンブルクが本当に天才だったかどうかは、ここでは問題ではない。問題は、幹部候補生の大半が天才ではない以上、彼らは才能をたのむのではなく、研究や教育にできる限り力を注がなくてはならないということだ。クラウゼヴィッツが述べているとおり、単に知っているだけの状態（知識）から実行できる状態（能力）に変わることは大きな前進である。知らない状態から習熟した状態への変化は、さらに大きな一歩だ[6]。

　未来のことはわからないし、知るよしもない。未来のことが過去と同じように起きると想定するのは危険であり、とりわけ戦争に関してはそうだ。にもかかわらず、研究や教育は過去の経験に基づいてしかおこなえない。その経験は、できれば自分たち以外の経験であってほしいところだろう。戦争の教訓は多くの場合、血の代償をともなっているからだ。ナポレオンは軍事史に関して、指揮官を目指す者は「アレクサンドロス大王、ハンニバル、カエサル、グスタフ・アドルフ、テュレンヌ（フランスの軍人）、オイゲン、フリードリヒ大王の作戦を繰り返し研究する」ことが必要だと述べている。そしてこう続けている。「彼らを模範とせよ。それが偉大な指揮官になる唯一の術である。己の才能はこうした研究を通じて磨かれ、高められるであろう。そして、これら偉大な指揮官が示したものと異なる行動原則は、一切拒むようになるであろう[7]」

　注目すべきは、ナポレオンがここで挙げている七人のうち三人は、彼の時代より一八〇〇年以上も昔、すなわち彼が活躍した世界とまったく異なる世界に生きた軍人だということだ。絶えず急速に変化する状況に慣れ、それを当然とすら思っている多くの学生は、古代の軍事史（ナポレオンは言及していないが中世も）が最近の軍事史と同じくらい非常に役立つと言われても、なかなか受け入れられないかもしれない。最強の武器が槍で、最速の通信手段が馬に乗った伝令であるような軍隊から、いったい何を学べるというのか？

こうした誤解をしている人はあまりにも多く、クラウゼヴィッツですら例外ではない。彼がその詳細な研究の中で取り上げている事例は、せいぜい一六三〇年代のグスタフ・アドルフまでである。それ以前の戦争については話のついでに軽く触れる程度で、しかも基本的にそれらがもはや論じるに値しないと言うためである。クラウゼヴィッツはこう断言している。戦争の準備や遂行の「実務」を担当する人にとって、古代史から学べる教訓など何一つない、と。教訓を見いだせるのは、軍隊の組織や装備が彼の時代と大きくは変わらない最近の戦争だけだという。「最近」が何を意味するかについては、彼は一つではなく三とおりの答えを示している。彼がこの問題について突き詰めて考えなかったことをはっきり示す証拠と言ってよいだろう。大家に対して言うのははばかられるが、この点については彼はもっとよく考えるべきだった。

クラウゼヴィッツは、軍事史の最大の意義は「教訓」を得られるところだと思い込んでいた点でも間違っている。こうした教訓となるものは、じつは陳腐なものなのだ。また、教訓同士が矛盾していることも多いから、ほぼどんな事柄についてもそれに当てはまる教訓を見つけられる。軍事史の意義はむしろ、現在の状況と大きく違うからこそ比較の視座となるような現実を掘り起こし、明るみに出すところにある。歴史、なかんずく大昔の歴史は、拡大鏡のようなものである。それをのぞき込むとあらゆる欠点を見つけられ、そうした欠点から学んだり、欠点を直す方法を知ったりもできる。別のたとえをするなら、軍事史を学ぶ学生は、異文化の中で長期にわたって暮らし、働く見習いに似ている。異文化を学び、それに没入すれば、当然その文化を深く理解できる。だが、もっと重要なことに、自分たちの文化への理解も深められるのだ。

軍事史の学習を通じて彼らが特に理解できるようになるのは、いや理解しなくてはならないのは、馴染みのあるものだけが存在するもののすべてとは限らず、また存在し得るもの、存在するであろうもの、存在すべきもののすべてとも限らないということだ。戦争は万華鏡のように絶えず変化している。その変化は急速で、予想もつかない形をとることも多い。従って、指揮官にとって警戒すべき考え方があるとすれば、それはかつてドイツの陸軍参謀総長アルフレート・フォン・シュリーフェン（在任一八九一〜一九〇六年）が言った「想像可能なことは実現されている」というような発想だろう。軍事史の研究を通じて、こうした誤解にとらわれないようになれることが望ましい。そのためには、学ぶ対象の歴史が現代とかけ離れ、馴染みが薄いものであるほどよいだろう。ただし、その際には、単に「起源」や「教訓」「先例」といったものを探り出そうとするのではなく、あくまで当時の条件に即して理解しようとする姿勢が求められる。

理論は歴史に基づいて構築される。宗教（「神の意志」）や占星術、魔術、直観、「コモンセンス（常識、共通感覚）」は論外として、理論の礎にできるのは歴史しかない。確かに、理論では生の複雑さを捉えきれない。だが一方で、理論がなければ、歴史から引き出されるどんな教訓も曖昧なものにとどまり、目的に応じてどんな用い方もできてしまうだろう。また、理論がなければ、すべてを経験から学べるわけでもなければ天才でもない人たち、すなわち常に圧倒的多数派を占める人たちは、重要なことと重要でないことを区別できないだろう。何かを新しく始めるたびに、すべてを最初からやり直すことになるに違いない。マハンは、かのネルソン卿(一七五八〜一八〇五年)ですら、多少なりともきちんとした研究を、海軍士官にはまだ履修可能でも必須でもなかった若い頃にやっておいてもよかったのではないかとみている。さらに、理論がなければ、共通の概念や用語を使うこともできない。共通の言葉がなければどんな事態になるかは、旧約聖書に出てくるバベルの塔の話が示すとおりだ。

理論とは、自明なことをあらためて言い直したものでもなければ、理解しがたく、曖昧で、互いに矛盾し、無関係な主張を寄せ集めたものでもない。ましてや、将来起きるかもしれないことを予想して、教科書的な解決策を示そうとするものでもない。マニュアルでもないし、自己鍛錬に向けた簡単な手順を記したリストでもない。理論とは単に、歴史から得られる先例や類似点、原理などを体系的にまとめたものだ。理論は、対象をいくつかの要素に分解し、本質的な要素をそうでない要素から区別したうえで、本質的な要素のそれぞれの性質を検討し、またそれらの要素同士の関係やほかのものとの関係を分析する。そして最後に各要素を、理論を真剣に学ぼうとする読者を啓発し、彼らの役に立つような仕方で再び一つにまとめ上げる。

有用な理論には満たすべき条件がいくつかある。第一に、その理論自体の限界が認識されていること。その理論によって何ができるのか、とりわけ何ができないのかがわかっていなくてはならない。第二に、扱う対象がその性質の許す限り正確に定義されていること。第三に、できるだけ統一され、体系的かつ包括的で、そしてもちろん、エレガントであること。第四に、その理論を有効にできるくらいには精緻だが、無駄に細か過ぎないこと。このほか、基礎とする歴史的な現実との接触を保ちながらも論理的であること、独断的ではないが堅固であること、状況の変化に対応できる程度には柔軟性があることなども必要になってくる。

こう言うと読者は、孫子とクラウゼヴィッツの価値は、主に軍人が技能を習得し、発揮するのを助けてくれる点にあると考えるかもしれない。そう考えてしまうのも無理はないが、やはり間違っている。それは、ベートーヴェンを、交響曲第九番の最終楽章が欧州連合の歌に採用されているからという理由で高く評価するようなものだ。

『孫子』と『戦争論』が本当に例外的であるとすれば、それはこの二つの作品が指揮官の行動の指針となる「羅針盤」以上の役割を果たしてくれるからだ。羅針盤になるだけでなく、一種の「地図」にもなる。しかもその地図は、先に述べたような理論上の限界があるにもかかわらず、変化に非常に柔軟に対応できることが証明されている。両作品のテーマである戦争は、地上で最も恐ろしいものだ。多くの人は、芸術や美、正義、愛といったものについて考えるほうをずっと好むだろう。それでも、テーマが戦争だという理由から『孫子』と『戦争論』の価値を見誤ってはならない。これらの作品は、先に挙げた哲学者たちの作品がそうなのと同じ意味で、人間の精神活動の精華なのである。

三　本書の目的

本書の最終的な目的は、私自身や読者が理解を得ることにある。だが、私は同時に本書を、重大な責任を担う準備をし、いつか戦争の立案や遂行に関わる人たちにとって役立つものにすることにも努めた。そうするにあたっては、従うべき原理原則を並べ立てるのではなく、彼らが独自の考えを育めるような土壌を提供しようとした。そのためいくつかの点に配慮した。第一に、『孫子』と『戦争論』のどちらよりも包括的な著作にしようと試みた。第二に、忙しい人は研究や教育に費やせる時間が限られるとの考えから、全体の長さも制限した。そうすることによって、大事な点に焦点を絞り、過度に細かくならないようにできたと望みたい。

第三に、簡潔な言葉を用い、専門用語をなるべく排そうとした。とりわけアクロニム（頭字語）を使わないようにした。多くの場合、それは血流の中の血の塊のように漂い、読者の脳を塞いでしまうからだ。孫子もクラウゼヴィッツも略称を使っていないのにはほっとさせられる。また、簡潔な表現をするために、両性の人が含まれる場合にも男性の代名詞を使っている（これはウィリアム・ストランク・ジュニアとE・B・ホワイトが *The Elements of Style*［ライティングの基礎］で、ウィリアム・ジンサーが *On Writing Well*［良い文章を書くには］で勧めている）。第四に、論理と歴史的な事例、引用を、互いがその意味を明らかにし、全体として統一されるように組み合わせて、バランスを取ることに最大限努力した。

以上が私の目標である。それらが達成されたかどうかは読者の判断に委ねたい。

第一章　なぜ戦争か？

一　感情と衝動

厳密に言えば、戦争の原因は戦争の一部ではない。それは、卵がそれを産んだ鶏の一部でないのと同じだ。その限りでは、孫子とクラウゼヴィッツがそれぞれ戦争の原因という問題をほぼ無視していても、責められないだろう。とはいえ、鶏の本性や生活、特徴、行動を研究するには、鶏の生命が哺乳類のように子宮の中からではなく、また細菌のように細胞分裂によってでもなく、卵の中から始まることを確認しておくのは有益だろう。戦争についても同じことが言える。

平和と戦争は何千年にもわたって絡み合ってきていたので、多くの人にとって戦争は当たり前のものだった。戦争は、たとえ恐ろしいものだとしても、人間の営みのごく普通の一部であり、それ以上の説明は不要だったのである。もちろん、戦争を憎み、戦争によって苦しみ、戦争の恐怖にさいなまれた人が多かったのも確かだ。ホメロスの『イリアス』では、戦争を「むごたらしい、人間の苦しみの種」と表現している。戦（いくさ）を司る神アレスは「神々の中で最も嫌われていた」[1]。

だが、いわゆる黄金時代にまつわる神話を別にすれば、人間は戦争を甘んじて受け入れていた。たとえば、古代ギリシアの時代に結ばれた「和平協定」の多くは、本当はそう呼べるような代物ではなかった。トゥキュディデスが述べたとされる（実際は言っていないのだが）とおり、それは「永続的な戦争の一時的な休戦」を取り決めたものに過ぎず、何年か期間がたてば失効するものだったのである。一六〇九年になっても、スペインとネーデルラントは一二年間の休戦条約を結んだが、その期間が過ぎると戦争を再開すると規定されており、実際にそうなった。

これほどまでに戦争は自明のものだったから、人間にとって戦争のない世界は想像すら難しかった。いわゆるユートピアについて書いた多くの著述家、たとえば『国家』（紀元前四二〇年頃）のプラトン、『ユートピア』（一五一六年）のトマス・モア、『Christianopolis（クリスティアノポリス）』（一六二一年）のヨハン・ヴァレンティン・アンドレーエも例外ではない。彼らが描いた想像上の共同体は戦争をおこなうことを目的の一つとしており、中にはそれを主な目的としていた。ジョン・ミルトンの『失楽園』（一六六七年）では、天国の天使たちが砲撃を交わす場面がある。むしろ、平和、すなわちかなり多くの人がかなり長期にわたって、あまり暴力に訴えずに暮らせる状態のほうこそ、説明が必要なものだった。この見方は今も残っている。

こうした事情を踏まえれば、戦争の原因や動機を探るのは単に知的な営みか、純粋な主義主張の類いに過ぎないと考える人がいても、驚くには当たらない。同じ人がこれら二つの活動をどちらもこなすような場合もあった。最も有名な一八世紀の啓蒙専制君主プロイセンのフリードリヒ二世はまさにそんな人物だ。彼は、ある時には「フィロゾーフ（哲人）」然として、「牛が犂（す）き、ナイチンゲールが歌い、イルカが海で泳ぐように戦争をする定めにあること」[2]を嘆いてみせている。サンスーシの宮殿でヴォルテールと議論して過ごすほうがどんなに幸せか！　だが、彼にはもう一つの顔があった。権力に飢えた君主、総司令官として利己性のなすがままに振る舞っていた。

戦争の原因についての最も初歩的な説明は、戦争は人間の生まれながらの邪悪さ、信仰のある人に言わせれば罪深さの産物だというものである。ユダヤ教の聖典タルムードには「人間は若いときから悪に染まりやすい」とある。孔子は「欺きやずるさがあり、そこから戦が生じる」と言った。[3]宗教的な背景があろうとなかろうと、人間は強欲や憎しみ、妬み、復讐心、残忍さといった、最も悪く、最も軽蔑すべき、邪悪な感情にとらわれがちだ。その結果、いたるところで不信と恐怖が生まれており、この状況は正当化されることも多い。

そうした不信と恐怖から、人間はより大きな力を手に入れようと闘争に駆り立てられることになる。イングランドの偉大な政治思想家トマス・ホッブズの言葉を借りれば、この闘争は「死ぬまで終わらない」[4]。こうした感情は互いに複雑に影響し合いながら、我々の世界における邪悪なもの、その最たるものである戦争の原因になっている、というわけだ。

この論理を裏返して、戦争は神が与えた懲罰だとする説も数多くある。代表的なのは、紀元前八世紀の預言者イザヤのものだろう。ユダの民の罪に関して、彼はこう述べている。「主は旗を揚げて、遠くの民に合図し、口笛を吹いて地の果てから彼らを呼ばれる。見よ、彼らは速やかに、足も軽くやって来る。疲れる者も、よろめく者もない。まどろむことも、眠ることもしない。腰の帯は解かれることがなく、サンダルのひもは切れることがない。彼らは矢を研ぎ澄まし、弓をことごとく引き絞っている。馬のひづめは火打ち石のようだ。車輪は嵐のように速い。彼らは雌獅子のようにほえ、若獅子のようにほえ、うなり声をあげ、獲物を捕らえる。救おうとしても、助け出しうる者はない」[5]。一部の地域では、現在でもこうした説が支持されている。

一九〇〇年頃には、「好戦的な本能」というものがよく話題にされた。そこでは戦争は、自然に根ざし、程度の差はあれ、自然によってすべての人間に植えつけられた欲求の産物とされていた。こうした本能を持つゆえ人間はずっと戦い合ってきたし、これからも戦い合い続けるというわけだ。一方、続く世代の人たちは、「好戦的」よりも「攻撃的」、「本能」よりも「衝動」という言葉を好むようになった。また、そうした衝動を新たな生物学的発見によって基礎づけようともした。まずホルモン、次に遺伝子、その次に脳内のさまざまなプロセスが注目された。とはいえ、彼らもまた戦争の原因として、感情や衝動、しかも悪い感情や衝動を重視していたため、その点では前の世代と変わるところがなかった。

違っていたのは、そこでの感情や衝動が静的なものではなく、「進化」という概念、さらに進化を通じて進歩と関連づけられていた点だ。チャールズ・ダーウィン（一八〇九〜八二年）によって発見された進化は、社会進化論として人間社会の分析にも応用された。プロイセンの将軍で軍事史家のフリードリヒ・フォン・ベルンハルディ（一八四九〜一九三〇年）をはじめとする思想家は、戦争とは自然が「最適な者」を選別するためにつくり出した手段、それも最高の手段だと論じている。人間や共同体はちょうどサメが泳ぎ続けなければ溺れ死んでしまうように、成長しなければ衰退すると考えられた。こうした理論は通俗化された形で、ドイツ以外にも広く受け入れられた。

ただし、そこでの「最適な者」が何を意味するかについては明確にされていなかった。人間に最も近いといわれるチンパンジーのような動物の場合、それは賢さや身体的な強さ、その基礎となる健康、競争や攻撃、支配への性向（これはホルモンや遺伝子構造に由来する場合がある）を併せ持った存在のことかもしれない。しかし人間の場合、事情はもっと複雑になってくる。それぞれの人の地位は、個人の性質だけでなく、それに先立つ社会的な要因、すなわち歴史によっても左右されるからだ。

家系や遺産、富に恵まれた人たちが、そうした特権のおかげで、努力だけでは得られない地位を手に入れられるという話は珍しくない。もちろん例外はあるものの、最も頭の切れる人、最も屈強な人、あるいは最も権力のある人でさえ、それらを持っていないために獲得できないものがあるというのも、よく聞く話だ。いずれにせよ、社会進化論は、人間のものも含めて、生を、過酷で、無慈悲な、永遠に続く闘争と見なしていた。「自然」の下では、美しい花であっても、ただ小さいから、無防備だからという理由で踏みつけられてしまう。それでも、退化とその果ての絶滅というもう一つの道をたどるよりはずっとましだろう。もう一方の選択肢がこうでは、個人であれ共同体であれ、選択の余地はなかった。

進化の産物や手段としての戦争という考え方と関連がある説に、性選択というものがある。これは、雌が同じ種の最も適した雄を選ぶことによって、性が進化において決定的な役割を果たすという説で、すでにダーウィン本人の仕事に現れている。後代の遺伝学者はそれをさらに発展させた。彼らの説によれば、戦争が進化を促すのは、「最適な者」を社会的に最も高い地位につけることによってではなく、勝者が生殖能力のある女性を手に入れやすくすることによってだという。勝者は種をまき、遺伝子を残す。進化論の観点からすれば、これがまさに成功の意味することである。「産めよ、増えよ、地に満ちよ」（旧約聖書）というわけだ。

他方、マルスとヴィーナスの積年の関係が物語っているように、戦争はそれに参加する人の性欲を高める。それがパートナーと引き離されているためなのか、殺された場合に備えて何かを後に残したいという無意識の願望からなのか、それともホルモンのなせる業（わざ）なのかを説明するのは難しい。性衝動が何を引き起こすかについての早い例は『イリアス』に見いだせる。トロイアを前にした戦争が一〇年におよび、アカイア人の軍勢はうんざりしていた。帰国のことしか頭になくなった兵士たちは、発破（はっぱ）をかける指揮官らを無視して、急いで自分たちの船に戻っていく。そこに現れるのが智将、老ネストルだ。彼は兵士たちにこう呼びかける。めいめいが「トロイア人の妻を抱くまでは」とどまろうではないか。[6] この策が功を奏し、彼らは帰国を思いとどまる。

戦争に強姦はつきものであり、勝者が敗者を辱めるための武器として用いる場合もある。しかし、わざわざ強姦するまでもないことも少なくない。フランスの作家シモーヌ・ド・ボーヴォワール（一九〇八〜八六年）は、ドイツ軍が一九四〇年にパリに入城するや、ドイツ兵たちはたちまちフランス人の娼婦や一般の女性に囲まれたと回想している。同じような光景は、一九四四〜四五年に連合国軍の兵士がエルベ川の両岸に達したときにもみられた。イギリス兵やアメリカ兵はたばこやチョコレート、ナイロン製のストッキングで女性たちを「買った」。ソ連兵は、現地に入った直後に女性たちを強姦しまわった後、やはりパンや塩漬けの魚でそうした。多くの女性は征服に来た軍隊の兵士、できれば将校に身を委ねることで、身の安全を確保できたのである。その相手がほかの兵士らから自分を守ってくれるからだ。自発的であろうとなかろうと、性行為を通じて人間のDNAは拡散する。人間の遺伝子で最もありふれたものは、史上最大の征服者とも称されるチンギス・ハーンに由来すると言われる。[7] 一説によると彼は、人生最高の楽しみは、打ち負かした敵の目の前で、彼らの妻や娘を抱くことだと語ったという。

だが戦争は、我々の最も優れた資質、最も崇高な資質を反映したものだとも言えないだろうか。というのも、戦争とは単に男たちが殺し合い、傷つけ合うだけのものではないからだ。確かに、そうしたことは実際におこなわれるし、また大規模である。しかし、戦争に参加する男たちは、英語にふさわしい表現がある大義(コーズ)のために戦う際に、苦しみ、みずからを犠牲にし、さらには命を失うことすら求められるのである。

そうした大義、人によっては神話と呼ぶかもしれないもの、神や王、国家、旗などを指すことがある。それが何かは歴史によって決まり、状況ごとに異なる。突きつめれば、大義の正確な内容はさほど重要ではない。それはあくまで、ある集団、その存亡がかかり、人がみずからの命を危険にさらす集団を表現したものに過ぎないからだ。命をさらすには、人は問題の大義に気づいてそれを頭で理解するだけではまったく十分ではない。大義を実感し、経験し、徹底的に受け入れなくてはならない。自分よりも偉大で、優れていて、守る価値がある存在に、波のように圧倒され、押し流される必要がある。たとえば「自由を与えよ。さもなくば死を！」（アメリカ独立戦争の指導者パトリック・ヘンリーが一七七五年の演説の中で述べた）という言葉からは、そんな体験がうかがえる。

戦争が我々の中にある最良のもの、最も高潔なものに由来すると言うと、決まってとんでもないと反発する人がいる。だが、彼らがゆっくり眠れるのも、じつはほかの人が守ってくれているおかげなのだ。いずれにせよ、そうした考えを忌み嫌う人がいるからといって、戦争にメリットがないということにはならない。実際はむしろ逆かもしれない。少なくとも、人類が生み出した最高の哲学者や芸術家たちは、戦争にも利点があることを認めている。つまるところ、殺害する人がみずからの命も危険にさらすという点は、まさに戦争を処刑や大虐殺、ジェノサイド（集団殺害）と区別するものだ。意図的であれ不注意であれ、これらを混同するのは無知の表れだと言うほかかない。

多くの戦争では、確かに処刑や大虐殺、ジェノサイドもおこなわれてきた。戦闘にともなう死者よりも、こうした行為による死者のほうが多い場合すらあった。それでも、やはり戦争と残虐行為は別のものだ。処刑者が社会でたたえられることはめったになかったし、むしろ故郷に戻った後は誰からも忌み嫌われることが多かった。これに対して、みずからが信じる大義のために命を危険にさらしたり、実際に命を落としたりした人は、必ずたたえられた。しかも、それは十分な理由があってのことだ。そうした行為は、彼らの中の最も優れ、最も気高い部分の表れだとしか言いようがないからだ。

アレクサンドロス大王にホメロス（もちろんそれだけではないが）の手ほどきをしたアリスト

テレス（前三八四〜三二二年）は、人間の最も高潔な性質は卓越性（アレテー）だと論じている。それによって、人は崇高な大義のために戦って死ぬこともいとわず、輝かしい人生を送ることができるという。ずっと後代の思想家たち、たとえばゲオルク・ヴィルヘルム・フリードリヒ・ヘーゲル（一七七〇〜一八三一年）やフリードリヒ・ニーチェ（一八四四〜九〇年）は、ほぼすべての点でアリストテレスとは違う考え方をしている。それでも、戦争が国家（ヘーゲル）や個人（ニーチェ）が最も試される機会であるという点には同意していた。ついでに言えば、二人とも戦争を個人的に体験している。ヘーゲルは、ナポレオンが一八〇六年にプロイセンへの軍事作戦をおこなった際に自宅が焼き払われた。ニーチェは、一八七〇〜七一年の普仏戦争に看護兵として従軍した。

ヘーゲルは、もし戦争の脅威がなければ、共同体を団結させる力となるのは自己本位の「利害」と専制主義の組み合わせしかないだろうと論じている。ニーチェも、戦争がなければ、人間のあらゆる文化の土壌となるような精神の高揚がもたらされる余地はほとんどないと主張している。戦争がないと、人類は動物のような生活を送る存在に退化してしまう、つまり、土をひっかき、食べ、寝て、セックスをし、快楽を求めることしかしなくなる、というわけだ。ローマ人はそうした状態を「パンとサーカス」と言い、ニーチェは「最後の人間」と呼んだ。その果てに、人間の文化として知られているものは、緩慢な、痛みのない終わりを迎えることになる。

「眉（まゆ）一つ動かさず死を直視できる者、兵士だけが自由な男だ」。ドイツの劇作家で詩人のフリードリヒ・シラー（一七五九〜一八〇五年）はそう書いた。もはや過去も未来も、原因も結果も、罰も報いも気にならない。それらは霧が晴れるように消えてなくなり、後には澄み切った空だけが残る。戦争に参加している兵士らが恐怖の只中でしばしば喜びの爆発を経験するのは、こうした自由、自分自身になれる機会があるからだ。恐怖が大きければ大きいほど喜びも大きくなること、少なくともしばらくの間はそうなることも珍しくない。

心理学者の中には、近代社会に暮らす人の大半は殺すことに慣れていないため、殺すことは教わらなくてはできず、実際におこなうと心理的なダメージを受けると主張する向きもある。心理学者たちはその一方で、戦闘中に興奮状態に陥る「コンバット・ハイ」にも言及し、それをアドレナリンの大量分泌と結びつけている。もっとも、そうした精神状態は目新しいものではない。『イリアス』では、王アガメムノンが「腕から血をしたたらせながら」トロイアの兵士たちを片っ端から殺していく。[8]その間ずっと「意気軒昂に」、配下の男らに自分に続けと呼びかける。

歴史を通じて、戦争を忌み嫌う人の数と同じくらい、「口の中が乾き、恐れを押しやるほど恍惚と」(アーネスト・ヘミングウェイ)するほど戦争が大好きな人たちもいた。[9]彼らの中には良い人も悪い人もいたが、大半は普通の人だった。また、中世フランスの騎士でトルバドゥール(吟遊詩人)のベルトラン・ド・ボルン(一一四〇頃~一二一五年)には、戦いの快楽を主題にした有名な詩がある。戦争に喜びを見いだしていた人はほかにも多くいる。従軍経験がある人からほんの少しだけ挙げると、アメリカの軍人ロバート・E・リー、大統領セオドア・ルーズヴェルト、イタリアの作家ガブリエーレ・ダンヌンツィオとクルツィオ・マラパルテ、プロイセンのプール・ル・メリット勲章を受章し、有名な *In Stahlgewittern*(『鋼鉄の嵐の中で』)の著者であるドイツの作家エルンスト・ユンガー、アメリカの将軍ジョージ・パットンらだ。第一次世界大戦の前夜、当時イギリスの海軍大臣だったウィンストン・チャーチルは、嵐を前に自分がどれほど心が高ぶっているかを妻に語っている。そして、人生を味気ないと感じ、一大叙事詩に参加したくてうずうずしていた大勢の人もまた、同じような気持ちだった。

第二次世界大戦に従軍した経験を持つアメリカの哲学者、グレン・グレイ（一九一三〜七七年）はこう書いている。「破壊する喜び［中略］恍惚とするほどだった。［中略］男たちは力を与えられたように感じ、すっかり虜になっていた」[10]。別の例を挙げよう。一九七三年一〇月の戦争（第四次中東戦争）は、イスラエルにとっておそらく最も困難な戦争であり、事実、一日当たりの戦死者はイスラエルがそれまでに経験したどの戦争よりも多かった。だが二〇年後、退役将校で後に首相に就任するアリエル・シャロンは、一二〇人の学生（と私）を前に、あの戦争は「素晴らしかった」と回想していた。

戦争ゲームの類い（たぐい）に人がずっと夢中になってきたことも、以上に述べてきたことから説明がつくだろう。また、戦争がよく最大のゲームだと言われる理由も理解できるはずだ。確かに、戦争中に体験する喜びは束の間のものだ。人生が進むにつれて、当人の中でそれが占めていた場所は戦友やアドレナリンへの郷愁か、戦争への強い憎しみが取って代わるようになることが多い。さらに、喜びは戦争にともなう多くの感情の一つに過ぎないというのもそのとおりだ。だがその喜びは、それが続く間は、平和主義者を自任する人でも圧倒されるほど強いものなのである。

第一次世界大戦に従軍したイギリスの詩人、シーグフリード・サスーン（一八八六〜一九六七年）は、ソンムの戦い（一九一六年六月に始まったイギリス、フランス両軍によるドイツ軍への大攻勢）が始まってから間もない時期について「とても面白い」と書いている。彼の友人で詩人のウィルフレッド・オーエン（一八九三〜一九一八年）にとっても、「（思い切って）ゆっくり前進し、堂々と姿を見せるという行為」は「途方もない喜び」だった。[11] また、時代を問わず多くの兵士が、敵を殺すのは性行為をするようなものだと語っている。人間のどんな行動も、それを愛好する人こそがそれを最もうまくやる。戦争をその例外とする理由があるだろうか。

二　個人から共同体へ

以上のような説明に一つ問題があるとすれば、それは、戦争が個人の行動ではなく集団の行動であるという点だ。集団が単位の行動である以上、戦争は「最適な」個人を選ぶ唯一の手段とは考えにくいばかりか、そうした手段の一つと見なすことすら難しい。実際、どんな戦争でも最初に殺されるのは、社会にとって「最適な者」、すなわち若者である。彼らは「最適」でないから殺されるのではなく、最適だからこそ殺されるのだ。数世紀にわたって、アフリカやアジアの国々は帝国主義国によって簡単に打ち負かされ、征服された。その後、これらの国の人たちは、多くの場合、銃を手に立ち上がり、軛（くびき）を振り落とした。それでも、これは、彼らが何らかの点で以前の支配者よりも「適していた」ということの証明にはならないはずだ。それとも、実際にそうだったのだろうか？

同様に、善いものであれ悪いものであれ、個人の感情や動機が戦争を引き起こすうえで果たす役割をめぐっても問題がある。なるほど、集団的な精神異常とでも呼べる現象は実際に起きる。たとえば、ナチスのニュース映画を見れば、有能なデマゴーグであれば何十万もの人に同じ感情を抱かせられることがよくわかるだろう。そうした感情には、短期間ではあれこの上なく激烈な感情も含まれる。文化大革命の間に上映された中国の映画は、それに輪をかけて衝撃的で不気味だ。しかし、拳(こぶし)を握り締めて腕を突き上げ、引きつった顔で、唇をめくり上げて「ハイル、ヒトラー」「ユダヤ人に死を」といったスローガンを叫ぶことと、高度に組織化され、基本的に冷静かつ慎重に計画、実行される戦争とは、やはりまったく別のものだ。

戦争には、収拾のつかない混乱状態に陥る危険が必ずともなうというのもそのとおりだ。だが、極度の混乱と戦争もまた別物である。歴史を振り返ると、戦争に先立って混沌とした状況が生まれていた事例もあったようだ。とはいえ、しっかり統制が維持されなければ、戦争は常に混沌状態に逆戻りする恐れがある。だからこそ、多くの指揮官は自分の部隊を自制させることに最善を尽くそうとするわけだ。特に、攻囲作戦で勝利し、殺害や強姦、略奪の機会が十分にあるような状況ではそうだ。他方、ローマやモンゴルのように、殺害や強姦、略奪といった行為を、一種の雑役、厳格な管理の下で組織的に実行するものに変えてしまうほど、軍隊を徹底的に統制していた国もある。むしろ、それこそが彼らの成功の一因だったと言ってもよいだろう。

個人の感情と共同体の行動との間には大きなギャップがあり、多くの学者は個人よりも共同体のほうに注目してきた。学者の中には、問題の所在を老人が若者を憎み、恐れるという点に見ている人もいる。若者はいずれ勝利することになっている。そんな若者を除去するのに、彼らを殺し合わせること以上に良い方法はない、というわけだ。しかし、この説明には問題が二つある。第一に、戦争によって若者が死ぬとしても、その結果、存在感を増すのはやはり別の若者であって、年長者ではない。第二に、大半の時代や場所では平均寿命が非常に短かったため、人々の大多数を占めていたのは若者だった。たとえば、イングランドの公爵（英語のdukeはローマ帝国後期の属州駐屯軍の指揮官を指すラテン語のduxに由来する）家の人は一四五〇年時点で、せいぜい二四歳までしか生きられなかった。

ほとんどの啓蒙主義の思想家は、人間の本性は善でも悪でもないというジャン＝ジャック・ルソー（一七一二〜七八年）の説を支持している。そのため、彼らは戦争の原因を個人ではなく不正な政府のほうに求めた。当時の王や、取り巻きの貴族たちは、戦争を一種の通過儀礼、ほかの支配者層にまともに相手にしてもらうためにせざるを得ない行事と捉えていた。事実、イギリスとスペインが戦った「ジェンキンズの耳の戦争」（一七三九〜四八年）のように、取るに足りない出来事（イギリスの貿易船の船長、ロバート・ジェンキンズがスペイン当局に勾留され、耳を切り落とされたとの訴えを受けて、イギリスは宣戦布告）を表向きの理由として開戦する例もあった。一説によると、七年戦争（一七五六〜六三年）の真の原因は、フリードリヒ二世がフランス王ルイ一五世（在位一七一五〜七四年）の公妾ポンパドゥール夫人のことを本名のポワソン夫人と呼んだのが発端だったという。彼女はフリードリヒ二世を嫌っていた。その後どうなったかは歴史が示すとおりだ。戦争がときに、君主らがほかのすべての意向を無視して、しかも彼らの犠牲の上に始める「王たちのゲーム」と呼ばれるのは驚くに当たらない。

こうした軽薄な振る舞いを促す要因が二つあった。一つは、当時は集権化が進み、大きな領域国家が一般的となりつつあったことである。軍隊が前線やその付近で作戦を展開する一方、王や取り巻き、愛妾たちはたいてい王宮の中にとどまり、みずからが直接危険にさらされることはなかった。実際、七〇年にわたって、当時のヨーロッパで最も広く最も堅固な領域国家を支配したフランスのルイ一四世（在位一六四三～一七一五年）は、こんな言葉を残している。いわく、この街やあの街を失ったとしても、私は王座にとどまり続けるだろう、と。彼は、みずから「名誉欲」と回想している渇望を満たすために何十万もの人が死に、さらに多くの人が苦しむことになっても、意に介さなかったらしい。

もう一つの要因は、支配者にせよ、男女を問わず支配者に従う人たちにせよ、彼らは階級感情がもたらす一種の国際的な連帯によって守られていたことである。包囲された要塞の指揮官が相手側の指揮官に対して、もしどこかで愛人に口づけさせてもらえるなら、あなたが彼女とどこでも口づけできるようにしてさしあげよう、などという気の利いた冗談を言える時代はそうあったものではない。相手の私財を壊すのを避けたり、相手がなくした望遠鏡を贈ってやったり、あるいは、これはやや疑わしい話だが、相手に先に発砲させたりするといったことについても、同じことが言える。こうした連帯は、スイスの法学者エメリッヒ・ヴァッテル（一七一四～六七年）らが普及させた同時代の国際法によって補強され、制度化された。

戦争の起源を政治体制の矛盾に見いだした思想家として最も重要なのは、ドイツの哲学者イマニュエル・カント（一七二四～一八〇四年）とアメリカの政治活動家トマス・ペイン（一七三七

〜一八〇九年）である。二人とも、君主制と共和制の違いから説き起こしている。君主制国家では王と貴族が統治し、地位を世襲される彼らは誰にも責任を追わない。彼らは先に説明したような仕方で戦争を始め、それによって領地を交換したり、相続問題を解決したり、あるいは漠然と「名誉」として知られているものへの侮辱に報復したりする。ときには、単なる気晴らしのために戦争をしたこともあっただろう。一方、共和制国家では支配者は市民に責任を負うため、こうした気ままな行動は許されない。市民には、地位が上とされた人の気まぐれのせいで死ぬくらいなら、ほかにもっとすることがあるのだ。カントやペインに続いて数多くのリベラルな思想家が彼らのテーマを発展させ、カントの著作の題名にもなっている「永遠平和」を達成する唯一の道はすべての国を民主制にすることだと論じている。

一九世紀から二〇世紀にかけて活躍した社会主義者や共産主義者も、世の中にどんなに邪悪な人、罪深い人、英雄的な人、好戦的な人、いきり立った人がいるとしても、戦争の根本的な原因はやはり個人の気まぐれではなく社会構造にあると見ていた。ただし、社会は勝手気ままな貴族とそれに振り回される不運な庶民の間で分断されているのではなく、資本家階級（ブルジョワジー）と労働者階級（プロレタリアート）、搾取する者と搾取される者の間で分断されているというのが、カール・マルクス（一八一八〜八三年）が教えてくれたことである。彼はまた、資本主義の本質とは、少数の資本家がますます富み、大勢の労働者がますます貧しくなっていくことだとも喝破した。

各国の資本家は原材料が国内に不足していることが多かった。また、作った商品を国内で売ることも難しかった。買い手となる労働者に十分な購買力がなかったからだ。そのため、彼らは激しい競争を余儀なくされ、大きなプレッシャーにさらされた。そして、個人の強欲などではなく、このプレッシャーこそ、戦争の主な原因となったのである。それは国内や国境地域に限らず、戦争が帝国主義的拡張の形をとった海外でも同じだった。レーニンとスターリンは後に、若干修正しながらも同様の認識を示している。とはいえ、話を近代に限る必要はないだろう。二四〇〇年前にプラトンは、貧富の格差が限度を超えると内戦（スタシス）につながるだろうと予言していた。

内戦を引き起こす社会的要因はほかにもある。民族や宗教、文化の違いによって国内の各集団が分離した状態はその一つだ。そうした集団は数十年、あるいはそれ以上にわたってある程度平和に共存できるかもしれないが、一九七六年のレバノンや一九九一年のユーゴスラヴィアでみられたように、その後憎しみと暴力が爆発する場合がある。あるいは、生計を立てたり配偶者を見つけたりできない若い男性が社会にあふれかえっている状態もそうだろう。また、あまりにも強権的、恣意的、抑圧的な政権も武装蜂起を招く恐れがある。おそらく内戦の要因で最も強力なものは、政治体制が不正だという感覚が広く共有されることではないか。これはチュニジアで二〇一〇年一二月に起きたことである。このときは、一人の露天商が女性警官から受けた侮辱が全世界で報じられ、いわゆるアラブの春につながった。

こうした問題は政治的な対立をもたらす場合があり、その対立がさらに戦争に発展することもある。とはいえ、戦争がマルクスの言う政治共同体内の「矛盾」に根ざすという考えには同調できない人もいるだろう。また、民主的でありながら好戦的でもあったアテナイ以来の歴史を踏まえると、ある種の政府は本来ほかの政府よりも平和を好むと考えるには根拠が薄弱だと言わざるを得ない。むしろ、ホッブズやルソーから二一世紀のリアリストに至る思想家たちが指摘するのは、政治共同体間の関係である。ある国が相対的に力を増し、より安全になると、周辺国はその逆になる。だが、各国は地球規模の超大国を認めないため、訴えを起こして相違点を解決できるような法廷は存在しない。

戦争の当事者の規模が大きいか小さいか、あるいはその数が多いか少ないかといったことはさして重要ではない。相対的な力関係の変化が大きく、速いほど、またシステムの全メンバーが拘束される利害関係が深いほど、問題は一段と深刻になる。同じことは、政治共同体がつくることのある連合体にも当てはまるとつけ加えるべきだろうか。戦争とは要するに、国際的な無政府状態の産物である。正義がないところでは力が支配するのだ。

三　目的、原因、なぜそれらが重要なのか

戦争の起源をめぐっては、以上みてきたように人間の本性、共同体の構造、共同体間の関係などに求める諸説がある。とはいえ、それらには共通点が一つある。どの説も、時代や場所を問わずあらゆる戦争に当てはまるということ、それが言い過ぎだとすれば、少なくとも特定の時代や場所で起きたすべての戦争に当てはまるということだ。専制主義の時代か、資本主義の時代かな

どということは問題にならない。だがこれは、裏を返せば、どの説も特定の戦争が起きた仕組みを説明できないということでもある。一例を挙げよう。二一世紀初めにアドルフ・ヒトラーの伝記を書いたある著名な作家は、ヒトラーが生後間もない頃から悪い人間、否、すこぶる悪い人間だったことを証明するのに躍起になっている。この作家の見方では、ドイツ人の大半とまではいかなくとも、多くについても同じことが言える。彼はその証拠として、ヒトラーが権力を握ったときに、ドイツ人は総統(フューラー)への支持を強制されたわけではなかったことを指摘している。彼らはヒトラーに魅了されて、みずからの自由意志で「彼の方へ邁進した」というわけだ。

この作家の説が正しいのかどうかはわからない。だが、いずれにしても、それは第二次世界大戦が起きた理由を説明できていない。ヒトラーやドイツ人は常に悪者だったのだろうか。もしそうでないとしたら、彼らはどのようにしてほかの人間や国と別の道を選んで、一時的に悪に染まってしまったのか。それはいつ、なぜ起きたのか。ドイツ人はある時点、たとえば一九三三年にはそこまで悪い人たちではなく、その後に悪に突き進んだのだろうか。悪にまみれた中で、彼らはどんな理由から大戦という特定の戦争を、特定の仕方で、特定の敵に対して始めたのか。この作家が唱えているような説はせいぜい無知を覆い隠すくらいにしか役に立たず、実際は何も言っていないに等しいのではないか。

タルムード(モーセが伝えた「口伝律法」を収めた文書)には「何にでもすがろうとする者は何も得られない」という言葉がある。特定の戦争の発生について説明するには、背景にある大義や要因を挙げるだけでは十分でない。そうした要因が単に存在しただけでなく、開戦に関わる決断をした人に影響を与えたことも証明する必要があるからだ。しかし、それは不可能である場合が多く、むしろ不可能なのが普通だろう。

一九六二年のキューバ危機の際にケネディ大統領がとった行動を間近で見ていたアメリカの歴史家、アーサー・シュレジンガー（一九一七〜二〇〇七年）は、当時の意思決定プロセスの際に自身が分析した要素の多くが単に筋違いのものだったことを発見している。また、西ドイツの首相を務めたヘルムート・シュミット（一九一八〜二〇一五年）も似たような経験をしている。一九七七年一〇月、ルフトハンザの旅客機がハイジャックされ、ソマリアのモガディシオに着陸した。当時首相だったシュミットは、特殊部隊を現地に送り込んで対応に当たらせた。作戦は成功し、乗客は無事解放された。もし失敗していれば、多くの人命が失われていたのは言うにおよばず、シュミット本人も引責辞任に追い込まれていた可能性がある。その雄弁さから「シュナウツェ（口）」の異名をとったシュミットは、自信に満ちあふれ、この上なく知的な政治家でもあった。ほかの人がしたことやシュミット本人が取り組んでいることについて、彼の研究や考えが不十分だと非難できた人はいなかっただろう。しかし、そんな彼ですら、後にこの事件を振り返って、やるかやらないかの決断を下す瞬間には、背後関係について聞いていた情報はすべて、日の光に照らされた雪にように消えてしまったと書いている。頭の中に残ったのは、作戦の目的とそれが成功する確率、そして作戦を実行しなかった場合の結果だけだったという。

一般的に、戦争は単に起きるという類いのものではない。一部の人が第一次世界大戦に至る数週間に関して主張しているように、意図しない出来事が連続して起きるのだとしても、「避けられない」出来事なるものはない。誰かが、やめるか続けるかを決めなくてはならない時点が必ず存在するからだ。たとえばヒトラーは、当初の計画では一九三九年八月二六日に開始するはずだったポーランド侵攻を一度は思いとどまっている。結局、同年九月一日にそれに踏み切ったわけだが、彼はその際も中止しようと思えばできたのではなかったか。

決定にあたって検討すべき事柄には、深刻なものもあれば取るに足らないものもあり、正しいものもあれば誤ったものもある。そうした検討の結果、社会の動員に成功して、戦争の支持を取りつけられる場合もあれば、そうでない場合もある。とはいえ、検討内容には特定の不満、特定の敵、特定の目標、なかんずく特定の費用対効果の計算が含まれるはずだ。つまりそこには「するために」という契機があるに違いなく、実際にあるだろう。おそらくこれまで、支配者なり指揮官なりが、悪の本性に駆り立てられたために戦争に突き進んだということは一度もなかっただろう。また、自分を犠牲にしてでも自由の感覚を味わいたいという崇高な願望から戦争に踏み切った例も、決してなかったに違いない。そして、国際的な競争を激化させた資本主義の内的矛盾についても同じことが言えるだろう。

ヒトラーは完全に悪人だったのかもしれないし（本人はそう思っていなかったが）、ドイツ人もそうだったのかもしれない。それでもやはり、ヒトラーが第二次世界大戦を始めたのは、彼が悪人だったからではない。ヒトラーは一連の具体的な目標をもって戦争に乗りだしたのである。ドイツの直近の敗戦に対する復讐を果たし、状況を反転させること。宥和政策の失敗を受けて彼の要求を拒んだ敵を破壊すること。第一次世界大戦中に国民を死の間際にまで追いつめた制約を取り払うこと。国民のために「生存圏」を確保すること。一〇〇〇年にわたって国民の将来を安泰にすること。そこでは、いかなる種類の原因もほとんど関わっていない。彼の戦争は特定の目的を達するために意図的に起こしたものだった。ヒトラーの場合は攻撃的な戦争だったが、多くの防衛的な戦争についても同じことが言える。

公に表明された戦争の目的は、本当の目的ではないことがある。いずれにせよ、戦争の目的に関する一連の決定は政治の一部である。むしろ、そうした決定の総体こそが政治だとも言える。では、こうした表向きの戦争の目的だけが問題であり、個人に由来したり、共同体に埋め込まれていたり、あるいは共同体間の関係の性質に根ざしたりする「深い」原因、「根本的な」原因は無視してよいと結論づけるべきだろうか。つまり、こうした原因についての検討はあきらめ、証拠が許す限り、戦争の開始や遂行に関わった人の決定に重点的に取り組むべきだろうか。しかし、そうすることが重大な誤りである理由、言い換えれば原因が実際に重要である理由が二つある。一つには、島のように孤立した人などいないということだ。確かに、ヒトラーが下した決定は、目標を実現しようという彼の決意を反映している。だが、そのヒトラーの考えや全人格は、彼や同時代の人が自分たちにとって「客観的」現実となっていた物事をどう見ていたかに根ざしているのだ。

ヒトラーやほかの人たちが前提としていた考えの中でも特に重要なのが、国際関係とは資源や権力をめぐって果てしなく繰り広げられる、ホッブズ的あるいはダーウィン的な闘争の場だというものだろう。そうした世界観では、ヒトラーが『我が闘争』や未刊行の「第二の書」ではっきり書いているとおり、国際関係は軍事力だけで決まると考えられていた。また、ユダヤ人、共産主義者、スラヴ人はドイツ人の仇敵であり、彼らによってドイツが破壊される前に彼らを破壊しなくてはならないとも主張されていた。さらにつけ加えると、残された時間はなくなりつつあるとも認識されていた。ドイツが包囲網を打ち破らなければ、大国として立ち行かなくなると考えられていたわけだ。こうした「事実」はいずれも決定それ自体ではない。しかし、それらは「大きな物語」を構成しており、この物語がなければヒトラーが下した決定は考えられないし、そもそも意味をなさないだろう。要するに、原因を考慮に入れなければ、これまでに起きたことも、今後起きるかもしれないことも理解できなくなってしまうのだ。

原因が重要である二つ目の理由は、どんなに強大な権力を持つ支配者や指揮官であっても、好きなことを好きなときに、好きな仕方で、好きなだけできるわけではないということだ。エジプトのファラオたちや、「誰にでもなんでもできる」と祖母に放言したというローマ皇帝カリグラ、ソ連のスターリンは、史上有数の絶対的な独裁者に数えられる。スターリンはおそらく、史上最も大きな権力を握った人間と言っても過言ではないだろう。後にソ連共産党第一書記に就くニキータ・フルシチョフ（一八九四～一九七一年）は、スターリンが「踊れ」と言えば、思慮深い人ですら踊ったと語っている[12]。だが、そんな彼ですら、国民を一夜にして意のままに動かせられるようになったのではない。実際には、そうできるまでに相当の時間と努力を要した。また、彼をしても、どんな敵に対しても、誰も何も考慮せず、純粋に意志のみによって選んだときに、大規模な部隊を動員して、指揮官を鼓舞し、兵士の士気を高め、攻撃を開始することはできなかった。

こうしたもろもろのことができるためには、「絶対的な」権力者も、そこまで強くはない権力者も、まず、自分の決定が同時代と一般的な「潜在的な」力のすべて、もしくは少なくともその一部と調和するようにする必要があった。そうしなければ、一九三九年にフィンランドに侵攻したときの赤軍や翌年にベニート・ムッソリーニ（一八八三～一九四五年）が第二次世界大戦に参戦した際のイタリア軍と同じ運命をたどる危険があった。これらやその他の数え切れない例が示すとおり、社会動員こそがすべてだった。孫子は『孫子』の冒頭で、実情を判断する際に最も重要なのは、支配者とその人民が同じ心を持つことと天の計らいだと述べている。これもまた基本的に同じことを言っていると思われる。[13]

今、重量物を積んだ貨物列車が斜面を登っているとしよう。その列車は二両の機関車で動いている。一つは先頭にあり、ケーブルを引き寄せている。もう一つは最後尾にあり、こちらはケーブルを緩ませている。では、どうやったら列車を動かせるか。実際のところ、貨物は分けられており、どの時点でも、引っ張られている貨車と押し上げられている貨車がある。中ほどに位置する数両は、絶えず引っ張られたり、押し上げられたりしている。したがって、この列車全体を運行するのに最もコスト効率の良い方法は、二両の機関車の馬力に正確に比例した形でそれぞれに貨物を割り当てるということになる。しかし、実際にはそれはきわめて難しい。中間辺りの貨車の動きからうかがえるように、完璧に調整できることはまずない。路線が長ければ長いほど、またその傾斜が激しければ激しいほど、さらに難易度は上がってくる。特に、前後の機関車の馬力があまりにも違い過ぎる場合には問題が起きそうだ。両者の調整ができないために、列車は止まってしまうだろう。

ほかの条件が同じであれば、上からの指示は戦争の「深い」原因とよく対応しているほど、成功する見込みが大きくなる。そこでの原因には、個人的な原因と集団的な原因の両方、認識された原因と「実在する」原因の両方が含まれる。そして、成功は新たな成功を生む。とはいえ、完璧な一致なるものは、プラトンの国家のように天上にしか存在しない。また、時間がたつほど、指示と原因がうまく対応した状態は維持するのが難しくなる。そしてそのズレの大きさが限度を超えると、兵士たちは武器を投げ捨て、軍はばらばらになり、人々は支援を拒んだり、抵抗したりするようになる。

第二章　経済と戦争

一　軍資金と目的

厳密に言えば、経済学も戦争の一部ではない。経済学が個別の学問分野として成立してくるのは、ようやく一八世紀末になってからのことである。もっとも、あらゆる人間生活が必然的に依拠する基礎という意味での「経済学」は、男たちが狩りをし、女たちが木の実を採り、人々が物々交換をしていた時代にまでさかのぼる。孫子はある箇所で、戦争がいかに膨大な費用のかかるものかに言及している。クラウゼヴィッツはそれにすらほとんど触れていない。いずれにせよ、適切な物質的基礎がなければ個人も共同体も生存できない。戦争の準備をしたり、戦争を始めたりできないのは言うまでもない。マルクスの友人エンゲルスは、人間の生活における経済学の重要性を戦争ほどよく説明するものはないと言ったが、彼は完全に正しかった。

単純な社会では、戦いを始めることはめったに経済的な問題とはならなかった。戦いを率いるリーダーは、隣りの部族を襲うことに決めたと宣言し、自分に付き従う者たちを集める。彼らはめいめい武器を用意する。その武器は自分が作ったものなのが普通だっただろうし、おおむね狩猟用の道具と同じものだったに違いない。襲撃するチームができると、彼らは戦いに必要なものを持ち寄るなり、現地で調達するなりした。戦いの報酬を求めたり受け取ったりする人はいなかったので、経費はかからず、かかったとしてもたかが知れていた。経済的な問題が持ち上がるのは、遠征が長引いた結果、狩りや家畜の世話をする人手がいなくなり、年寄りや女性、子どもたちを食べさせられなくなったときぐらいだった。

しかし、発達した社会では事情が違ってくる。支配者や指揮官は、部隊を維持するための方策を見つけなくてはならなかった。ときには戦争を続けるのに必要な資源を戦争自体によって賄え（まかな）たこともあったが、常にそうできたわけでは決してない。また、銃後の人を養う必要もあった。すべての労働者の中で最も活動的な人たちが出征すると、残りの人たちの生活水準は急激に下がる可能性が高い。それでも、彼らを餓死させるわけにはいかなかった。しかも、高度な武器、特に金属製の武器は、誰にでも製造できるものではなく、つくるのに高度な技術を要する。職人には賃金を支払わなくてはならない。

一般に、社会が発展し、貨幣経済化が進むほど、また戦争が長引くほど、戦争にともなう経済的負担も大きくなる。それには二つの要因がある。一つ目は、発展した社会は給与の支払いをともなう軍隊を用いる例が多かったことだ。こうした有給の軍隊には常備軍と、戦争が起きるたびに雇われ、終わると解雇される傭兵の二種類がある。二つ目は、技術が進化するにつれて装備品は高価になるということだ。産業革命の時代を迎え、大量生産が可能になると、いったんはこの傾向に歯止めがかかった。社会が自由に使える資源が増えるにつれて多くの装備品のコストが下がったのである。そのおかげで第一次世界大戦や第二次世界大戦時のような大規模な軍隊も生まれた。しかし、一九四五年以降は再びコスト膨張の傾向が強まった。

この傾向に拍車をかけているのが、近代的な軍は必ずしも民生品に満足しないということだ。近代的な軍は、調達する装備品が軍用規格を満たしていることを求める。むしろ、それが必要なケースが多いというのが実情かもしれない。ともあれ、たとえば絶縁体を使った耐寒性の無反射のペーパークリップは、一般向けのペーパークリップよりもはるかに値が張るだろう。実際、アメリカ国防総省による軍装備品の調達費では、こうした軍用品が半分以上を占めている。歴史を通じて、政府支出の内訳で軍事費や戦費が突出して多かったのにはこうした事情がある。確かに、現代国家の大半では軍事費より社会保障費のほうが多くなっているが、それも戦争がない間に限られる。

もし経済学が戦争の不可欠な基礎だとするなら、あらゆる戦争は「究極的には」経済に原因があるというマルクスとエンゲルスの主張には、どれくらいの真実味があるだろうか。おそらくその答えは、これまで経済問題のみが原因で起きた戦争はほとんどなかった、ということになるだろう。とはいえ、経済的な原因が多くの戦争、おそらく大半の戦争に関わっていることも、同様に真実である。

進んだ社会に比べると、部族社会は非常に貧しいのが普通だ。だが、貧しければ戦争が起きにくいということには必ずしもならない。むしろ逆の場合が多いのが実情だろう。つまり、経済的な目標、たとえば水源や狩猟場、牧草地、牛、あるいはその社会が遊牧社会ではなく定住社会の場合は農地などのために、戦争になることがある。また、女性や子どもを獲得して社会の人的資本を増やすために、戦争を利用した部族社会もあった。特に女性は、性的なパートナーや子孫を残す存在としてだけでなく、労働力としても重視されることが多かった。部族社会の戦争も攻守両方のものがあり、経済的な資産や資源を手に入れるために戦争に踏み切る社会もあれば、すでに持っているものを手放さないためにそうする社会もあった。

部族社会は貧しいので、より発展した社会にとって魅力的な標的に映ることはめったになかった。中国人が万里の長城の向こう側に、あるいはカエサルが辺境(リメス)のさらに北側に何を求めたにせよ、それは富ではなかった。たとえば、カエサルはゲルマン人にローマの力を見せつけるためにライン川をたびたび越えたが、その向こう側には果てしない森しかなかったと言っている。北アメリカでも事情は同じだ。そこで白人が追い求めたのはあくまで土地であり、先住民の労働力や彼らの財宝などではなかった。しかし、逆は真ではない。部族社会は、農業生産によって余剰を生み出している近隣の定住社会を常にうらやんでいた。定住社会にはさらに、手工芸品や工業製品が製造、蓄積されている都市もあった。

こうした経済的な不均衡は、二つの社会による戦争に発展する場合がある。軍事的な観点からすると、部族社会は貧しいわりに定住社会といい勝負をしてきたと言える。結局のところ、「蛮族」がローマを滅ぼしたのであって、その逆ではない。また、ヨーロッパにとってモンゴルの脅威が薄らいできたのは、ようやく一三五〇年頃になってからのことだ。ロシアがキプチャク・ハーン国（一二四二〜一五〇二年）の支配から脱するにはさらに時間がかかった。戦争に長けた部族の場合は、戦わずして利益を得ていたことも珍しくない。それは相手から「貢物」をせしめることによってだが、実態は脅迫やゆすりと変わるところがなかった。

農村か都市かを問わず、定住社会もまた、攻撃や防衛のため互いに戦争を繰り広げた。定住社会が求めた何よりも重要な富は、農業などの用途に使える土地だった。獲得した土地は征服者が移り住んで直接に利用することも、被征服者を労働力として働かせて間接に利用することもできた。その次に重要だったのは鉱産物や工業製品、金銀などの貴金物、人的資源といった資源だった。定住社会は部族社会よりもはるかに強固に組織され、統制されていたので、女性や子どもだけでなく男性も奴隷にすることができた。実際、地中海に面した諸地域から供給される奴隷がなければ、ローマの台頭はあり得なかっただろう。戦争から利益を得る最後の、そして究極的には最も重要な方法は徴税である。マルクス・トゥッリウス・キケロ（紀元前一〇六〜四三年）が書いているとおり、税は敗北に対する永遠の罰だった。

キケロの時代から二〇世紀半ばまで、事情はほとんど変わらなかった。ローマは地中海沿いの大半の地域から収奪した。ヴァイキングは北西ヨーロッパ一帯を荒らし回った。ヴェネツィアと十字軍はコンスタンティノープルで略奪をほしいままにした。モンゴルは中国を、ムガルはインドを征服した。イタリアの各共和国は貿易の利権をめぐって戦火を交えた。同じような戦いはスペインとポルトガル、イギリスとオランダ、後にイギリスとフランスの間でも繰り広げられた。一四五〇年から一九一四年にかけてのヨーロッパ諸国による大々的な植民活動も、主に経済的な理由からおこなわれたものだ。一九三九～四一年には、「持たざる国」と称した枢軸国が近隣諸国を犠牲にして「生存圏」を確保しようと動き始めた。富の獲得に向けたこうした戦いはしばしば功を奏し、ときには目覚ましい成功を収めることもあった。一四五〇年以降だけでも、ポルトガルに始まり、次いでスペイン、オランダ、イギリス、そしてアメリカが、とりわけ戦争を通じて豊かになっている。ほとんどの場合、戦争による利益の大部分は上層階級が独占した。その意味ではマルクスとエンゲルスはやはり正しかったと言えるだろう。

一九四五年に発効した国連憲章によって、武力を行使して他国の領土を併合することが禁止され、国家がこうした手段で富を獲得する力は制約された。しかし、だからと言って、経済的な目的がもはや問題とされなくなったというわけではない。一九九一年と二〇〇三年の二度にわたるイラクへの軍事作戦のように、少なくとも目的の一つが利権の確保であるような戦争は引き続きおこなわれている。こうした武力行使が自由貿易のためなどという大義を掲げてできれば、それに越したことはあるまい。同様に、内戦の場合も経済的な目的は大きな意味を持っている。アンゴラやチェチェン、東ティモール、クルディスタン、モザンビーク、ナイジェリア、スーダンで起きた内戦は、いずれも石油をめぐるものだった。ミャンマー、シエラレオネ、ザイールではダイヤモンドなどの宝石、リベリアと、再びになるがミャンマーでは木材、アフガニスタンやコロンビア、レバノンでは麻薬、ザイール（現コンゴ民主共和国）ではこうした商品のいくつかが、それぞれ内戦の中心にあった（レバノンのイスラム教シーア派武装組織ヒズボラは、資金源をイラン以上に麻薬に頼っていると言われる）。多くの武装組織が、市民を守るためと称して金銭を徴収しているのは言うまでもない。ここに挙げたどの内戦も経済的な原因が唯一の原因だったわけではない。一方で、経済的な原因がない内戦というものはおそらく存在しないだろう。

二　戦争と経済発展

敵の排除によって見込まれる利益は別として、戦争が経済の発展に寄与する方法は四つある。第一に、技術の進歩を促すこと。第二に、規模の経済をつくり出すこと。第三に、独創的な資金調達法を新たに生み出すこと。第四に、景気刺激策としての役割を果たすことだ。これらの方法は互いに切り離せないが、ここでは便宜上、その順に説明していこう。

民生技術と軍事技術は複雑に絡み合っている。第一に、そもそも両者の区別は曖昧なことが多く、存在しない場合すらある。フルシチョフの言葉を借りると、兵士はズボンのボタンが外れていては戦えない。だとすれば、ボタンもまた戦略物資ということになる。同じことは、服や、大半とまでは言わなくても多くの家庭用品、あらゆる種類の乗り物、通信機器など、ほかの無数のものについても言える。第二に、そうした事情もあって、どんな種類の軍事技術も必然的に、その社会で使われている民生技術に根ざしている。民生技術の十分な基盤がないのに軍事技術の開発や運用に成功したという国はあまり聞いたことがない。一方、民生分野で用いられている製造手段が軍事分野に応用できるという話は珍しくない。一四世紀に、釣り鐘職人が大砲を造り始めたのはその一例だ。

逆に、軍事技術が民生用に活用される例も多い。一八世紀には、大砲の砲身をくり抜くために開発された穿孔器（せんこうき）が最初期の蒸気機関用シリンダーの製造に応用されている。イギリスの技術者ジョン・ウィルキンソン（一七二八〜一八〇八年）がその両方を開発した。また、軍艦などの建造に使われた技術や材料、たとえば一九世紀半ばに産業規模で生産されるようになった鉄鋼なども、こうした例に含まれる。製造方法にせよ製造物そのものにせよ、使われる技術がまったく同じであれば民生目的から軍事目的に、あるいはその逆に容易に転用できたのである。

戦争史をひもとくと、新しい武器や防具が次から次に登場してきたことがわかる。弓矢、剣、槍、盾、鎧、投石機などの攻城兵器、大砲、潜水艦、軍用機、そして最近では無人航空機やロボット。繰り返すと、戦争用の武器はもともとは狩猟用の道具と同じだった。その後、両者はほぼまったく別のものになった。道具や武器を作るのに用いられた材料の変化を別にすると、次に最も重要な技術発展は風車や水車のように非有機的なエネルギー源を活用する技術が生まれたことだった。だが、それらは地理空間に固定され、野戦では使えなかった。その結果、二〇〇〇年にわたって軍事技術は最も優れた民生用の技術に遅れをとることになった。

振り子が逆に振れたのはようやく一八九〇年頃になってからのことだ。イノベーションはもはや、以前のように発明家個人の手によって、多かれ少なかれ偶然に左右されながら進むものではなくなった。それは、持続的で多くの場合、計画的におこなわれるものへと変わっていったのである。ほかの分野には見られない規模の政府投資に刺激されて、軍事技術が民生技術に先行し始めた。民間でおこなわれていた科学研究が軍に引き継がれ、主として軍事目的に開発されることになった技術は、挙げればきりがない。たとえば、航空機、レーダー、さまざまな電子機器、コンピュータ、ヘリコプター、弾道ミサイル、慣性誘導システム、核兵器などだ。最新の技術進歩の成果がまず軍に導入され、数年後にやっと民間に開放されるという状況は、ほぼ一世紀にわたって続いた。ジェットエンジンがその好例だ。

軍事技術の進歩からは、いわゆるスピンオフが生まれることもある。ここでのスピンオフとは、もともとは軍事目的で開発されながらも、民間の世界にも恩恵をもたらし、それを前進させるような、さまざまな装置や技術のことを指す。しかし、話はここで終わらない。一九八〇年頃に登場したマイクロチップが再び軍事技術と民生技術の関係を変え、民生技術が軍事技術を多くの点で凌駕することになったのである。事実、各国の軍隊は、第三世界の国で作戦をおこなっているときでさえ、非正規の敵が自分たちよりも高性能な携帯電話などの携帯機器を活用している状況に遭遇することがある。

とはいえ、技術は問題のほんの一面に過ぎない。軍隊がこれまで、それを支える民間に必ず重い経済負担を強いてきた点も重要だ。ただ、この点に関しては陸軍と海軍を区別して考える必要があるだろう。どんな社会でも、陸軍は雇い入れる人数の点で最大の組織であり、また、ほかのどんな組織よりも大量の食料や衣類、さまざまな種類の機材を消費する。一方、海軍は陸軍に比べて人員数は少ないものの、はるかに資本集約的である。古代の軍船から現代の空母まで、海軍の装備はあらゆる装備の中で最も大型で複雑な部類に入る。

同様に重要なのは、軍事上の需要は民間の需要に比べて集中的に発生する傾向があることだ。そのため軍需業界では、規模の経済を生かせる生産手段を採用する動きが広がった。大規模に生産すればコストを削減できるからだ。たとえば、一六六〇年頃にいち早くフランス陸軍が軍服を採用したときもそうだった。大型需要のもう一つのメリットとしては、互換性のある部品の開発が促されることが挙げられる。部品の規格統一化として最も古い一例が、ガレー船を建造した一五世紀ヴェネツィアの海軍工廠（アルセナーレ）に見いだせるのは偶然ではない。別の先駆者は綿繰り機の発明者として有名なイーライ・ホイットニー（一七六五～一八二五年）だろう。彼はアメリカ政府から請け負って、互換性のある部品を組み立てる方式でマスケット銃も生産した。

アダム・スミス（一七二三～九〇年）は、国の防衛を富の豊かさよりも重要なものと位置づけている。戦争は普通、遂行はもちろん、その準備にも、平時にはとても集められないほど莫大な資金が必要になる。そのために、まったく新しい資金調達の仕組みが生み出されることもある。有名な例が一六九四年のイングランド銀行の設立だ。同銀行はもともと、フランスとの戦争の戦費を賄うことを目的に発足した。一八世紀を通じてそうした資金調達機関としての役目を果たし続けながら、ほかのさまざまな機能も備えていった。イギリスが世界で最も進んだ経済大国になれた陰にもイングランド銀行の存在がある。イギリスはその地位を二世紀近くにわたって保つことになる。

最後に、戦争は個々の企業の活動だけでなく、経済全体を刺激する。それがどのような仕組みで進むのかについての詳細な説明は、ジョン・メイナード・ケインズの有名な著書『雇用、利子および貨幣の一般理論』（一九三六年）の登場を待たなくてはならなかった。ケインズの不況対策は本質的には単純なものだ。支出をどんどん増やせ、これである。たとえそれによって財政赤字に陥ってもかまわない。彼の理論に通じていたかどうかは定かではないが、ヒトラーもアメリカ大統領フランクリン・デラノ・ローズヴェルト（在任一九三三〜四五年）も大々的な再軍備もしくは軍備増強をおこなっている。ドイツでもアメリカでもこの政策は功を奏し、近代史上最悪の大恐慌は魔法のように終息に向かった。

アメリカの場合、成果は特に目覚ましかった。一九三〇年代を通じて、アメリカは生産設備を十分に活用できず、深刻な失業に見舞われていた。しかし一九四〇年以降、軍備増強が刺激となって景気が上向き、それは第二次世界大戦中も続いた。数百万人の国民が雇用を取り戻し、生活水準は向上した。それに続く繁栄の時期の基礎も、こうした軍備増強を通じて築かれたものだ。大戦後のアメリカが謳歌したほどの繁栄は、史上ほかに類が見られないかもしれない。また、はるかに規模は小さいものの、同じようなことは一九六七年六月の戦争（第三次中東戦争）後のイスラエルでも起きた。軍事費が倍増されたことで、一年半にわたって続いていた不況はうそのように終わったのである。

経済と戦争の関係が正確なところどんなものであるにせよ、高度な社会が戦争をおこなうためには経済が決定的に重要な役割を果たすことは間違いない。また、戦争やその準備によって社会が経済的な苦境を乗り切れることが少なくないのも事実だ。すると、こんな重大な疑問が浮かんでくる。共同体の富の量に関して、それを超えると戦争を遂行する能力が高まるどころか、逆に下がるような上限は存在するのだろうか？ リュクルゴスやプラトン以来、古代から中世、近代に至る各時代の立法者や歴史家、哲学者は、それは存在すると考えてきた。彼らの主張はこうだ。貧しい社会の集団は、自分たちよりも豊かな近隣社会に対して戦争を仕掛ける。それに勝利すると、彼らは豊かになる。必要以上に豊かになると、人々は穏やかになっていく。男性は女性による社会の統治を受け入れるようになり、やがて積極的に戦う意欲を失っていく。そして今度は自分たち自身が、より貧しく、男性的で攻撃的な近隣の集団から攻撃され、屈辱の中で崩壊して終わりを迎える。歴史とはつまるところ、こうしたサイクルの繰り返しというわけだ。リュクルゴスは対策として、スパルタ人に金や銀製の貨幣を使用することを禁じた。プラトンはみずからの理想国家に関して、交易はできるだけ避けるのが望ましいと主張している。

豊かな社会では子どもも減る傾向がある。社会の規模が大きい割に、兵士として戦える年齢の人が少なくなるわけだ。残りの人たちも、おそらく、戦争をするのは得意でないだろう。こうした社会の中には、「考える人」と「戦う人」を分けることによって問題を解決しようとするところもある。とはいえ、その結果は、臆病な人が決め、頭の弱い人が戦うということにもなりかねない。今日の「先進」社会のように、戦争の喜びを経験したり、表現したりすることがタブーとされている場合は、特にそうなりやすい。一方、四世紀半ばの著書『デー・レーブス・ベリキス（戦争に関わる事柄について）』の著者のように、技術で問題を解決しようとする人もいる。一四世紀の焦玉（しょうぎょく）をはじめ、中国の一部の軍人も同じように考えていたらしい。だが実際には、『デー・レーブス・ベリキス』が書かれてからおよそ一〇〇年後、ローマ帝国は異民族によって滅亡した。また中国も、蛮族を完膚なきまでに打ち負かしたどころか、二度にわたって彼らの支配に服している。

まとめると、単純な部族社会よりも進んだどんな社会も、しっかりした経済基盤がなければ戦争をおこなうことができない。多くの場合、支配者や共同体は経済的な利益を得ようとして戦争に踏み切り、実際に大きな成功を収めることも珍しくなかった。適切な条件の下では、戦争やその準備は経済に恩恵をもたらす。その方法には、技術発展を促す、規模の経済を育む、資金調達の仕組みを向上させる、全般的な需要を刺激する、といったものがある。とはいえ、そこにはある種の限界があるのも確からしい。豊かな社会は、貧しい社会に比べると好戦的でないことが多いからだ。豊かな社会は、すべての富が無駄になってしまう段階に達することすらあるかもしれない。そうしたことはこれまでずっと起きてきたし、おそらく今後も起き続けるだろう。

三　戦争による経済の衰退

戦争は社会を豊かにし得る半面、それをおこなう者を貧しくしたり、破壊したりする恐れもある。一つには、戦争によって、投資が生産的な用途ではなく非生産的な用途に振り向けられるからだ。剣を鋤(すき)の刃に打ち直すのではなく、鋤の刃を剣に変えることになる。また、労働年齢の多くの男性が、今日では少数の女性も、労働者をやめて軍隊に入ることにもなる。そこで彼らは戦争に備え、戦うことに時間を費やすのである。

二つ目の理由は、戦争にともなう経済上の要求はあまりに巨大なため、当局はその資金を集めるうえでかなり疑わしい手段に訴えざるを得なくなりやすいことだ。これまでにとられた手段には、自発的ないし強制的にローンを提供させる、課税、インフレといったものがあるが、いずれも経済的に有益なものではなかった。ローンは返済のため経常収入を食いつぶした。また、それは必ずしも返済されるとは限らず、実際、焦げ付いて貸し手が破産に追い込まれることもあった。ジェノヴァはまさにそうして金融センターの座を失った。最大の貸し付け先であったスペインのフェリペ二世（在位一五二七～一五九八年）からの返済が、一五五七年、一五七五年、一五九八年と滞ったのである。また、課税はしばしば財産の没収と区別がつかない。インフレは、金融機関などの倒産に劣らないほど大きな混乱を引き起こしかねない。過去には、取引や通貨などの交換ができなくなり、個人と共同体の両方に大きな損失をもたらした場合もあった。

歴史家のポール・ケネディ（一九四五年～）はこうした問題を「帝国の過剰な拡大」と整理している。彼は歴史上の諸帝国が滅亡したのは、遠くまで広がった支配領域を守るのに必要な大規模な軍事組織の経費を賄いきれなくなったからだと論じ、ハプスブルク帝国や大英帝国を主な例に挙げている。そうした帝国にはさらに、ローマやビザンツは言うまでもなく、オスマン朝、ポルトガル、ヴェネツィア、オランダなどを加えてもいいだろう。あるいは、もっと最近の例も見つけられる。ソ連は、経済規模がはるかに大きいアメリカに遅れを取らないように、アメリカを大幅に上回る規模の軍事支出をおこなっていた。一九八〇年頃には、「鉄のマシン」と呼ばれた軍産複合体に牽引されて、ソ連の軍隊はおそらく史上最強の強さを誇っていた。ところが一〇年後、巨大な仕組みがすべて崩壊し、国は荒廃することになった。ケネディを含む一部の人は、アメリカも同じ方向に進んでいると考えている。

確かに、戦争にともなう需要によって規格の統一や規模の経済の創出が促される。しかし、こうした需要にはやはり波がある。平和が戻ってくるやいなや、財政的な引き締めの時期に入るのが普通だ。戦時の生産に関わっていた企業は、大きな困難に直面する公算が大きい。おそらく、こうした企業に対しては、政府の補助金によって延命させるか、それとも破産させるかしかとり得る方法はない。しかし、どちらも、税金の無駄遣いや混乱を生む結果になる。

戦争は危機意識を植えつけ、資金の蛇口を開くことによって、技術革新をもたらすことも多い。とはいえ、新しい技術がすべて経済的に有用とは限らない。たとえば、新型の剣やマスケット銃は、それを発明した社会に以前よりも効果的な戦いを可能にしたかもしれないが、その社会が経済厚生面で頼りにできるような技術の開発にはほとんどつながらなかった。同じことはほかの軍事技術上のイノベーションの多くについても言え、もしかするとその大半に当てはまるかもしれない。戦車は役に立つ、戦闘用機械だ。少なくともこれまではそうだった。実際、一九四〇年頃から九〇年頃にかけては、陸軍が保有する戦車の数が陸軍力を測る最も単純な指標だった。そして戦車は軍事力を象徴するものにもなった。だが、戦車の経済的効用は控えめに言っても限られている。

また、スピンオフが実際に起きるとしても、それを経済的に正当化できるかどうかは往々にして疑わしい。第二次世界大戦がなければ、コンピュータの普及はずっと遅れていたのだろうか。原子力はどうだったのだろう？　インターネットやＧＰＳの場合は？　旅客機を開発するのに最も優れ、最も経済的な方法は、本当に、まず爆撃機を開発したうえでそれを民用に応用することだったのだろうか。ほぼ民用に限られる技術の開発に専念することでは、軍事技術の開発に巨額の資金を投じること以上の利益を経済にもたらせないのだろうか。一九四五年以降の日本の例に鑑みると、そうすることは実際に可能だとわかる。

問題はほかにもある。軍事技術の研究は、とりわけ戦時中には猛烈なスピードで進められることが多い。だが、時間に追われていると、研究に携わる人はいわば手当たり次第の対応を強いられることがある。どのプロジェクトが実を結ぶかがわからなければ、多くのプロジェクトに同時に取り組むほかないからだ。たとえば、ナチスが支配した「第三帝国」の一二年間に、試作機を飛ばす段階まで開発が進んだ航空機は一〇〇〇種類を下らない。平均すると、四日半に一機(!)というペースで新たな航空機が制作されていた計算だ。このほか、開発を加速させようとするあまり、先行する段階を終える前に次の段階に進もうとするという問題もある。むやみやたらな開発も、こうした性急な開発も、コストを大幅に膨らませる恐れがある。

最後になるが、戦争は物を壊し、人を殺す。畑は放置され、森林はなぎ倒される。工場は廃墟となり、建物は破壊される。通信や交通の手段も寸断されたり、単に放棄されたりする。多くの兵士や銃後の人が飢餓や病気、敵の攻撃によって死亡する。怪我をしたり病気にかかったりして、支えが必要になる人も出てくる。戦争によって、ある地域の全体、あるいは一国全体が人気のない焦土と化すこともある。一六一八～四八年の三〇年戦争では、中央ヨーロッパの人口のおよそ三分の一が死亡した。史上最も大規模で最も多くの死者を出す戦争になった第二次世界大戦では、地球の総人口の約二パーセントが死亡した。軍服を着た者もそうでない者も、焼かれ、粉々に吹き飛ばされ、窒息させられ、押しつぶされ、生きたまま埋められ、溺れさせられて、殺された。残虐行為を耐え忍んだ人や手足を失った人、生活を破壊された人はあまりにも膨大なため、数え上げることができないほどだ。

当然のことながら、戦争による損失は勝者よりも敗者のほうが損失は大きい。しかし、勝者も安泰とは限らない。イギリスは第二次世界大戦を勝ち抜いたが、経済はぼろぼろになった。史上最大の帝国を失ったイギリスは、徐々に一六〇〇年以前の地位、すなわち、ヨーロッパ大陸沖に浮かぶ小さな、人口密度の高い、そこそこ重要な島国へと戻っていった。また戦争では、その国の経済が最も必要とする若くて健康な男性が最も大きな影響を受ける可能性が高い。敵の攻撃やさまざまな苦難によって女性や高齢者、子どもも死亡するが、その数は若い男性よりは少ないのが普通だ。さらに戦争では三〇年戦争のポンメルン（現在のポーランド北西部からドイツ北東部にかけてのバルト海沿海地域。ポメラニア）や、一九五〇～五三年の朝鮮戦争のソウルのように、最も激しい戦闘が繰り広げられた場所で最も深刻な被害が出る。人的な被害が連鎖して拡大するような場合は特にそうだし、外部からの支援が届かない場合はいっそうひどい状態になる。焦土作戦がおこなわれた場合、被害はいっそう大きくなる恐れがある。

戦争による損失とはこうした性質のものなので、ときにはどちらが勝者でどちらが敗者かわからないような場合もある。復興は迅速に進むこともあるが、過去には非常に長い時間を要したケースもあった。歴史家の中には、イタリア南部は第二次ポエニ戦争（紀元前二一八～二〇一年）、エルサレム周辺はユダヤ戦争（六七～七三年）（ローマ帝国に対してパレスティナのユダヤ人が起こした反乱）によってそれぞれ荒廃した後、完全に回復することはなかったとみる向きもある。一二五八年、モンゴルのフレグによって劫略された後のバグダッドについても同様の見方がある。二一世紀初めの時点で、最も破壊的な戦争は多くの「発展途上」国の内戦となっている。詳細は後に譲るが、仮に全面的な核戦争が起きれば、交戦国の国民の大半が死に、あらゆる経済が破壊され、勝者も敗者もいないという結果になる可能性がきわめて高い。

第三章　戦争の課題

一　戦争は何で「ない」か

戦争に関して踏まえておくべき最も重要なことは、それがユークリッド幾何学の正方形や円のようなものではないという点だ。すなわち、これまで変化を遂げてきて、今後も変化し続けていく現象の例に漏れず、戦争も定義することが難しく、不可能にすら思える。時代や場所、戦争を始めた社会の性質によって、戦争の形態は異なるからだ。

さらに問題なのは、過去数十年の間に、戦争という言葉や、それに関連した多くの言葉の用法が、以前には考えられなかったさまざまな方向に広がってしまったことだ。「外交戦争」「経済戦争」「政治戦争」「宣伝戦」「がんとの戦い」「エイズとの戦い」「貧困との戦い」「地球温暖化との戦い」など、ほとんどどんなことに対しても「戦争（war）」という言葉が使われ、我々はそれに違和感を覚えなくなっている。そうした例に「世代間の戦い」や「男女間の戦い」をつけ加えたい方もおありだろう。およそ四五年にわたって世界を対立する二つの陣営に分断し、何度か激しい衝突にもなりかけた「冷戦」は挙げるまでもない。戦争にまつわる言葉の多くについても同じことが言える。戦争やそれに付随するものすべてに魅了されていると公言してはばからなかったのが、イタリアの独裁者ムッソリーニだ（彼は実際、第一次世界大戦の前線で戦った経験がある）。彼は優れた働きをしヘーゲルと同じように、戦争を集団の生の最高の表現と考え、またニーチェと同様、それを個人の生の最高の表現とも見なしていた。

ムッソリーニは国民に対して、彼の命令に従って戦争に参加し、そこでみずからを犠牲にするようしきりに説いた。「信じ、従い、闘う（credre, ubbidire, combattere）」これが公式スローガンだった。もっとも、彼にとっては残念なことに、国民はそれに従わなかった。この事実は、先に説明したとおり、首脳レベルで決まる政策と、自分の命を危険にさらすことになる底辺の人たちの間にズレがあることを示す好例だろう。統領（ドゥーチェ）はまた、「闘い（battaglia, battle）」という言葉の意味を広げて、「湿地帯を変える闘い」「穀物を得る闘い」「子どもを得る闘い」「鉄を得る闘い」といった多くの「闘い」に挑み、それに「勝利した」とも主張していた。

だが、話はそこで終わらない。戦争や軍事関連の言葉への愛着にかけては、多くのメディアもムッソリーニに引けをとらない。ちょうど彼が演説でしたように、メディアもそうした言葉をニュースの中にちりばめている。サッカーチームは敵と「戦い」、登山家は山頂を「征服」し、考古学者は発掘調査のため「遠征」する、といった具合だ。意味が広がったのは、「戦略（strategy）」という用語も同じだ。この言葉は古代ギリシア語の「stratos（軍隊）」「strategos（将軍）」「strategia（将軍の術）」「strategema（計略）」や、これらすべてについて説明している六世

紀の手引書 *Strategicon* に由来する。これらの言葉は中世西ヨーロッパでは一切使われず、さらに一四五三年にビザンツ帝国が滅亡した後はほとんど消えていた。一八世紀末になってようやく再び登場するが、そのときにはすでに意味が原義からは少しずれていた。

ジョミニやクラウゼヴィッツらは、戦略という言葉を、反撃する意志や能力があり、感覚を持つ敵に対して大規模な軍事作戦を実施する術という意味で使っている。戦略はそうした作戦の実施について記述するとともに、それに関するルールを定めようとするものだった。一九三九年頃までは戦略はおおむねそういう意味合いだったが、それ以降は軍事以外の取り組みについても使われるようになっていった。「政治戦略」「経済戦略」「産業戦略」「企業戦略」「イノベーション戦略」などがその一例だ。今では、国家目標であれ、石油探査であれ、子どものトイレのしつけであれ、何らかの目標の達成に向けた「計画」といった意味で広く用いられている。

戦争という言葉が使われる活動の中には、「情報戦」や「心理戦」、「貿易戦争」のように、実際の戦争にともなっておこなわれ、敵の士気をくじいたり経済に打撃を与えたりするなどして、戦況を有利に進めるうえで役に立ち得るものもある。だが、そうした活動の場合も、実際に暴力が行使されるわけではない以上、戦争と呼ぶのはやはり語弊があると言わざるを得ない。たとえば、経済的な競争には殺人的に激しいものもあるが、そこでの「殺人的」とはあくまで比喩であり、現実に人が死ぬわけではない。なるほど、そうした競争の敗者は破産したり、場合によっては食べるのにも困る状態に陥ったりするだろう。しかし、暴力が使われたり、競争が犯罪や戦争に転化したりしない限り、人々は殺されないし、財産も破壊されない。暴行を受けることもない。

これに対して、一般に「戦闘」として知られている身体的暴力の相互行使は、まさに戦争の本質である。クラウゼヴィッツの最も有名な比喩の一つを引用すれば、戦争にとっての戦闘とは商業にとっての代金の支払いのようなものである。[1] 戦争では、戦闘以外の要素はすべて戦闘につながり、戦闘とその結果に依存し、そして戦闘から生まれてくる、というわけだ。

また、生命を持ち、思考し、反撃能力を備えた敵が存在しないほかの活動も、戦争と呼ぶことはできない。たとえば、先に述べたムッソリーニによるいくつかの「戦闘」がそうだ。それらはあくまで、鉄鋼や穀物の生産拡大、出生数の増加、ローマ近郊のポンティノ湿地の干拓などが目的だった。がんとの戦いや飢餓との戦いなどに関しても同じことが言える。

もっとも、相手が人間など感覚を持つ存在でないからといって、目標が容易に達成できるわけではない。それどころか、経済や環境、保健、教育などの分野で長期にわたって続いている問題を解決するのは、さほど強くない隣国に侵攻するよりも、後者のほうが頻繁に起きている事実からして、むしろ難しいことのように思われる。実際、ある国の指導者が、対処できない国内問題から国民の目をそらすために戦争に打って出た例もある。最も良い例がオーストリア＝ハンガリー帝国が一九一四年にとった行動だろう。皇太子フランツ・フェルディナントの暗殺に対して大規模な軍事対応に踏み切っていなければ、帝国は瓦解していたかもしれない。感覚を持つ相手がいないということは要するに、自然災害や事故は別として、その活動が、短期か長期かにかかわらず、完全に制御されているということだ。だからこそ、過酷な登山のような危険な活動を含め、感覚を持つ相手がいない活動は戦争とは呼べないのである。

ただし、戦争だけが暴力や戦略、あるいはその両方をともなう活動ではないのも事実だ。たとえば、ラグビーやアメリカンフットボールのようなスポーツの試合はかなり激しいぶつかり合いがあるし、戦略も必要になる。また、チェスや囲碁、現代の多くのボードゲームやコンピュータゲームは、戦略が求められるだけでなく、明確に戦争をモデルとして考案されており、できる限り戦争のルールを真似ている。指揮官たちがよくこうしたゲームを使って戦争の演習や計画、準備をおこなってきたのはそのためだ。部族社会の中には、ある種のゲームについて、戦争とあまりにもよく似ているので、儀式的な戦争どころではないのではないかと疑問を抱いた社会もあったほどだ。裏を返せば、戦争は最も暴力的で、最も大規模なゲームだとも言える。

だが、戦争とゲームには決定的な違いがある。クラウゼヴィッツの教えによれば、戦争は政策によって決めるもの、否、決めるべきものである。というより、戦争自体が政策の一つの形態、外交文書によってではなく剣を手にして実施する政策なのだ。その目的は、みずからの攻撃的もしくは防御的な意思に完全に敵を屈服させ、敵をみずからの意のままにするか、ある程度屈服させ、みずからに有利な講和を結べるようにすることである。ゲームはこれと正反対だ。ゲームの中では、政治という政策を決める手続きは無関係なものとなり、脇にやられる。少なくとも、プレーがおこなわれている間はそうだし、また会場が注意深く政治から隔離されている場合はそうだ。そして、競技場やトーナメント会場、演習場で、あるいは格子状の盤や地図、砂盤の上で、個人やチーム同士が対決する。いったん彼らが会場で向かい合い、ゲームが始まると、もはや政治の力はおよばないし、およぶべきでもない。

確かに、机上演習（ウォーゲーム）の中には、軍事的な要素だけでなく政治的な要素も計算に入れて実施されるものや、政策目的を達成するうえで参考にするために用いられる演習もある。たとえば、ドイツ陸軍参謀総長のルートヴィヒ・ベック（在任一九三五～三八年）は、ヒトラーに開戦は自殺的な行為だとわからせるために、近隣数カ国との戦争を想定したウォーゲームを準備した。もっとも総統はそれを「子どもじみている」と退けた。[2] そしてベックを解任し、戦争に突き進んだあげく、まさに彼が警告したとおりの結末を迎えることになった。また、全盛期のソ連は自国の優位性を誇示しようと、「チェスマシン」と称される無敵のチェスプレイヤーたちを育て上げた（唯一、ボビー・フィッシャーには勝てなかったが）。だが、こうしたゲームも、ほかの無数のゲームも、クラウゼヴィッツが言ったような「政治の延長」ではないし、相手の意志を自分の意志に屈服させることが目的でもなかった。

ゲームはまた、ルールがあるという点でも戦争と異なる。そもそも、あるゲームと別のゲームを区別するものがルールの違いである。ルールの一つめの機能は、何が「勝ち」で何が「負け」なのかを定義することだ。具体的にはこの機能こそ、ゲームを政治とも戦争とも区別する。裏を返せば、クラウゼヴィッツが言うように、そうした勝ち負けの定義がないからこそ、戦争の結果には決して終わりがない。ルールの二つめの機能は、プレイヤーが使える道具や手法、暴力の量や種類を制限することである。ローマ時代におこなわれた剣闘士（グラディエーター）の戦いなどのように、そうした制約がないゲームもなくはないが、その場合も観客の安全は確保する必要があった。つまり戦争とは違って、細心の注意を払って建設した特定の場所や建物でしか実施できなかった。そうした場所には、審理が開かれる場所のように聖域と見なされたものもある。中世の馬上試合や、近代のサッカーやアメリカンフットボールで起きたように、ルールの整備が不十分だったり、選手をルールに従わせられなかったりすると、ゲームが戦争に発展する危険が常にともなう。

暴力行為ということであれば、犯罪組織の抗争がある。メキシコであれどこであれ、犯罪組織は数百人、あるいはそれ以上の勢力を誇ることもある。縄張りや資源、女性をめぐりしのぎを削る犯罪組織は、構成員に対して組織のためにすべてを捧げるよう求め、実際に捧げさせられるほど強固に組織されている。犯罪組織はまた、ヘリコプターから自作の潜水艇、装甲車まで、さまざまな武器を所有し、使用する。手段や目的が許せば、大量の血を流すこともいとわないし、政府が送り込んできた部隊と戦うこともためらわない。それでも、犯罪組織の抗争と戦争の間にはやはり重要な違いがある。戦争は、慣習や法制度として社会全体で、少なくともその大部分で認められており、関わることになっている。ある軍事行動が勝利に終われば、それは社会で褒めたたえられるだろうし、戦争自体が賛美されることも多い。対照的に犯罪組織の抗争は、社会で反対されるあらゆるもので構成され、法律が許す限り、どんな手段を使ってでも抑え込もうとするものだ。

最後につけ加えると、戦争は個人と個人の争いではない。こうした争いは合法的か非合法か、真剣かそうでもないか、また暴力的か否かを問わず、決闘として知られている。決闘には興味をそそられる長い歴史があり、その歴史は、見方次第で尊敬に値するとも、恥ずべきものとも言える。細かい取り決めのある決闘や、儀式的な決闘もあれば、形式にあまりとらわれない決闘もあった。参加した人が死ぬ確率が戦争よりも高い決闘もあった。決闘は、集まった軍隊の前でおこなわれる場合もあった。おそらく、その最も有名な例がダヴィデとゴリアテの対決だろう。だが、こうした決闘もほかのどんな決闘も断じて戦争ではない。それどころか、最後に挙げた旧約聖書のエピソードがまさにそうだが、一部の決闘は、少なくとも理屈のうえでは、戦争の代わりとなり、それを終わらせるためにおこなわれた。

決闘と違って、戦争は集団的な行動である。戦争が集団的というのにはいくつかの意味がある。第一に、戦争では個々の参加者に危害が加えられると、その参加者の所属する集団全体に危害が加えられたものと見なされる。一人は皆のために、皆は一人のために、という関係になるわけだ。第二に、戦争では程度の差こそあれ、大勢の人による協調した行動が求められる。なるほど、指揮官や兵士が自分の名を上げるために戦争を利用するという例は珍しくない。しかし、彼らのそうしたスタンドプレーが認められるのも、所属する集団の目標を妨げない限りにおいてだ。紀元前四世紀のローマの執政官ティトゥス・マンリウス・トルクアトゥスが、命令に反して持ち場を離れた実の息子を処刑したのは有名な話だ。[3] 第三に、戦争では敵の集団や共同体を構成する人の総体が標的となる。ひとたび彼らが敵と認識されれば、もはや個々の人がどういう人かはあまり問題とならない。

この最後に挙げた点は、まさに戦争をこれほどまでに悲劇的なものにしている原因だ。人間の活動で、会ったことのない人同士が互いに殺し合うものは、戦争以外には存在しない。その際に、本人が殺し合う理由を理解していなかったり、気にしていなかったりする場合すらあるかもしれない。まとめよう。決闘も、本節で言及したほかのどんな活動も、たとえ何らかの点で戦争によく似ているとしても、戦争ではない。それらはせいぜい戦争用語の一部を借りて、一種の比喩として使っているに過ぎない。

二　上層部における戦争

戦争が何「でない」かを検討したことで、今や戦争が何「である」かについて語れるようになった。第一に、戦争は反撃してくる相手、すなわち敵が少なくとも一つはあるものである。こうした相互関係に対応するには当然、戦略が必要になってくる。逆に言えば、一回きりの攻撃で相手の能力を無力化する場合は戦争ではない。第二に、戦争は主要な手段として物理的な暴力を用いるものである。これは、一段の暴力を避けるために一方が寛大な措置を求め、他方がそれを認めるような状況にも当てはまる。第三に、戦争はゲームのようにはルールに従わないものである。第四に、戦争は政治によって決められ、また決められるべきものである（ここでの政治とは司法とは別の［一］共同体の中で権力や資源を配分するプロセス［二］共同体がみずからに対する権威的な判断を認めず、ほかの共同体の中で、またそれらに対抗して、みずからの目標を追求していくプロセスと理解される）。第五に、戦争はみずからの意志に敵を屈服させることを目的とするものである。第六に、戦争は、その際に行使される暴力も含めて合法であり、少なくともその社会の大部分によって認められているものである。最後に、戦争は個人の行動ではなく集団の行動である。

戦争のこうした性質から、いくつかの問題、誰にとっても最も難しく、最も恐ろしい問題が生まれてくる。こうした問題の中には、軍事以外の要素も同時に考慮しなくてはならない最上位層に特に切迫する問題もあれば、主に底辺層にとって切実な問題もある。一連の問題がどう対処されるか、できる限り階層の上から下へという順に説明していこう。

まず、戦争と政治のつながりに関する問題がある。実際には、ここでの問題は一つではなく三つある。一つ目は、クラウゼヴィッツが言うように、戦争を政策によって制御する必要があるという問題だ。[4] 政策の役割は、戦争の万全の準備をし、作戦を指示し、また戦況の有利、不利に応じて、戦勝から最大の利益を引き出したり、敗戦による影響を和らげたりすることにある。しかし、これは言うほど簡単なことではない。戦争は、暴力の相互行使というその本質からしてエスカレートしやすいものだからだ。一方が打撃を加えると、他方は可能であればより強力な反撃をする。一方が増援すると、他方も同じように増援して対抗する。恐れ、怒り、憎しみ、復讐心といった感情が醜い頭をもたげる。それらは互いにたきつけ合って一つの混合火薬めいたものとなり、抑えるのがほぼ不可能になってしまう。やがて、捕虜は殺さない、互いに民間人は爆撃しないなど、当初あった自制は利かなくなっていく。

事態がどんどんエスカレートすると、政策は役目を果たすどころかもはや無きに等しいものとなる。制約から解き放たれた戦争が政策になるのだ。最も極端な例が一九四一〜四五年の独ソ戦だろう。この戦いではドイツとソ連が文字どおり死闘を繰り広げた。敗者に未来はないとわかっていたから、双方とも国の総力を挙げて、法律などの制約にとらわれずあらゆる手段を講じ、すべてを犠牲にした。このような状況のもとで、果たして政策に何かを決める余地などあっただろうか。クラウゼヴィッツは、こうした戦争を「絶対戦争」と名付けた。[5] 彼が想像できた水準よりも「絶対」に近づいた戦争を、我々は今日「総力戦」と呼んでいる。

戦争と政治の絡み合いに関する二つ目の問題は、政策は戦争を導く必要がありながらも、戦争に不適切なことや不可能なことを求めてはならないというものだ。なぜなら、これもクラウゼヴィッツが書いているとおり、戦争には独自の「文法」があるからだ。この文法のルールは、人間と装備の身体的、物理的な能力および制約、それに戦略の公理から成る。それを無視する指揮官は、全体の調和のためと称してドラムやトランペットにヴァイオリンの音を求めるオーケストラの指揮者のようなものだ。一九四一年、ヒトラーは「ボルシェヴィズム揺籃（ようらん）の地」と呼ぶレニングラードに執着するあまり、「戦力の集中」という戦略の第一の法則を犯した。[6] レニングラードを攻略しようとすると同時に、モスクワとウクライナにも軍を進めたのである。だが結局、これら三方面の作戦はどれも目標を達成できなかった。

指導者が選挙の審判を受ける場合は、軍の指揮官に対して、部隊の用意が整っていないのに攻撃を始めさせたり、まったく無価値な場所に部隊を留め置いたりしようとするかもしれない。つまり、民主制社会では、ほかの条件が同じであれば、市民の圧力の影響を受けにくいほかの体制よりも問題がいっそう深刻になる恐れがある。ともあれ、これは民主制社会に限った話ではない。一八七〇〜七一年の普仏戦争中、プロイセンでは首相のオットー・フォン・ビスマルクと陸軍参謀総長のヘルムート・フォン・モルトケ（大モルトケ）の間で、軍事作戦にビスマルクが介入できるか、さらにその情勢報告を受けられるかをめぐって衝突があった。このときは、ビスマルクが作戦をある程度自分の思いどおりにすることに成功している。だが、第一次世界大戦のドイツ帝国宰相テオバルト・フォン・ベートマン＝ホルヴェークの場合はそうはいかず、ヒンデンブルクと彼の部下エーリヒ・ルーデンドルフによって蚊帳の外に置かれた。

　戦争と政治をめぐる三つ目の問題は、政府と軍部の境界線をどこに引くべきかというものだ。政府が軍部に対してあまりにも細かい行動を指示するというのは、どう考えても筋が通らない。ライフル銃隊や潜水艦隊、空母艦隊をどう運用すべきかは、政治的な問題ではなく軍事的な問題なのだ。一方で、軍の指揮官に認められる独立性に制限があるのもまた当然だろう。この点に関して、朝鮮戦争の際に国連軍を指揮したダグラス・マッカーサーは苦い経験を味わっている（マッカーサーは原爆の使用などをめぐってトルーマン大統領と対立して解任された）。

　問題をさらに複雑にしているのは、政府と軍部の境界線は柔軟に変更されるものであり、またそうされるべきでもあるということだ。戦争をおこなう共同体の性質や戦争の種類に応じて、その境界線は引き方が変わってくる。概して、開戦や終戦が近い時期には政策の役割が大きくなり、純軍事的な対応の役割は小さくなる。ある国に敵国の最初の兵士が侵入してきた場合や、最後の兵士が撤収した場合には、政治的に非常に大きなインパクトを持つ。しかし、その他大勢が同じ行動をしても、インパクトはそこまで大きくならない。

　この問題を解決するにはしかるべき発想と制度が求められる。一五五〇年頃までによくとられた方法は、同じ人物に政治の長と軍の最高司令官を兼任させるというものだった。ずっと後代のフリードリヒ大王やナポレオンもそうだった。ナポレオンはときどき、何カ月もパリから離れて、敵国の領域に遠征もおこなっている。また、ヒトラーも一九三九年から四五年にかけて、各地の野営地に設けられた司令部で多くの時間を過ごした。彼はそこで情勢報告を受け、会議を開き、軍団レベルまでの部隊に指示を出していたのである。クラウゼヴィッツも、彼が「戦争の神」と呼んだナポレオンを念頭に、この解決策を支持していたと考えてよいだろう。とはいえ、政治のトップが軍の最高指揮官も担うという制度は近代国家ではあまり採用されていない[7]。

　状況にどのように対応するにせよ、上層部には責任感が求められる。人間の活動の中でも、戦争ほど政府高官や指揮官の神経をすり減らすものはないだろう。問題はあられのように次から次に降りかかってくる。大きいものもあれば、小さいものもある。大半は差し迫ったもので、多くは予想もしていなかったものだろう。決まった順序で生じるものは一つもなく、人の生死に関わるような決断を下す必要も出てくる。ほとんどの人は指揮官の経験を持たないので、一国や国民の運命がかかった壮絶な戦闘をおこなうということが本当は何を意味するのかを想像できない。一九一六年、この海戦に敗れればその日の午後には大英帝国の敗北が決まると覚悟していたイギリス海軍のジョン・ジェリコ提督は、大艦隊（グランド・フリート）を率いてユトランド沖に向かっていた時、どんな心境だったのだろう。

　こうした一切を引き受けるには、天空を両肩に担ぎ、またその担ぎ方の見本を示したギリシア神話のアトラスのような強さが求められる。だが、そうしたアトラスたちも、ヒンデンブルクたちほどにも指示を出せないかもしれない（ヒンデンブルクは決断の際に部下のルーデンドルフに尋ねることが多かった）。最高指揮官に求められる資質は、研究や経験によって養い、磨きをかけることはできても、生み出すことはできないからだ。ドイツ軍がわが世の春を謳歌していた時期に喧伝していた「責任への喜び」を持って生まれた人と、そうでない人、あるいは、もともと神経が太い人と、そうでない人の二種類しかいないということだ。戦闘の前には熟睡できなくなる人もいて、ナポレオンですらそうなることがあったという。他方、真偽はさておき、ヒンデンブルクには一九一四年のタンネンベルクの戦いの前後ばかりか、そのさなかにも寝ていたという逸話がある。一九四二年、北アフリカのエル・アラメインでドイツおよびイタリア軍と戦ったイギリス軍のバーナード・モントゴメリー将軍にも似たような話がある。[8] 学問的な研究をし過ぎると、必要な素養を身につけるのに役立つどころか、そうするのが難しくなる、場合によっては不可能になるという見方もある。

　官僚制が幅を利かせ、暴力が禁じられている平時と、勝利こそが唯一の問題となる戦時との間には深い断絶がある。そのため将校らの平時の実績は、戦時の働きぶりを判断するうえでは必ずしも役に立たない。事実、戦争が起きるたびに、それまで無名に近かった人が突如として頭角を現し、上の地位へと押し上げられている。率先して行動したり、戦死した指揮官の地位に就くなどして、みずからのし上がっていくことも少なくない。そのよい例が、二五歳の若さで軍団の指揮権を与えられた古代ローマのスキピオ・アフリカヌス（大スキピオ、紀元前二三六〜一八三年）だろう。あるいは先に述べたナポレオン配下の将軍、マセナもそうだ。女たらしの泥棒だった彼は、戦争の勃発後に初めて真の才能を見せつけたのである。

残念ながら、逆の例もある。誰も欲しくないと言うのは、大モルトケの甥でドイツ帝国陸軍参謀総長を務めたヘルムート・フォン・モルトケ（小モルトケ）のような人物だろう。神経質な性格だった彼は長らく、自分自身にも、また最高司令官であるウィルヘルム二世にも不信感を持っていた。一九一四年七月には体調も崩し、第一次世界大戦が始まった二カ月後に辞任を余儀なくされた。ノルウェー軍の参謀総長クリスチャン・ラーケも一九四〇年四月、自国へのドイツ軍侵攻を知って神経衰弱に陥っている。また、一九六七年のアラブ諸国との戦争でイスラエル陸軍を指揮したイツハク・ラビンと、一九七三年にイスラエル国防相を務めたモーシェ・ダヤンも、真偽は確認されていないが戦争前や戦争中に神経を病んだと伝えられる。ただ、これは偽りだった可能性もある。

こうした事態の多くは予見するのも予防するのもきわめて難しく、おそらく不可能だろう。できることといえばせいぜい、見込みのある指揮官をなるべく慎重に選び出すことくらいだ。そして、彼らを一段ずつ昇進させ、進歩を観察し、試験し、だんだん大きな責任を担わせていく。あとは、組織内の出世に関する「ピーターの法則」、軍隊で言えば多くの指揮官は自分の能力に見合ったポストよりも一つ上のポストに就いて終わる、ということが当てはまらないように祈るしかない。

次に、不確実性という問題がある。不確実性は、人間生活の非常に大きな部分を占めている。それは、どんな人間もかつて逃れたことのない条件、否、逃れられない条件であり、もし人間が機械のような存在になりたくないのなら、逃れるべきでない条件だと言える。市民生活の場合と同様に戦争の場合も、不確実性が生じるのは一つには偶然の結果だ。つまり、我々があずかり知らず、どうすることもできない要因が関わっている。とはいえ、戦争は二つの陣営がおこない、双方があらゆる手を尽くして相手を出し抜こうとするものなので、不確実性が果たす機能ははかり知れないほど大きい。戦争の当事者に現実を見えなくさせ、虚構を見せてしまう混乱やストレスが大きな影響を及ぼすのは言うまでもない。一方、戦争では多くの決定が知識よりも直観に基づいて下される。決定へのさなかにも次々と情報が入ってくるため、なおさら直観に頼ることになる。また、ある決定をした後も、物事が予想どおりに進むことはまずあり得ないので、新たな決定が必要になってくる。いずれにせよ、結果が初めからわかっていれば、そもそも戦争に訴える必要などない。こう考えると、戦争とは端的に言えば、結果がどうなるかが見通せない紛争を解決する手段、それも暴力的な手段だということになる。

不確実性に対処するために指揮官が用いる手段の一部については、のちほど情報についての節で紹介しよう。ともかく、多くの人や軍隊はこれに大きな影響を受ける。戦争にかかっているものの大きさを考えれば、それも無理はない。不確実性を避けるためにできることをやったあげく、逆に身動きがとれなくなってしまうような場合もあるだろう。しかし、誰もがこうした行動をとるわけではない。適切に組織化され、訓練され、士気を高められた人や部隊は、不確実性をものともせず、むしろ喜んでそれに対処する。不確実な状態を自分たちが率先して行動したり、臨機応変な対応能力を示したりできる好機と捉え、普段より優れた働きぶりをみせるわけだ。中には、連絡線を絶ってこうした状況を意図的につくり出す集団もいる。一九四三年から四四年にかけて、アメリカ軍のパットン将軍は「岩石スープ」という戦法を用いた。[9] これは次のような故事にまつわる。ある日、寝る場所にできそうな家を見つけた浮浪者が、家の人に石でスープを作りましょうと申し出る。そして湯を沸かし、その中に石を落とした後に、野菜を入れたらもっとおいしくなるでしょうと言う。そうしてまんまと具材を手に入れる、という話だ。パットンはまず小規模な部隊を潜り込ませ、続いて部隊を次々に増援していった。

最後に、摩擦という問題がある。不確実性と同じように、摩擦も人間生活の不可分の一部であり、取り除くことができない。また、これも不確実性と同じように摩擦が戦争に及ぼす影響もはかり知れないほど大きい。戦争にともなう摩擦には、部隊の規模の大きさや、勤務中の多大なプレッシャーによって起こる人為的ミス、不確実性といったもろもろが関わっている。クラウゼヴィッツは、戦争をするのは水の中を歩くようなものだと言っている。[10] 同じ行動であっても、戦時中には平時に比べてはるかに大きな労力、多くの時間を要するということだ。

摩擦を最小限に抑えるには、物事が複雑にならず、柔軟性や余裕を持たせられるように、慎重に計画することが役に立つかもしれない。一方、指揮官がみずからの意志の力によって強引に「障害物」を押しつぶし、自分の部隊に摩擦を無視させ、前進させる場合もあるに違いない。そうするのが最も重要な意味を持つのは、今まさに勝利を得ようとしている時だ。実際、歴史上には、決定的な時に指揮官が疲れ切った兵士たちを動かせず、そのままいけば手に入れられるはずだった勝利を逃した例がたくさん見いだせる。もっとも、そうした行動が部隊をさらに疲弊させるのも事実だ。極端なケースでは、破滅的な結果をもたらすこともある。

三　底辺における戦争

組織の上層部の人々とその底辺にいる人々の違いの一つは、後者は前者に比べて政策や政治の影響をはるかに受けにくいということだ。ある種の非対称戦争(これについては後で論じる)の場合を除けば、通常、政策や政治が兵士に与える影響は小さく、ほとんど存在しないことも多い。こうした傾向は、軍隊の規模が大きくなればなるほど、また官僚主義的になればなるほど強くなる。多くの近代国家では、階級を問わず軍人は政治への参加が禁じられている。政治的な話題をめぐって説教を垂れると、むしろ士気をくじいてしまうこともあるだろう。アフガニスタンで泥沼の戦争に従軍していたソ連の将兵は、政治委員(ポリトルーク)たちから「国際共産主義者」としての使命を帯びていると言われてどう感じただろうか?

責任の重さは主観的なものである。それをほかの人よりもはるかに強く感じるという人もいるだろう。それでもやはり、ほかの条件が同じであれば、軍内の序列が低いほど責任の重さも軽くなる傾向がある。国を指導することと、分隊を率いることとは別のことなのだ。責任感の軽減には軍紀も役に立つ。軍紀の機能の中でも特に重要なものは、下級の者を責任の重圧から解放し、それをより上級の者に引き受けさせることである。対照的に、不確実性や摩擦は戦争のあらゆるレベルで責任の重圧を感じさせる。

だが、指揮系統に属する人ほど、ドイツ人の言う「戦争という苦難(シュトラパーゼン)」が重くのしかかっていくのも確かだ。ここでシュトラパーゼン（Strapazen）というドイツ語をそのまま使うと便利なのは、英語にはそれに相当する単語がないからだ。時代や組織によってニュアンスに違いはあるものの、この言葉は最もきつい身体的労苦とつらさを組み合わせたような意味を持つ。さらに、ひどい倦怠感、寝ているのか起きているのかさえ区別できないような極度の疲労、飢え、渇き、暑さ、寒さ、雨、緊張、危険、痛み、恐れといった時期のほか、死別や喪失なども意味し、さらに罪悪感を含意することもある。これらすべてが渾然一体となり、もはやそれぞれを判別できないことも多い。さらに不幸なことに、こうした苦しみはすべて互いに増幅し合いがちだ。まさに「降れば土砂降り」ということわざのとおりだ。

百年戦争中の一四一五年、北フランスのアジャンクールでイングランドの長弓隊がフランスの騎兵部隊を破ったことは誰もが知っている。だが、双方の部隊が三百数十キロをわずか一二日間で踏破して戦場に到着し、戦う前から、飢えや寒さ、湿気、疲労のため半死半生の状態だったことを知っている人はどれくらいいるだろうか。あるいは戦場自体が文字通り泥の海だったことは？　戦争の苦難については、一九四一年のドイツ国防軍を例にとってもよい。大半の国防軍部隊はブク川からモスクワまでの一〇〇〇キロ弱（直線距離）を徒歩で移動した。彼らは背嚢（はいのう）を背負って、熱気や砂ぼこり、いくつもの川、泥、霜、雪の中を苦労して進んでいった。しかも、粘り強く抵抗を続ける敵と対峙し、激しい戦闘を繰り返しながらだ。クレムリン宮殿がようやく視界に入りかけてきたところで、彼らが疲弊しきっていたのは驚くに当たらない。人間の活動で、これほど身体を酷使し、困窮に追い込まれるものはほかにあるまい。事実、一九世紀末まで、こうした行軍中の死者は戦闘による死者よりも多かった。

　時代や軍隊の規模などにもよるが、指揮官の中にはすべて自分の部隊と共有していた人もいた。その一方で、なるべく快適に過ごしたいという気持ちから、あるいは背後からのほうがうまく統制できるとの判断から、戦線の後方にとどまることを好んだ指揮官もいた。軍の上層部と下とで過ごし方が対照的だった戦争と言えば、第一次世界大戦を越えるものはない。上級の指揮官たちは、前線からやや離れたところにある快適な屋敷に陣取っていた。当番兵に身の回りの世話をしてもらい、手に入る最も上等な食べ物を食べていた。一九一五〜一八年にフランスでイギリス海外派遣軍を指揮した陸軍元帥ダグラス・ヘイグのように、一日に三回も下着を替えたような高官もいた。彼らは移動には運転手付きの自動車を使い、演習には馬に乗って参加した。ふかふかのベッドで眠り、妻や愛人が訪れてくることすらあった。その頃、兵士たちのほうはといえば、特に前線では泥だらけの穴の中で衰弱しきっていただろう。彼らが土くれのような格好や臭いをしていても無理はない。食事はたまにしかとれず、とれてもひどい代物（しろもの）ということもざらだった。こうした兵士たちは、重い背嚢を背負い、徒歩で、監視を逃れるため主に夜間に、高度に戦術的な行動をしていた。

　つまるところ、戦争が血と汗、涙の領分であることは疑いない。部隊を数時間どころか、必要なら数週間、数カ月、あるいは数年間連続して戦わせるにはどうすればよいか。兵士たちを吹き飛ばそうと待ち構えている大砲の口のほうへ、場合によっては何度も部隊を前進させるにはどうすればよいか。現代の戦場の常として振動が響き、火薬や糞尿、焼けただれ腐った肉の悪臭が漂い、悲鳴や、ヴォルテールが地獄にいる一〇〇〇の悪魔の声よりも大きいと形容した地獄のようなわめき声が上がり、混乱が支配する中、彼らを進み続けさせるにはどうすればよいか。しかもそれを、兵士たちが息を切らし、心拍数が二〇〇を超え、自分で自分が何をしているのかすらわからなくなっているときに、行動後にアドレナリンの分泌量が急に減り、身動きできないほど疲れ切ったときに、状況が絶望的で、救援がまったく期待できないときに、周囲で仲間が次々に殺されているときにさせるには？　兵士たちが身体的、精神的に壊れてしまわないようにするにはどうすればよいか。

　こうした問いには答えが一つある。訓練をおこなうことだ。訓練がどれほど重要かを考えると、孫子とクラウゼヴィッツが二人ともそれについて何も語っていないのは驚くべきことだ。訓練は研究や学習と重なる部分もあるが、同じではない。訓練が先、次に教育という順になる。訓練では実践に、教育では理論とその基礎である歴史に、それぞれ重点が置かれる。訓練は、施設内や野外、ワークショップ（技術訓練）の場で、最近はシミュレーターやヴァーチャルリアリティー環境を使っても実施されている。一方、教育は主に音声や文字に頼るものなので、教室や書斎、図書館ですることが多いだろう。

　技術やほかの物事の変化に合わせて、訓練も対応させていかなくてはならない。教育はそうではない。教育は訓練よりも特定の物事との結びつきが弱く、発展の速度もゆっくりだからだ。訓練は設備や武器、機器を必要とし、大きな経費がかかるうえ人員や装備の数などに比べると成果をはっきり示すのが難しいので、手抜きがおこなわれがちだ。対照的に研究や教育は安く済むことから、一部の人に言わせればときにやり過ぎてしまう。教育を通じて理論が打ち立てられ、理論と実践から訓練が導き出される。こうして円環が閉じる。

訓練はできるだけ実戦と似たものにする必要がある。ユダヤ人の歴史家フラウィウス・ヨセフス（三七〜一〇〇年頃）がローマ人について「彼らの演習は血の流れない戦争であり、戦争は血の流れる演習である」[12]と書いている通りだ。訓練では、部隊を戦場の恐怖、並外れた残酷さに備えさせなくてはならない。訓練を受けていない部隊を戦闘に送り込むのは、彼らを殺すようなものだ。とはいえ、訓練には限界があるし、あってしかるべきだ。日本軍が中国人の捕虜や民間人を銃剣による突撃訓練の標的に用いたことについては、言葉もない。アリストテレスによれば、スパルタの「訓練コース（アゴーゲー）」は、人間よりも野獣にふさわしい代物だった。切断された頭部や四肢、焼かれたばらばらの死体、負傷者が飛び出た内臓もろとも引きずられていく光景は模擬的に再現できない（衛生兵が模擬訓練用に麻酔をかけたブタなどに応急処置をする場合はある）。おそらく、これは幸運なことなのだろう。戦争はあまりにも過酷なものなので、起きることを知っていれば、全速力で逃げ出す訓練兵も多いに違いないからだ。

最も良い訓練方法は「漸進主義（ぜんしん）」をとることだ。これは、サッカーの監督がチームを強豪との対戦前に弱小チームと戦わせるようなやり方を指す。新兵なら誰でも経験しなくてはならない最初の訓練は、規律、すなわち命令に従う方法を学ぶことだ。次が身体的な訓練で、これは規律の習得と同時に受けることも多い。一定期間、続けておこなわれるこの身体訓練を通じて、体力やスタミナが大幅に強化される。また、不快や痛みにある程度までは、耐える方法も身につけられる。訓練を受けた本人がその効果に驚くことも少なくない。兵士たちは次に、武器をはじめとする装備の使い方を学ぶことになる。とりわけ、複雑な技術を活用する近代的な軍の場合は、すべての訓練の中でこれが最も難しく、時間のかかる課程となるかもしれない。実際、自分の装備を使いこなせない兵士は、きわめて不利な状態に置かれることになる。

兵士個人の訓練に続いて部隊の訓練が実施される。兵士たちはこれを通じて、チーム、しかも機械のように動くチームの一員として、ほかの兵士たちと一緒に行動する方法を学ぶ。こうした行動もできるようになると、最後に、個人も部隊も、味方同士による訓練から敵と味方にわかれた訓練に進む。彼らはあらゆるウォーゲームをこなし、さらに大規模な演習に進む。そこでは、自分たちを妨害し、裏をかき、戦って負かそうとする敵と次から次に遭遇する。こうした対決を通じて、敵にどう対処し、敵を出し抜き、敵を打ち負かせるかを学ぶわけだ。

この段階では、訓練の指導者は、そこに摩擦や不確実性が入り込み、その存在が感じられるようにしなくてはならない。たとえば、突然、補給物資を運ぶ縦隊が到着できなくなったとか補給線が途切れたなどと告げる。予期せぬ方向から新たな敵を登場させたり、訓練の途中で任務を変えさせたりもする。目的は、想定外の新たな状況をつくり出して、訓練生に自発性を発揮させ、自分の判断で行動させることにある。各訓練は、技術的に可能な限り詳細に記録する必要がある。そしてそれぞれどこが良くて、どこが悪かったかを批評しなくてはならない。つまり、「教訓」を引き出さなければならない。

こうした訓練が適切な方法でおこなわれると、熟練した兵士や部隊が養成される。だが、得られるのは熟練度だけではない。練度の高い部隊では同僚意識も育まれるはずだ。これは、ずっと個人的な関係である友情とは似て非なるものである。さらに、自己信頼やプライド、結束、相互信頼も得られるに違いない。同僚に不名誉とみられることへの恐れから、訓練生は互いにみずからを犠牲にして支え合い、相手が倒れないようにはするようになるだろう。もっとも、これらすべての訓練をやり遂げるのは困難に違いなく、身体が疲労の限界に達することもあるだろう。実際に危険もある。だが、プラトンが書いているとおり、危険がともなわない訓練は所詮、子どものゲームのようなものなのだ[13]。最後になるが、訓練をしていなければ、まず体力が、次に技能が低下する。訓練は繰り返しおこない、熟練度を定期的に確認する必要がある。

とはいえ、実際の戦闘時のストレスは相当なものなので、それに備えるうえでは単純なやり方しか役に立たないだろう。このストレスに対処するには、ある種の訓練によって、考えるまでもなく、ほとんど自動機械のように行動するレベルまで部隊を訓練する必要があるということだ。どのような心理的な抑制もとり払わなければならない。彼らは、ためらいも良心の呵責もなく、相手を殺し、必要なら再び殺せるようにならなくてはいけない。訓練では、ある種の人たちが感じる殺人の喜び（これは珍しいものではない）、一部の人がいう「殺人のスリル」を活用でき、実際に活用されてもいる。ただし、社会や自分自身にとって危険なモンスターを生み出さないように、彼らを無差別殺人マシンに変えてしまわないようには注意する必要がある。

これは第二次世界大戦や、そのさなかにヒトラーとその部下たちが手を染めたホロコーストが強く警告していることである。アウシュヴィッツ強制収容所の所長だったルドルフ・ヘスは後年、自身やほかの親衛隊員たちが受けた訓練がいかに過酷なものだったかを振り返っている。[14] その訓練はあまりに効果的だったため、彼らは目的が何であれ、あるいは目的などなくても、誰に対しても何でもできるようになっていたという。もしこれが勝利の代価だというのなら、我々はおそらく、神にその慈悲によって自分たちを敗北させるように祈るべきだろう。

第四章　部隊の編成

一　組織

戦争の勝利をもたらす要素として、訓練と並んで、最も重要と言えそうなものに組織が挙げられる。組織とは、単なる寄せ集めを、人間を構成単位として、共通の目標に向けて協調した行動をとれる効率的な機関に変えることだ。その際には、組織に属する人たちが従うべき手続きも定められる。それによって、少なくとも環境や敵ではなく組織自体に由来するような不確実性や摩擦は最小限に抑えることが望まれる。ナポレオンは、オスマン帝国のマムルーク騎兵は非常によく訓練されていたので、一騎でフランス兵数人を相手にできたと書いている。だが、一七九九年四月のタボル山の戦いで証明された通り、フランス軍の部隊は一〇倍の規模のマムルーク部隊を撃破できたのである。[1]

軍隊の編成は一様ではないし、一様にはできない。その国の政策や経済、敵、目標、さらには地勢に応じて、軍の形態は変わってくる。また、その国が置かれている敵対関係の種類、たとえば、正規の戦争か、対反乱かも重要だ。こうして、各軍隊が異なる軍務や部門、隊形、指揮系統などを構築することになる。軍隊の中には、社会からなるべく切り離された組織であろうとするものもあれば、社会とほとんど区別できないほどその中に溶け込んでいるようなものもある。

最も古い「軍隊」は、部族の大人の男性だけで構成される単純な一団だった。部門ごとに担当する業務がはっきり区別された正規の軍事組織はほとんど存在しなかった。社会が高度になるにつれて、軍隊を編成する方法も高度になってきた。軍隊に参加する人は、時代や場所によって、市民であることもあれば、外国人であることもあった。中世には、主君に封建的な義務を果たす家臣によって構成される軍隊も多かった。戦争が始まるときに雇い、終わると解雇する傭兵を用いることもあった。これに対して、長期的に職業として従事する志願者からなる軍隊もあり、二一世紀初めの現代的な軍では大半がこの方式をとっている。

どのタイプの軍隊の採用方式にも、それぞれ熱烈な支持者がいる。実際のところ、軍隊の採用方式と軍事的パフォーマンスとの間にどういう関係があるのかは、はっきりしていない。問題をさらに複雑にしているのは、異なる方法で採用された人が同じ軍隊に所属することも頻繁にあり、今でもときどきみられるということだ。一般的には、部隊は兵士の出自と採用方式の両面で同質であるほど良いと言えるだろう。

どのような軍事組織でも、最初にしなければならないのは、権限や責任の系統を適切に配分することである。一人が指揮し、残りの人は全員、自分の指揮官に対する立場と、互いに対する立場の両方をわきまえながら服従しなくてはならない。たとえその一人の指揮官が愚かな将軍であっても、優れた将軍が二人いるよりはまだましだ。もっとひどいのは、戦争に勝利した軍隊が、優れた将軍候補を大勢抱え込んでしまうことかもしれない。これは一九一九～四〇年のフランスや、一九六七～七三年のイスラエルで実際に起きたことである。いずれも、先の戦争で優れた働きをした将軍たちが、次の戦争では水準以下という結果になった。

次に、権限の集中と分散、削る部分と手厚くする部分、堅牢さと柔軟さの絶妙なバランスを見いだす必要がある。権限が過剰に集中した軍隊は自発性を損ない、チャンスをみすみす逃してしまう。また、緊急事態が起きた場合に迅速に対応もできない恐れもある。一方、権限が過剰に分散した軍隊は、そもそもまったく機能しないかもしれない。無駄を削ぎ落とした軍隊も、度が過ぎると衝撃に耐えられないだろう。だが逆に、頑強過ぎても今度は運用するのが難しくなりかねない。組織があまりにも硬直的なために革新が妨げられるのも、反対にあまりにも柔軟なために焦点がぼやけるのもよくない。事態をさらに複雑にしているのは、置かれている状況や敵の種類、時期などによって、こうした性質のさまざまな組み合わせが求められることだ。

ほかの条件が同じであれば、軍隊は規模が大きくなるほど、また先進的になるほど、指揮するのが難しくなる。そこで生まれたのが参謀である。[2]伝統的に、指揮官は参謀役に自分の親族や秘書を起用してきた。一七六〇年代にプロイセンのフリードリヒ大王やフランスのヴィクトル＝フランソワ・ド＝ブロイ元帥が置いたキャピトル・スタッフ（主要な参謀）が最初期のものだ。その後、見込みのある人材が正規の教育を受け、参謀は専門職になった。それに就く人は、当初は非常に少なかった。第二次世界大戦中のアメリカ軍の参謀組織でも、将校ら一七〇人程度に過ぎなかった。だが、二〇一〇年にはその数は三倍に膨れ上がっている。多くの現代的な軍はその重みにあえいでいる。先端技術を用いて特殊技能兵らが指揮官を通さずに連絡を取り合い、命令の統一性という原則が損なわれるようになっているため、それに拍車がかかっている。また、参謀組織が肥大化し、参謀の数が増えるほど、互いの仕事が干渉しがちになるため、状況はますます悪化することになる。

軍隊は大きな組織になりがちだ。確かに大きいほど良いということはよくある。だがモーゼがイスラエルの民をエジプトからカナンの地に移動させるときに気づいたように、管理する範囲は一人の手には負えなくなるほど大きく広がりやすい。優秀な指揮官であれば、同時に最大で七個の部隊を扱えることが実験でわかっている。しかし戦闘のストレスが加わると、その数は三〜四に減るだろう。残りの部隊は自分たちだけで何とかしなければならなくなる。

こうした問題に対する明快な解決策は、最高司令官と部隊全体の間に中間的な段階を設けることだろう。だが残念ながら、こうした階層構造は新たな問題を生み出す。階層が細かくなればなるほど、情報の伝達は難しく、時間がかかり、不確かなものになっていくという問題だ。これは上から下へと、下から上への両方について言える。さらに、上層部が底辺の人を把握したり理解したりするのが輪をかけて難しくなるという問題もある。

こうした問題に対処するには、どんな規模の軍隊の指揮官も、組織版の直接照準器（スコープ）を持つのが賢明だろう。つまり、さまざまな段階を飛ばして、そのとき、その場所で起きている最大の関心事に照準を合わせられる人間や技術、あるいはその両方の仕組みを整えることだ。もっとも、これを当て推量や中傷のために使ってはならないし、大半の情報がたどるべき通常の指揮系統を乱してならないのは言うまでもない。こうした誤った使い方がされると、この仕組みは有害無益なものになりかねない。

最も単純な軍隊は、棍棒や投げ矢、弓など、全員が同じ武器や装備を用いる兵士から成る。こうした軍隊は小規模で均質なので、招集して配備し、指揮を執るのが比較的容易だ。しかし、兵士の数が増え、技術が進歩すると、組織の専門化を進める必要が出てくる。つまり、各種の部隊を何個用意する必要があるか、また各部隊と軍全体の能力を最大限に引き出すには各部隊をどのように編成すればよいかが問題になる。歴史的にみれば、大半の軍隊は軽騎兵、重騎兵、剣兵、槍兵、弓兵といった兵科ごとに部隊を分けている。指揮官も含めて、特殊な技能を持つ人材は、異なる民族や国家から集められることも多かった。

兵科で部隊を区分するという編成方式の数少ない例外の一つが、ローマの軍団(レギオン)である。およそ六〇〇〇人からなる各軍団は重装歩兵や軽装歩兵、騎兵、攻城兵器(カタパルト)を用いる砲兵で構成され、常設の司令部も有していた。だからこそ、非常に効率的に運用できた。にもかかわらず、一八世紀半ばになっても、フランスの卓越した指揮官モーリス・ド・サックス(一六九六～一七五〇年)は、同時代の人たちがローマの例に倣(なら)おうとしないと嘆いている。[3] 師団や軍団といった、各兵科を統合した部隊編成単位が一般的になってくるのは、ようやく一七九〇年頃になってからのことである。

それ以降、編成単位が大きくなるほど、それを構成する兵科の種類が多くなる傾向がある。また、ほかの兵科との連携を担う多様な特技兵を擁するケースもきわめて多くなっている。それと並行して、第二次世界大戦中から、統合した部隊編成単位を旅団、さらには大隊まで小さくする傾向もみられる。これは、各種の参謀や司令部が増殖する一因にもなっている。

かねて軍隊を悩ませてきた重要な問題の一つは、戦士や兵士に任せるべき仕事と、ほかの人でも安全にこなせる仕事（一般的に前者よりコストがはるかに低い）との線引きだ。部族集団が襲撃をおこなう際には、荷物の運び手として女性が同伴することがあった。後の時代の軍隊の場合も奴隷や女性が随行し、しばしば子どもも付き添ってる。彼らは飼料集めや補給、調理、洗濯、裁縫、看護、セックスなど、さまざまな雑務に携わった。兵士よりも彼らのほうが多いことも珍しくなかった。また、軍紀に準じる規則に従うことを求められることも多かった。その一方で部隊の移動の妨げになるのも常だった。

一八三〇年以降、鉄道が登場すると、こうした人たちはだんだん軍に随行できなくなっていった。彼らがやっていた仕事は軍が引き継ぎ、制服を着た人がおこなうようになったのである。その結果、軍内では「尾」と呼ばれる後方の支援部隊が膨れ上がる一方、「歯」にあたる前線の戦闘部隊が細っていった。戦闘部隊が全兵力に占める割合は一八六〇年には九〇パーセントだったが、その一〇〇年後には約二五パーセントにまで縮小した。ただし、一九九〇年頃から歯車が再び逆転し始め、軍がおこなっていた業務の一部が民間に委託されるようになっている。それでも、軍の任務はますます複雑になってきているため、やはり「尾」が大きくなるという傾向に大きな変化はみられない。

まとめると、どんな状況にも合う一つの模範的な組織というものは存在しないし、存在し得ない。ただし、現代の戦闘集団を、間に多くの種類を挟んで二つの基本的な種類に分けることはできそうだ。一方の極には、最も「進んだ」国が擁する正規の軍隊がある。最高司令官がいて、参謀たちがいて、さまざまな隊形をとり、長大な「尾」を備え、制服があり、民間からはっきり区別された軍だ。もう一方の極には、ゲリラやテロリストを含む非正規の武装勢力がある。彼らは大昔の部族民と似たところがあり、正規軍が備えているようなものをほとんど必要としない。正規軍と非正規の勢力に共通するのは、場合によっては戦闘も含めて、サービスを民間の業者に委託する傾向が強まっている点だ。歴史を振り返ると、一五〇〇年頃から一九四五年まで優位に立ってきたのは前者だったが、今後もずっとそうかどうかはわからない。

二　統率力

組織が軍隊の「体」であるとすれば、それに命を吹き込む魂が統率力だ。どんな組織であれ、統率力を欠けば、ほかの点でどんなに優れていても、まったく使い物にならないだろう。どちらかと言えば、これは平時よりも戦時によく当てはまる。上に立つ人から見れば、戦争とは一部の人にほかの人を死に追いやることを認める、むしろ死ぬように命じるものだ。一方、下の者から見れば、死に追いやられる人とは、そうすることに服従するように義務づけられているということになる。これが戦争を特異なものにしている点だ。人間の活動でこの種の権利と義務をともなうものはほかにない。

統率力（リーダーシップ）という言葉には民主的な響きがある。記録に残っているものとしては、この単語が英語に登場するのはようやく一八二一年になってのことだ。とはいえ、それ以前に統率力に相当するものがなかったのかというと、そうではないだろう。むしろ、はるか昔から、リーダーたちは「鼓舞」「模範」「報奨」「規律」（懲罰を含む）という四つの道具立てを活用してきた。裏を返せば、それらで構成されるものが統率力だと言える。指揮官たちは皆、これら四つをうまく活用して、独自のスタイルを編み出さなくてはならない。その際には、状況だけでなく部下や部隊それぞれの性質を考慮し、彼らの能力を最大限に引き出す必要がある。それはオルガンを演奏するのに少し似ているかもしれない。そのオルガンの音栓（ストップ）や鍵盤、ペダルは人間でできている。

四つのうち、鼓舞についてはあらためて説明するまでもないだろう。鼓舞が弁論や修辞の術を駆使しておこなわれると、少なくともしばらくは大きな効果を発揮することがある。おそらく、どんな時代の指揮官も、そうした術を持っていなければ部隊を前に長広舌を振るおうとはしなかっただろうし、続いてその日の命令を出そうともしなかっただろう。トゥキュディデスやリウィウス（紀元前五九～後一七年）の作品の価値は、一つにはそこに記録された弁論にある。こうした言葉の技術に欠ける演説は井戸に向かって叫ぶのとたいして変わらず、無益で愚かなものだと言わざるを得ない。

模範もまた、説明するのはたやすい。紀元前三二九年、マケドニア軍の兵士たちはインドからゲドロシア砂漠を通ってバビロンへ戻る途中、のどの渇きで死にかけていた。だが、指揮官であるアレクサンドロス大王は、水の入ったコップを差し出されたとき、飲むのを拒み、中身を地面に注いでみせた。この逸話や似たようなほかの話が意味するところは自明だろう。アレクサンドロス大王はときにみずから戦うことでも模範を示した。一度など、部隊の長として敵塁の壁をみずからよじ登ったものの、窮地に陥ってしまい、救出される羽目になったこともある。イングランドのリチャード一世（獅子心王、在位一一八九～九九年）にも同じような話があるし、古代ギリシアから封建時代の日本に至るほかの多くの指揮官もそうだ。君主が戦闘中に殺害されることもあり、西洋では一六三二年のリュッツェンの戦いで死亡したスウェーデン王、グスタフ・アドルフ（在位一六一一～三二年）がそうした例の最後の一人だ。

とはいえ、軍隊の規模が大きくなり、より複雑になると、リーダーがみずから手本になるのはほぼ不可能になった。たとえば、アメリカの軍人で大統領も務めたアイゼンハワー（一八九〇～一九六九年）は回想録の中で、彼が部隊を訪問するとむしろ喜ばれたと書いている。兵士たちは正しくも、彼の訪問を近くに危険がないことの明らかな証拠と判断していたわけだ。それでも、今日に至るまで、将校、中でも下級将校の戦死率は、軍隊の戦闘力を測る優れた指標となっている。戦闘に従事しない将校、したがって戦死することがない将校は、範を垂れることもできないのだ。

統率力の三つ目の要素は報奨である。ナポレオンが言ったとされるとおり、兵士たちは勲章の飾りひもによって導かれる。ナポレオンも、満足の意を込めて兵士の耳をつまむ、名前を挙げるといったものから、勲章、昇進、金銭的な報酬など、兵士たちがほしがるさまざまな報奨を利用した。プラトンは『国家』の中で、戦争で功績のあった者には優先的に「愛し、愛される」権利を与えるべきだと提案している。[4] 軍旗や隊旗などの旗やそれに付ける飾りなど、集団に与えられる報奨もあり、これらはいずれも少なくともローマ時代以来知られている。どれも結束やプライドを高める狙いがあり、実際にしばしば大きな効果を発揮している。

ただしいかなる報奨も、公正に与えられるものでなければうまく働かない。行為が勇敢であるほど、あるいは果たした責任が重いほど、それに対する報奨は大きくする必要がある。そうしなければ、報奨は逆にやっかみや恨みつらみの元となり、効果よりも害のほうが大きくなりかねないからだ。お役所仕事のようなやり方もできるだけ控え、感謝と寛大さの精神を忘れないようにしなければならない。つけ加えると、報奨は速やかに与えるのが鉄則だ。功績に対する報奨があまりにも遅いと、その報奨は無駄なものになってしまうだろう。

四つ目の要素は規律である。ナポレオンは兵士に求められる第一の素質に規律を挙げており、勇敢さよりも上に置いている。一般市民の規律以上に、軍の規律は個人だけでなく、規模の大小を問わず集団全体に適用される。なぜなら、個人の違反行為に対する責任を集団に負わせることは、度が過ぎない限り、結束を生み出すのに良い方法だからだ。規律によってどんなことが可能になるかについては、真偽のほどはさておき、次のような話がある。フリードリヒ大王は、ある大規模な演習を観閲した際、随員たちにこの演習で最も驚くべき点はどこかを尋ねた。彼らは、さまざまな動きが時計のように精密におこなわれているところでしょうと答えた。違う、と大王は言った。何より驚くべきなのは、重武装した何千、何万もの兵士がいて、しかもその多くが自分の意志に反して軍務に服しているのに、お前たちも、そして私も、ここでまったく安全な状態でいられていることなのだ、と。

規律には、公式なものと非公式なものの二種類がある。前者は正規軍に、後者は非正規の武装勢力においてみられるものだ。非公式な規律だからといって、公式なものより緩いとは限らない。ここでは公式な規律について論じ、非公式な規律については非正規勢力とそれがおこなう各種の戦争に関する章で扱うことにしよう。公式な規律は成文の軍法に基づいており、またそれにしか基づけない。昔は珍しくなかったことだが、兵士が文字を読めない場合、指揮官が軍法について説明しなくてはならなかった。一般法と異なり、軍法は国家の主権がおよぶ領域内だけでなく、軍が展開している場所であればどこでも適用される。軍法の目的は、軍隊が命令を確実に実行するように、その行動を平時にも戦時にも律することだ。社会一般に適用される法に比べると、軍法はそれに従う者により多くの義務を課し、より少ない権利しか認めない傾向がある。中には、服装や態度など、一般法では普通触れないような細かい点について規定しているものもある。

規律の全体的な枠組みが定められ、理解されると、兵士たちはそれを代表する人に従わなくてはならない。模範は多くの場合、即座に示され、報奨も相対的に早めに与えられるが、規律は教え込むのに時間がかかる。場合によっては、さまざまな軍事技術を身につけさせる以上に長い時間を要するかもしれない。実際、何千年も前に教練というものが開発されたのは、能率を高めるだけでなく、服従という習慣を教え込むためでもあった。古代の中国、中東、ギリシア、ローマの軍は、いずれも規律の重要性を認識しており、部隊にそれを実践させることに注意を払っていた。

中世の軍隊は教練を軽んじていたように見えるが、それには議論の余地がある。一五五〇年頃になると、槍やマスケット銃で武装した歩兵の活用が広がった結果、教練が再び活発におこなわれるようになった。教練は規律と戦術の両面で目的にかなったのである。そして一八世紀に教練の役割は頂点に達した。同時代のある人は教練の様子をこんなふうに描写している。「二〇〇から二五〇ほどの縦列からなる大隊が、正面の最前列を幅広く展開して前進していくのはなかなか壮観だ。［中略］ぴったり合ったズボンにゲートルを巻いた兵士たちの足は、まるで織り機に張られた縦糸のように前後にきびきびと動いている。一方、磨き上げられたマスケット銃と白くなった革細工には、後方から陽光がまばゆいばかりに反射している。数分後に、この動く壁はあなたのもとに迫ってくるであろう」[5]

教練は今では戦場とは無関係なものになっているものの、その重要性は変わらない。教練では部隊に対して、任務を即座に、ほぼ自動的に、細部に至るまで正確にできるようになるまで、何度も何度も繰り返させる。そこでの任務が何かはあまり重要ではない。一斉に声を張り上げながら、気取った足取りで行ったり来たりする場合のように、それ自体はまったく無意味なことすらあるだろう。しかし、教練の目的は、部隊が考えずに命令に従えるようにすることなので、無意味なことをするのには（やり過ぎなければ）実際には意味がある。教練はまた、部隊を一体化させ、自分たちに力があると感じさせるものであることから、兵士たちにとっては楽しい経験ですらあるかもしれない。一九一四年以前のドイツにはこんな詩がある。[6]

ある暑い夏の日
男たちが教練をしていると
そよ風が、汗と革のにおいを運んでくる
私も人並みに新鮮な空気は好きだが
これはもっとすばらしい

何という喜び！　まるで
軍隊の魂が動いているようだ
市民として生きているだけでは
絶対にわかるまい

規律の中でも最高のものは、もはや必要ともされなければ感じられもしない規律、すなわち自己規律である。この規律は最も効果的なばかりか、励行するのに必要な労力もはるかに少なく済む。統率力の要素の一つとしての規律の目的は、シェイクスピアの『ヘンリー五世』の中で、また後にネルソン卿からもたたえられた「兄弟の一団」をつくり出すことにある。だが現実には、ネルソン自身の艦隊もそうだったように、戦争は悪漢や山師、アドレナリン中毒者らを引き寄せがちだ。この点だけからも、規律と処罰あるいは処罰による脅しを完全に切り離すのが難しいことがわかる。

実際、軍隊における処罰の歴史は、戦争の歴史と同じくらい長い。孫子の時代の中国では、無断で退却した指揮官は即座に首をはねられた。指揮官のもとを勝手に離れた兵士もそうされた。ローマには「十分の一刑」があった。これは、部隊に臆病な行為や反乱といった重大な逸脱行為があった場合に、くじ引きによって、一〇人ごとに一人を選んで撲殺するというものだ。ほかの地域では、軍が兵士を拘束する場合もあった。パンと水だけの粗食しか与えず、縛り上げ、鞭で打ち、処刑した。そうした処刑は、「他の者を励ますために」しばしば残酷な方法でおこなわれた。今日の軍隊はそこまでのことはしないが、依然として、同等の罪を犯した場合に民間よりも厳しい罰を科す傾向にある。

報奨と同様に、処罰も公正に、そして迅速におこなう必要がある。時宜にかなった一回の処罰には九回の処罰を省く効果があるからだ。処罰の判断や全般的な規律の実行に当たるのは軍事法廷と軍警察である。戦争がもたらす途方もない重圧に対応して、これらの機関には概して、一般の法廷や警察よりもはるかに大きな権限が与えられていることが多い。緊急事態に見舞われたときに、支配者が臣民や市民に軍法を適用しようとする場合があるのはそのためだ。また、軍事法廷で用いられる手続きも、個人の権利よりも処理の速さに重点が置かれるきらいがある。それは簡素で、見方によっては残酷なものでもある。

鼓舞、模範、報酬、規律はどれも軍隊を管理する上で不可欠だが、それぞれやり過ぎてしまう恐れもある。鼓舞し過ぎると、逆効果になりかねない。指揮官が兵士たちに範を垂れようと懸命になるあまり、物笑いや軽蔑の的になってしまうこともある。そうなれば指揮官の任務遂行能力にも支障をきたしてしまう。また、報酬を大盤振る舞いするとその価値は落ちてしまう。これは実際、ヴェトナム戦争に従軍したアメリカ兵に関してよく言われることだ。規律それ自体はすばらしいものだが、それに服する人が必要なときに迅速に、決然と、自主的に行動する妨げとなってしまう危険もある。「死体のような服従」を意味するドイツ語の Kadavergehorsam が悪名高いのはゆえなきことではない。

処罰もまた、やり方を間違えると望ましくない結果を招きかねない。厳罰に処せられた兵士やその同僚は、武器を捨てて持ち場を放棄するかもしれない。部隊が反乱を起こし、指揮官を殺害するといった事態も考えられる。これは現実に、規律の行き届いたローマの軍団でも起きたことだ。きちんと処罰するケースと大目に見るケースを見極める必要がある。あるとき、フリードリヒ大王は脱走兵と面会し、彼になぜ逃げたのかとただした。その兵士は、次の闘いが怖かったのですと答えた。すると大王は「来たまえ。きょう新たな闘いをしようではないか。私が負ければ、あしたには皆、ここからいなくなるのだから」。そう言って彼を連隊に戻したという。[7]

戦争においては機密を保持することほど重要なものはない。しかし、統率力はその例外だ。効果を発揮するためには、統率力は公然と示す必要がある。リーダーは役者でなければならない。パットン将軍がかつて部下に述べたとおり、将校は注目を引くような挙措を常に心がけるべきだ。また、大きな緊張を強いられるとしても、どんなときも身だしなみを整え、自信を感じさせるようにしていなくてはいけない。戸惑ったり、文句を言ったり、ためらったりしてはいけないし、個人的な事柄を軍の任務より優先させてもいけない。部隊を気にかけていることを示す必要もあるが、過剰にするのは禁物だ。そうすれば、弱さを感じ取った兵士たちから軽蔑されたり、付け込まれたりする結果になるだろう。

最後になるが、時宜を得た発言や所作は驚くほど効果的な場合がある。アレクサンドロス大王の例については先に紹介したので、ここではプロイセンの陸軍参謀総長、大モルトケの例を取り上げよう。一八八六年、オーストリアとのケーニヒグレーツの戦いで難しい局面を向かえ、プロイセンの運命が危うくなったと思われていた時期に、モルトケは差し出されたケースから、最上の葉巻を慎重に選んでみせた。無言のこの行為によって、国王やビスマルクを含めてその場にいた人たちに、状況は自分が考えているほど悪くなく、今後、万事良くなっていくと思わせることができたのである。ビスマルクは回想録でこのエピソードに言及している。状況が深刻であればあるほど、この種の演出が重要になってくる。もっとも、それはただの演出であってはならず、少なくともそう受け止められてならないのは言うまでもない。

三　戦闘力

これまでに挙げた要素の中には、ほかの要素よりも重要なものがある。歴史的にみると、軍隊の編成（それを構成するのが自国民か外国人か、非正規兵か傭兵か、あるいは徴集兵か予備兵か職業軍人かなどにかかわらず）は、その軍事的な有効性にはほとんど影響を及ぼしてこなかったように思える。たとえば、マキャヴェリは市民兵をたたえているが、母国フィレンツェの市民兵はまさにその真価が問われたときに戦うのを拒んだ。また、スイス人傭兵部隊は確かに屈強と誉れが高かったが、それに劣らず強かった一五五〇〜一七八〇年のスペインやスウェーデン、プロイセンの軍隊はヨーロッパ各国から兵士を採用していた。フランスやスペインの外国人部隊、イギリスのグルカ連隊なども外国人で構成されており、さらにアメリカ軍でも外国人兵は増える傾向にある。

それとは対照的に、組織、訓練、それに統率力は絶対に不可欠なものだ。それらを備えた軍隊は、クラウゼヴィッツが武徳と呼び、今日では「戦闘力」として知られているものを蓄えることになる。戦闘力は大人と子どもを分けるものに当たる。当初の熱情に代わり、恐怖も希望もほとんどない、落ち着きや揺るぎなさが支配するものだ。完璧に身に合った制服、磨き上げられた武器、洗練されたあいさつや儀式、パレード、広く「戦争文化」として知られているさまざまな物事、これらは軍や部隊がどういうものであるかを体現している。それらはまた、士気というものがどんなものかを知る手がかりにもなるかもしれない。もっとも、平時の印象から戦時のパフォーマンスを予想するのは非常に難しく、不可能だとすら言える。そうした印象は誤解を招きやすいからだ。みずから部隊を回り、兵士たちの目を見て士気を確認していたムッソリーニは、そのことをよく知っていた。

戦闘は英雄を臆病者に、臆病者を英雄にする。それは部外者だけでなく、参加している本人すら驚かせる場合も少なくない。自分自身と向かい合う経験を通じて自信をつける人もいれば、そうできない人もいる。信頼できる安定した戦闘力をつけられる見込みが大きいのは、やはり経験、それも苦難に遭ってそれを克服する経験だろう。そして、戦闘よりも厳しい経験があるだろうか。軍隊にもサッカーチームのようにオフの日があるが、そうした日でも指揮官や兵士たちは鉄製のものでも身に着けているように感じるものだ。すべてがうまくいかないように思えたり、パフォーマンスが当然期待できる水準をはるかに下回っていたりする日も、特に作戦や戦争が長期にわたる場合には必ずある。

激しい戦闘が続き、休息が十分にとれなくなると、多くの兵士に軽いものから深刻なものまで、心理的ストレスの兆候が表れてくる。一見、健康そうに見える兵士の中にも、無感情になったり、自分の生死を構わなくなったりする人が出てくる。悪夢にうなされたり、胎児のように体を丸めたり、震えが止まらなくなったり、目が見えなくなったり、四肢を動かせなくなったり、夜尿をしたり、性的に不能になったりする人もいるだろう。死んだ仲間の兵士の姿を見たり、その声を聞いたりすることもある。こうした異常を訴える人は、負傷者より多いかもしれない。統率の仕方が悪かったり、結束が弱かったりすればするほど、問題はいっそう深刻になる。長期的に見れば、戦争の苦難（シュトラパーゼン）から逃れられる部隊や軍隊は一つもない。アレクサンドロス大王の兵士たちはマケドニアから北インドまで、各地を一〇年にわたって転戦した。そんな彼らでさえ、最後には大王の鼓舞を拒み、帰国を求めたのである。

だが、限界を超えない程度によく組織され、よく訓練され、よく指導され、そして結束した軍は、特にそうした軍のありがたみを知っている社会の支えがある場合には、平時には考えられないような奇跡的な忍耐や勇猛さを発揮することがある。長い距離が縮んだように見えたり、通常ならとても足りないと思える短い時間で任務が完了したりする。一八〇六年、フランス軍があまりにも速くベルリンまで進軍してきたことに驚いて、プロイセンのある王子は思わずこう言ったという。「しかし、彼らは飛べないはずだろう？」[8]

もう一つの良い例は、アラブ諸国とイスラエルが戦った一九六七年の戦争だろう。この戦争ではまず、エジプトの独裁者ガマル・アブドゥル・ナセル（一九一八〜七〇年）がイスラエルとの国境地帯に部隊を集結させ、ティラン海峡を閉鎖した。対抗してイスラエルも動員をかけ、指揮官や予備兵中心の部隊は三週間にわたって束縛を断ち切ろうともがいた。大勢のイスラエル兵が声を合わせ、ナセルはそこでじっと待っていろ、すぐそちらに行ってやる、と叫んだ。こうした唱和の一部が、自分たちの恐れを隠したり、克服したりすると同時に、敵と国民の両方に強い印象を与えるための演出だったのは間違いない。だが、彼らは不動の決意を固めていた。それは合図が出されるや明らかになった。イスラエル軍は猛攻撃をかけながら前進し、まるで明日などないように必死で闘った。多くの人は、アラブの群衆が通りに出て踊るのを見たり、「ユダヤ人に死を」とわめきたてるのを聞いたりして、この戦いに勝たなければ、自分たちと自分たちが大切にしているものすべてにとって、明日は本当にないと感じていたに違いない。孫子風に言えば、だからこそ天が彼らに味方したようにも思える。イスラエル軍は、目標以上の成果を繰り返し収め、最後までその勢いを維持した。

ここに最後の警告がある。抑圧された戦闘力が戦争を引き起こすことは実際にはないかもしれない。戦争を始めるには、やはり何らかの目的と決定が必要だからだ。しかし、そうした戦闘力が開戦の方向に強い圧力をかけ得るのも確かなのだ。一九六七年の戦争の前夜、イスラエルの将軍たちは、ナセルによる強硬な措置によってもたらされた行き詰まりを打破しようと躍起になっていた。参謀副長のエゼル・ヴァイツマンは首相のレヴィ・エシュコルの執務室に駆け込み、肩章を引き剝がして机の上に叩きつけ、開戦が一日延びるごとにどんどん損耗が増えていくと叫んだという。確かに極端なケースでは、こうしたはやり立った軍は自国にとって敵と同じくらい危険になることもあった。

だが、戦争に関しては、普通、勇ましい馬を御さなくてはならないほうが、動きの鈍い牛をつつかないといけないよりも良い状態だ。シェイクスピアの「ヘンリー五世」のせりふを引用しておこう。[9]

平和時にあっては、もの静かな謙遜、謙譲ほど
男子にふさわしい美徳はない。だが、いったん
戦争の嵐がわれわれの耳もとに吹きすさぶときは、
虎の行為を見習うがいい。筋肉を固く引き締め、
血を湧き立たせ、やさしい心を恐ろしい怒りの顔で
おおいかくし、目を爛爛と輝かすがいい、

城壁の狭間から敵をにらむ大砲のように。
さらにその目の上に眉毛をおおいかぶせるがいい、
そそり立つ崖が、荒々しい大洋の波にむしばまれ
削りとられた土台の上に、見るも恐ろしく突き出て
のしかかるように。さあ、歯を食いしばり、
鼻をひろげて息をのみ、せいいっぱい勇気
をふりしぼるのだ。

（小田島雄志訳）

第五章　戦争の遂行

一　技術と戦争

先に述べたとおり、孫子もクラウゼヴィッツも技術と戦争の関係についてはあまり関心を示していない。しかし逆説的だが、彼らの作品が時の試練に耐えてきた主な理由の一つは、まさに彼らが技術について詳しく論じなかったことにあるとも言える。技術は絶えず変化を遂げており、将来どうなるかを予測するのが不可能に近いものだからだ。

ある定義によれば、人間とは道具を作る動物である。おそらく、たとえ原始的であっても、武器や装備が使われなかった戦争はこれまで一つもなかっただろう。逆に言えば、最も原始的な武器や装備ですら、最新の高度な武器や装備と同じくらい戦争を形づくっていたということだ。ローマの軍団が用いた剣は、今日の歩兵部隊のアサルトライフルと同じくらい、彼らの戦い方を決めるうえで重要だったのである。だからこそ、技術というテーマに目配りできていない理論には重大な欠陥があると言わざるを得ない。オーケストラが奏でる音楽を深く理解するためには、使われている楽器についても深い理解が必要になる。それぞれの楽器に何ができて何ができないか、そして残りの楽器とどう調和するかなどを知らなくてはならない。戦争についても同じことが言える。

ドイツ陸軍が一九三六年に制定した有名な指南書では、戦争を「科学的な基礎に根ざす自由な創造活動」と定義している[1]。戦争が自由な創造活動だと言えるのは、それをおこなうのが人間だからだ。このような戦争に関して人間は、適切と判断した決定や行動をする、かなり大きな自由を享受している。だが、物質的なもの、すなわち技術にはこうした自由がはたらく余地はない。確かに近代兵器システムの中には、空戦に使用されるもののように、人間が介入しなくてもある種の決定ができるものがある。しかし、こうした決定はあらかじめプログラムしておく必要がある。そこに「自由」がないのは明らかだろう。

戦争がなお科学的な基礎に根ざすと言えるとすれば、その主な理由は、戦争を始める際やおこなっている間に物質的な条件があるという点に求められるだろう。たとえば、「弓矢の射程や貫通力は○○でそれ以上ではない」「戦闘爆撃機は○○トンの兵器を○○キロ離れた場所まで運べる」「橋は○○トンの荷重に耐えられる」といったものだ。時間、距離、必要な物資量などは数学的に計算できるし、そうしなくてはならない。実際、より正確に計算したほうが勝つことが少なくない。

道具や機械は、それを発明した人や運用する人に比べると融通が利かないものが多い。人間がするように、ある活動から別の活動へ、ある環境から別の環境へ切り替えたり、さまざまな環境でさまざまなことをしたりできる技術は存在しない。チャップリンの映画「独裁者」（一九四〇年）でベンツィーニ・ナパロニ（ベニート・ムッソリーニ）がわめきちらした空飛ぶ潜水艦はまだ開発されていない。技術にはこうした欠点があるため、人間は一つの道具や機械ではなく、目的や環境、出来事、相手ごとに異なる道具や機械を用意しなくてはならない。しかも、それらは適切なものでなければならない。しかし、これも一筋縄にはいかない。技術が多様になるにつれて、その使い方も複雑になるからだ。

　人間と違って、武器や装備には意欲も感情もなければ目標もなく、また道徳も士気もない。統率力も模範も、報奨も訓練も必要としない。機械を処罰しようなどというのは、まったくばかげている。武器や装備は、正常に動作している限り機能する。命令を拒むこともなければ、教え込まれた内容を忘れることもない。ミスも犯さない。注意が散漫になることも、飽きることもない。

　何よりも、武器や装備は多くの任務を人間よりもはるかにうまくこなせる。というより、そうでなければ、そもそも開発されていなかっただろう。機械には特に、人間よりも強力で（攻撃面でも防衛面でも）、速度が速く、射程が長く、精度が高い、といった特徴がある。要するに、武器や装備は戦力を増強する装置（フォース・マルチプライヤー）の役割を果たすわけだ。それらがもたらす利点は、ふさわしい装備がなければ人間には戦えないどころか生きることすらできない環境、すなわち水中や水上、空中、宇宙などでとりわけ重要になる。また、最も新しい環境であるサイバー空間は、技術の進展がなければ存在すらしなかったはずだ。

　にもかかわらず、ハードウェアはそれ自体では死んだモノである。それは、よく訓練された人間のオペレーターがいなければ動作せず、まして最大の能力を発揮することもできないからだ。この問題は、低次のレベルではこれはそれぞれの兵器や兵器システムに当てはまる。高次のレベルでは、それらを最良の組み合わせとなるように統合、連携して運用するという課題にも関わってくる。さらに軍事ドクトリンや組織も技術的な条件に適合させなくてはならない。どんなに優れた技術であっても、こうした要素に細心の配慮をしなければ、無用の長物になってしまうだろう。たとえば一八七〇～七一年、フランスで新たに開発された尻込め式多筒機関銃(ミトレユーズ)は徹底した秘密主義が貫かれていた結果、兵士たちですら使用法を学べなかった。技術が裏目に出ることもある。たとえば、その兵器の性能に見合ったサポートや防護に当たる人員が張り付かなければならない場合などだ。

その一方で、技術がすべてのレベルできちんと習得され、ドクトリンや組織の適切な枠組みに従った上で活用された場合には、所有者の能力を著しく向上させる。いわゆる技術優位性がもたらされるわけだ。技術優位性は具体的には、より優れた武器や輸送手段、通信や情報の収集装備といった形をとる。所有者はそれによって、少なくとも敵よりも長いリーチ、強力な打撃力や防御力、迅速な作戦展開能力といったものは確保できるはずだ。技術の中には、空中や宇宙など、敵が反撃できない環境での活動を所有者に可能にするものもある。

技術優位性が戦争の開始時点で適切に発揮されれば、技術面での不意打ちとして勝利に貢献することもある。一九七三年一〇月の戦争(第四次中東戦争)はその好例だ。スエズ運河を越えたエジプト軍は、イスラエル軍の反撃を封じ込めるために対戦車誘導ミサイルを集中的に使った。それによって、エジプト軍はイスラエル軍の機甲旅団一個を全滅させたのである。この奇襲が情報収集の失敗によるものだったのか、それとも関連する情報の伝達や吸収ができなかった結果なのかは、ここでは問題ではない。とはいえ、イスラエル軍も九年後にレバノンで雪辱を果たし、最新の早期警戒管制機を駆使してシリア軍の戦闘機およそ一〇〇機を撃墜している。イスラエル側はわずか一機を喪失しただけだった。

大小を問わず、技術優位性が最も大きな効果を発揮するのは短期戦だ。戦争が長引くと、技術優位性が実際にあったとしても、当然のことながら迅速な決着をもたらせなかった。そうできなかったもっともありそうな理由は、技術が間違った方法で、間違った状況において、間違った目的のために、間違った敵に対して用いられたことだろう。たとえば、戦車や大砲、戦闘爆撃機などの精度の低い重火器が、標的が不明なのにテロリストやゲリラに対して使用されるような場合だ。先ほど触れたイスラエルによるレバノンでの作戦は、イスラエル側の当初の成功にかかわらず一八年以上にわたって続くことになった。戦争が長引くと技術優位性の効果が薄れることを示す典型的な例だ。

戦争が長びくほど、技術的に不利な側も状況に学び、順応していく可能性が高くなる。最も容易な対応策は、戦術的な反撃に出ることである。たとえば一九七三年、イスラエル軍は対戦車誘導ミサイルによって緒戦で敗れた数日後に、攻撃を再開できる新たな方策を考え出している。もう一つの方法は、相手から奪い取るなどして似たような武器を手に入れることである。紀元前二一八年、トレビアでローマ軍を破った後にカルタゴのハンニバルが最初にしたことは、獲得したローマの武器を自分の部隊がうまく使えるように慣らせることだった。ローマの武器は自分たちのものよりも優れていたのである。

ほぼ互角の集団同士が軍事技術面の争いを繰り広げる場合、その影響が相互におよぶ結果になるのは明らかだ。互いに観察して模倣し合い、一方が先行したかと思えば、他方が抜き返す。武器や甲冑の発展、攻城兵器、要塞などが良い例だろう。第一次世界大戦中には、フランス、イギリス、ドイツが平均で一年に一度のペースで新世代の戦闘機を開発したが、いずれの国も決定的な技術優位性は得られなかった。その結果、質よりも量がものを言うことになり、この戦争は消耗戦となった。

軍事技術の開発におけるこうした共振作用は何千年にもわたってみられてきた現象だ。平時には経済的な制約があり、官僚主義が支障となるため、そのペースは鈍化するかもしれない。一方、戦時には、危機感が生まれ、予算の蛇口が緩くなるため、加速するかもしれない。変化のスピードが上がるこうした時期は「軍事上の革命」などとも呼ばれる。とはいえ、技術優位性を追求することにも問題がないわけではない。第一に、将来のことに傾注するあまり現在がおろそかにされる懸念がある。逆もあり得る。変化のペースが速い場合、新たな武器が戦場に導入されたときにはすでに時代遅れの代物になっているかもしれない。第二に、変化は混乱を引き起こし、即応態勢の維持を難しくする。第三に、多くの武器はきまって、先行する武器よりも性能がはるかに強力になるだけでなく、価格も大幅に上がる傾向がある。その結果、調達数を抑える圧力がかかる。だが、調達数の減少は開発コストの上昇を招く。こうして悪循環が生まれる。

そうなると、武器の価値が桁外れに高くなり、数もごく少ないため、もはやそれを失うわけにはいかなくなることもある。これは実際、歴史上繰り返されてきたことだ。失ってはいけない武器は使うことができない。ヘレニズム時代の怪物のような軍船がそうだった。中世後期の甲冑を身に着けた騎士はあまりにも重かったため、クレーンを用いて馬に乗せてもらっていたという。二〇世紀の戦艦は、潜水艦や航空戦力に無惨なまでに弱かった。戦艦はそもそもは海上の支配権を握るために建造されたものだったが、実際は大半の時間を港に停泊して費やしていた。しかも、港では防護する必要もあり、各国はそのために莫大な負担を強いられた。一九九〇年代には、大方の爆撃機が戦艦と同じ道をたどることになった。史上最も大きく最も高額な兵器である空母も、それに続く可能性がある。こうした兵器を持ち続けることは、進歩ではなく保守性の表れであることが多く、ときには衰退の兆候ですらある。

二一世紀初めにも、新しい技術が数多く導入されている。中でも目立つのがロボットだ。ただ、ロボットの採用は必ずしもそれが最も重要だからではなく、また、ロボットが近い将来に戦場で人間に取って代わりそうだからでもない。むしろ、フランケンシュタインのような怪物がいつか登場し、人間を管理するようになるかもしれないという、希望とも恐れともつかない感情を反映したものだと考えられる。新たな兵器にはこのほか、弾道弾迎撃ミサイル、非殺傷兵器、レーザー兵器、ステルス兵器、宇宙兵器、サイバー兵器（「マルウェア」とも）といったものがある。さらに、センサー類とデータリンク、コンピュータというあらゆる情報をまとめて処理し、ますます高度で複雑になってきている不可欠なセットも加えてよいだろう。

新たな技術の中には、戦場で部隊が運用するものもあれば、遠方にいる人員によって管理されるものもある。後者をめぐって、危険のまったくおよばない場所で操作をおこなう人は軍人なのか、はたまた犯罪者なのかという疑問も持ち上がっている。規模の大きさを問わず、また陸、海、空、宇宙など場所にかかわらず、こうした技術を用いた作戦の種類は増える一方だ。監視や偵察から各種施設の警備まで、道路脇の爆弾の無力化からテロリストの殺害もしくは「除去」まで、挙げればきりがない。新しい技術はすでに組織や訓練、ドクトリン、作戦の遂行にも多くの変化をもたらしており、今後、そうした変化がさらに増えていくのは間違いない。

現在、開発が進められている技術は、戦争の技法を仕切り直すものになるだろうか。現時点でその答えを出すのは早計だろう。とはいえ、参考になる先例がある。一九〇〇年前後には、無線、有刺鉄線、機関銃、無反動の速射砲、内燃機関で駆動する自動車や牽引車、戦車、あるいはドレッドノート型戦艦（旋回砲塔に単一口径の大砲を備えた戦艦、弩級艦）、潜水艦、魚雷、それにツェッペリン飛行船と重航空機という二つの空軍戦力といったものが次々に登場した。そこからわかるのは、大きなイノベーションに直面したときに軍が最初に示す典型的な反応とは、それを一種のおもちゃと見なして拒否するというものであることだ。こうした反応をするのは軍に限らない。関係する指揮官らがしゃしゃり出てきて、当の技術では何も変わらないと説明するのも珍しい話ではない。

そうした指揮官たちもやがて新しい技術に興味を惹かれ、試しに少数の戦車や偵察機を各部隊や軍に配備してみるなど、それらを既存の戦力に加えようとするだろう。能力が証明されれば、先行する技術は取り除かれる。「この技術は世界を支配するだろう！」。彼らは叫ぶ。「何もかもが決定的に変わった！　これまでの歴史は無意味なものになった！」。しかし、そんな技術も特効薬のようなものではないことが徐々に明らかになってくる。新しい技術が持つ潜在力を十分に発揮させるには、強みを最大限に引き出し、弱点を最小限に抑えるべく、徹底的に実験し、ほかのすべてのものと一緒に訓練に用い、統合させる必要がある。ただし、それが実現できても、その技術を無効化する方法は必ず存在する。最後に指摘しておくと、新しい技術は結局、両方の側が獲得して使用することになるので、彼らは状況にたいした変化はなく、以前からの基本的な原理がなお当てはまるということに気づくことになる。

二　参謀業務と兵站

軍隊を軍務や部門、隊形、部隊などに分けることと、軍隊を機能させることとは別の問題である。統率力と規律が軍隊の精神だとすれば、細かな実務を担い、それらを結びつけて組織を動かすのが参謀業務である。これは軍における行政に当たる仕事だと言ってよい。どのような規模の部隊も、参謀業務がうまく機能しなければ烏合（うごう）の衆と化してしまうだろうし、そもそも存在すらできないかもしれない。孫子は、「算」についての数段落でこの仕事に言及している。クラウゼヴィッツはというと、まったく触れていない。ほかの著者の場合も事情はおおむね似たり寄ったりだ。情報や戦略、作戦などを扱った本が一〇〇〇冊ある書棚でも、参謀業務に関する本は一冊あるかないかといったところだろう。事務という仕事はどうやらあまり人気がないらしい。

最も小規模で簡素な軍隊と呼べる部族の戦闘集団の指揮官は、参謀の仕事を自分の頭の中でやっていた。『イリアス』にも参謀に関する言及は見当たらない。アカイア人の勢力はテクストのある箇所に基づいて二五万人（別の解釈では五万人）と推定されているが、彼ら自身はおそらく数えられていなかっただろう。その後、より大規模で高度な組織化された軍隊は、粘土や木、石、ブロンズ、パピルス、ベラムなどを用いて記録をおこなうようになった。戦争の規則や布告、条項などを作成する必要があったためだ。組織構造、権限や責任の範囲、手続きなどについてもそうだった。また、軍務に就く人の検査や登録、分類、宿舎の割り当て、報酬の支払いも必要だった。転属、任務の割り当て、叙勲、昇進、除隊などの記録もつけなくてはならなかった。同様に、拘束された人、裁判にかけられた人、負傷した者、病人、囚人などの記録も求められた。武器や装備、各種の補給品を生産し、保管し、登録し、支給する必要もあった。さらにそれらを執行するための計画や指示も書き留めておかなければならなかった。それらの指示は通知され、受け取りの確認もおこなわれた。報告書が提出され、書簡によるさまざまな通信がおこなわれ、ギリシア語で「エフェラメ（ephemera）」と呼ぶ日記もつけられた。

多くの文書は、短縮して書くことやリスト化、カタログ化、索引の添付なども求められたため、参謀の業務はさらに拡大した。時間を節約し、誤解を防ぐため、アクロニム（頭字語）が使われることも多かった。文書はできるだけ表記を統一する必要もあったが、この作業は印刷術が発明されたおかげでしやすくなった。軍事文書の価値は常に認められていた。こうした文書は要塞では機密扱いされ、野営地では真ん中辺り、指揮官のテント付近で保管されていた。行軍中は、軍事文書を載せた荷馬車は縦列の中央で、厳重に守られていた。また戦闘中は、この種の文書は後方に残された。文書業務で有名な軍隊もあり、ローマやプロイセンがその代表格だ。ドイツ国防軍は行方不明兵を担当する機関だけでおよそ四億通に上る各種文書を作成している。現在ではこの作業にコンピュータが主に使われていることを考えると、現代の軍隊では文書の数がどのくらいに膨れ上がっているか、推して知るべしだろう。

軍事作戦の一部として細かい情報に注意を払うことは絶対に欠かせず、こうした作業も多くの場合、参謀業務の別名である場合が多い。細部を扱う作業は便宜上、二つの段階に分けることができる。まず、そこに関わっている問題は何かを見抜くこと。次に、そうした問題の解決策を見いだすことだ。どちらを欠いても、参謀業務としてはまったく価値がないのは明らかだ。だからといって、作戦が始まった瞬間に参謀業務が終わるということではない。なぜなら、これまでどんな規模の軍事作戦も時計のように順調に進むことはめったになかった以上、「Dデイ」(攻撃開始日)や「Hアワー」(攻撃開始時刻)の後にも問題が起きるのはほぼ確実だからだ。また、作戦が終了した後に、批判的な視点からそれを振り返る必要もある。何がうまくいって、何がまずかったか。その理由は何か。その作戦によって我々はどうなったか。次はどうなるか。そういったことをあらためて検討しなければならない。

次に兵站に関しては、孫子はいくつかの一般論で満足してしまっている。クラウゼヴィッツはこのテーマについて熟考し、優れた洞察も少しは示しているが、ナポレオン時代に焦点を絞っているために主張には時代的な制約があり、ほとんど役に立たない。両著者の間違いでもこれほど大きな間違いはないだろう。文法的にはおかしいが、言っている内容はまったく正しい次のような言葉がある。「兵站とは、十分に確保していなければ、すぐにその戦争に勝てなくなるもの」。これは高いレベルでも低いレベルでも同じように当てはまる。クラウゼヴィッツが勤務したプロイセン軍も、この言葉の正しさを証明している。プロイセンは、列強の中で最も弱小な国としてスタートを切った。そのため、兵站を軽視して作戦を重視する傾向がもともとあり、それはドイツ陸軍にも引き継がれた。そして、それこそがドイツが二度の世界大戦で敗北した主要な原因だったのである。

兵站とは、何が可能かに関わる術のことである。その軍隊がとり得る最大の規模はどれくらいか、作戦行動ができるかどうか、どの季節に作戦行動できるか、どこで作戦行動できるか、基地からどれほど離れられるか、その期間はどのくらいか、移動できる速度はどの程度か、こうした一切は最終的には兵站によって決まる。ある将校が言ったように、魔法でも希望的観測でもなく、「兵站こそが決める」のだ。だが、それに限度がある点もわきまえておくべきだろう。つまるところ、兵站は作戦行動を補佐するものであって、その逆ではないからだ。最後の兵士に最後のボタンが縫い付けられるのを待っていては、軍隊は決して動き出せないだろう。また、指揮官が好機を捉えて危険を冒し、補給将校の警告を無視する形で前進するような状況もあるはずだ。

兵站はもともと戦争につきものだった。最初期の「軍隊」は襲撃をおこなう戦士の集団で、総勢数十人程度だったと思われる。水を別とすれば、彼らが主に必要としたのは一人あたり一日一・四キロほどの食料だった。この量は現代の兵士が必要とする量とあまり変わらない。戦士たちは通過していく先々で食料を調達し、戦利品があればそれも利用した。部族全体が同じことをする場合もあった。たとえば、中世初期の民族大移動の間や、一六四四年に満州族が中国を支配した際などがそうだ。軍隊の規模が大きくなるほど、また作戦形態が集中的であるほど、兵士たちの食料の確保は難しくなる。駐留している地域で十分な補給ができなくなったために、軍隊が移動を余儀なくされたり、飢えを強いられたりするといった事態は容易に起こり得るものだ。

現地から物資を調達する生活は、特にそれが長期におよぶ場合、ほかにも難しい問題が出てくる。たとえば、食料をはじめとする補給物を提供させた人たちへの補償には高い経費がかかる。しかし支払いをしなければ、現地の人たちは隠せるものは何でも隠して、最大限の抵抗をするに違いない[2]。こうしたやり方は、全住民を敵に回すようなものであり、望ましくない結果をもたらすだろう。一方、略奪は、あらゆる兵站活動の中でも最も時間がかかり、最も効率が悪いものだ。多くの補給物資、ことによると大半の補給物資が破壊されたり、浪費されたりもするだろう。一九四一〜四三年、東部戦線でのドイツの管理はきわめて非効率だったので、提供される食料の量は占領したロシア領からよりも、小国デンマークからのほうがまだ多い始末だった。

問題はそれらに限らない。配下の部隊に好きなところに行かせ、必要なものを奪い取らせるような指揮官は、おそらく部隊への統制を失うはずだ。その結果、規律は乱れ、脱走する兵士も現れ、部隊は崩壊してしまう。ナポレオンの大陸軍（グラン・ダルメ）は徴発に依存していたが、そこまでひどい状態には陥らなかった。とはいえ、大陸軍は略奪の多さで悪名高く、兵士は部隊を抜け出して決まってそれに手を染めていた。こうした兵士たちは戦闘序列から逸脱したばかりか、現地住民との関係を本来あるべきものよりはるかに険悪なものにしていた。物資の現地調達が避けられない場合、最も良いやり方は、特別に編成した班に物資を集めさせ、それらを厳格な管理下に置くことだろう。その場で支払いができない場合は、受領証（軍票）の発行によって後日おこなうことを約束するといったやり方もある。

こうした難しい問題に対処する一般的な方法は、軍需品倉庫や補給基地を整備することだ。これは襲撃をおこなう部族集団もときに活用していたもので、彼らの場合は予定のルート沿いにあらかじめ物資を置いていた。一八世紀の軍隊は、「不意討ちをかける」ために軍需品倉庫を設置した。それがなければ不可能なような早い時期に、作戦に着手しようという目論見だった。ほかの条件が同じであれば、軍隊の規模が大きくなるほど、軍需品倉庫の役割も大きくなる。ただし、こうした倉庫にも問題はある。物資の中には時間がたつと使えなくなるものがある。また、倉庫と現地部隊をつなぐにはある種の運送システムが必要となるが、それによって部隊の作戦の自由は制約されてしまう。加えて、運送の出費もかさむに違いない。孫子が述べているとおり、距離が長くなるほど、経費は高くなるものだ。[3]

最も単純な運送システムは、男性（ときには女性）が荷物を背中に背負って運ぶというものだった。これは現在でも一部の地域で続けられている。次に動物を使うようになった。荷物を動物に直接載せることもあったし、動物に荷車を引かせることもあった。だが、動物は人間よりもはるかに多くの食べ物を必要とする。基地からの飼料で動物を養えたのは基本的に、移動距離がかなり短く、期間も短い場合に限られた。飼料は食料以上に国じゅうからかき集めなくてはならないものである。これもまた、軍隊の規模、作戦行動が可能な時期や場所を制約する要因となる。一八世紀半ばになっても、軍隊の最適な規模は四万〜五万人と考えられていた。[4]

食料以外にも軍隊はさまざまな物資を必要とする。その中には、周辺地域から集められるものもあるだろう。しかし、その国の発展が遅れているほど、またその物資が特殊であるほど、手に入れるのは難しくなる。山地やツンドラ（凍土帯）、森林、湿地といった地勢も影響してくる。それぞれに地理的な特性があるのに加え、そうした場所は人口が少ない傾向にあるからだ。その中でも砂漠は、ナポレオンが一七九八年にエジプトからパレスティナに向かう途中にシナイ半島を越えたときから変わらず、現在も最も厳しい地勢となっている。砂漠では何も入手できず、水すらないからだ。アメリカのアフガニスタン戦争では、あらゆる物資の中で水が最大のスペース、重量を占めていた。

第一次世界大戦までは、軍事物資の大部分は何よりも食料と飼料だった。しかし、科学技術を駆使する現代の戦争では状況が変わっている。弾薬や燃料、潤滑剤、戦場で運用される装備品の予備の量が大幅に増えているのだ。ある試算によると、戦場で兵士一人の一日の活動を支えるのに必要な物資の量は以前の三〇倍に増えているという。装備の中には、武器や道具のように長くもち、敵の攻撃や偶然の出来事によって紛失しない限り代替品を必要としないものもある。だが、絶えず補充が必要な消耗品もある。こうした事情から入念な計画や、運送面の厳格な規律によってしか解決できない問題が生じている。一九九〇〜九一年の湾岸戦争では、アメリカ軍が展開した左翼へ物資を運搬する車両で幹線道路があまりにも混雑し、ヘリコプターで上空を横切るしかないほどだった。

物資の量以上に増えたのが物資の種類だ。食料から弾薬まで、あるいは燃料から各種の通信機器、予備部品、医療物資まで、その種類は非常に多岐にわたっている。一九九一年の湾岸戦争では、アメリカ軍だけでも、作戦行動を続けて任務を遂行するために五〇〇万品目におよぶ物資を使っていた。そうした物資の使用期限は品目によって異なることが多い。そのため、それぞれ異なる条件下で保管し、異なる方法で点検し、異なる部隊に異なる運送形態で輸送する必要もある。そして、部隊の中には高速で移動している部隊もある。戦争が進むにつれて、部隊の多くは各地の戦場に散らばっていく。こうして生まれる多様な状況は、管理面で難しい問題をもたらすことになる。それは、最新のコンピュータとデータリンクでしか対処できない。

こう説明すると、読者は戦時の軍の管理や兵站はおおむね平時の場合と変わらないと考えるかもしれない。専門分野の多くに関しては、その見方は正しい。サイバー戦争が出現する前は、相手側の軍の管理と干渉し合うことはまずあり得なかったので、なおさら正しいと言える。だが、兵站に関しては正しくない。平時の兵站は、天候や、自然災害などの予期せぬ出来事を別とすれば、遮断される恐れなくおこなうことができるが、常に敵のことを考慮に入れなければならない戦時の場合はそうはいかないからだ。したがって、重点は効率性と採算性から防衛と生存可能性に移ることになる。

こうした問題は兵站に劇的な影響を及ぼしている。徴発班や物資集積所、補給線、車列は慎重に配置し、分散させ、秘匿し、攻撃から保護しなくてはならない。また、そのシステムは、部隊の任務が急に変わっても対応できるように、十分に柔軟でなければならない。そして柔軟性をもたせるには、かなりのゆとりを確保する必要がある。ビジネスマンが好む「ジャスト・イン・タイム」方式は、ここでは役に立たないばかりか、危険ですらある。最終的に複雑な状況がいくつも生じたり、制約がもたらされたり、コストが膨らんだりするからだ。

さらに、兵站上の必要は決まって敵に好機を生み出してもきた。徴発は必ず部隊の分散につながるが、それによって徴発班、ときには部隊全体が奇襲を受ける危険が生じる。また、敵にとって邪魔な場所にある地方や国は略奪される恐れがある。一六八九〜九七年のプファルツ、一七〇四年のバイエルン、一七〇七年と一八一二年、一九四一〜四二年のロシアなどが一例だ。前線に近過ぎる基地も奪われたり、破壊されたりする可能性がある。鉄道についても同じことが言える。アメリカの南北戦争は特に、双方が前線の後方から縦深攻撃を仕掛け、車列を妨害したり鉄道を遮断したりしたことで有名だ。一九一四年以降、こうした攻撃は空爆に取って代わられた。一九四四年のノルマンディやバルジの戦いのように、兵站上の問題が破滅的な結果をもたらすこともあった。

ほかの条件がすべて同じなら、兵站は「尾」が伸びるほど脆くなる。現代的な軍隊が兵站面で必要とするものはあまりに大きいので、それによって新たな脆弱性が生まれている。そして、それにつけ込んで「非対称戦争」を仕掛けようとする新たな勢力も出現している。この種の戦争については後で論じよう。

三　戦争における情報

戦争ではすべてのものが霧に包まれている。その霧は、双方がみずからの動機を隠し、敵を欺こうと、あらゆる手を尽くしていることで、ますます濃くなっている。こうした霧（それをクラウゼヴィッツは「不確実性」と呼んだ）の中を貫いて、それをほんの少しでも散らす手立てはこれしかない。一に情報、二に情報、三に情報、である。スパイは世界で二番目に古い職業とも言われる。その活動がなければ、軍隊は目も耳も持たないようなものだ。だからこそ、アメリカは二〇一四年度に対外情報収集活動だけで約五三〇億ドルもの巨費をつぎ込んでいる。[5] これは一九四カ国の国防費の総額の九五パーセントあまりに相当する額だ。

情報収集の目的は二つある。一つ目は自分たちが計画を立てる際に必要な情報を入手することだ。たとえば、目標を選び、その優先順位をつけ、それぞれを達成する方法を決めるのに活用する。二つ目は敵の動機を見抜き、その機先を制することだ。どちらも、情報収集以外では実現できないものである。孫子が指摘しているように、神のお告げも、水晶の玉も、歴史的な類推も、敵がいる場所を教えてくれない。[6] また、敵が置かれている状況、ある特定の時点における敵の強さ、敵の最も効果的な殲滅（せんめつ）方法なども示してくれない。とりわけ、将来起きること、敵の意図、敵が次にしようとしていること、敵が自分たちを攻撃してくる時期や場所、その方法について予言できない。こうした事柄に関する情報を収集するには、敵を観察し、その中枢に潜り込むしかない。

ただし、敵の将来の計画についての情報が絶対に不可欠だからといって、それだけが自分たちの必要としている情報だというわけではないし、ほかの情報が無価値だというわけでもない。計画というものは、敵が作成するものも含めて、何もないところから作成されたことは一度もなく、そもそもそんなことは不可能だ。敵の計画は、意図しようがしまいが、彼ら自身の思想や信念、能力、全般的な状況に基づいており、それらを反映している。したがって、我々は敵のそうした思想や信念、能力、状況なりを十分に理解しておかなければ、敵の意図に関する情報を入手できたとしても、その大半を理解できないだろう。

こうした事情から、情報収集は巨大で複雑なパズルを組み立てる作業に似ている。色鮮やかで目を引くピースもいくつかあるだろうが、多くは地味で面白みに欠けるものだろう。漠然とし過ぎて具体的な問いに答えるには用をなさない情報もあれば、逆にあまりにも限定的なためほとんど無意味な情報もあるだろう。すべてのピースを正しい場所にはめ込んで初めて、全体像が浮かび上がってくる。だが、その有効性もおそらく長くは続かないだろう。

情報収集に用いられた最初の手段は人間だった。斥候が放たれ、哨戒隊が派遣され、間諜が送り込まれた。使者を捕らえ、通りすがりの人や囚人を尋問した。こうした手法は旧約聖書、さらにそれ以前にまでさかのぼる。より進んだ文明は文字を使うようになった。だが、書かれた伝言は口頭の伝言よりも、いくつかの点で見つけやすかった。そのため、暗号が発達した。以来、暗号作成者と暗号解読者との戦いが絶え間なく繰り広げられている。

一九世紀半ばになると、電信が利用され始める。これによって、最速の部隊ですら足元に及ばない速さで情報を伝達できるようになった。初期の電子メッセージは有線で送信された。だが、間もなく、電線が傍受されるようになった。その後、無線通信が普及したが、こちらは有線以上に傍受しやすかった。無線通信はさらに、誰が誰と通信したか、その頻度はどれくらいかといった方向探知やトラフィック解析にも利用できた。第一次世界大戦では、先進国の交戦国は例外なくこうした手法を駆使していた。もちろん、逆に無線封止もおこなっていた。各国は今でも傍受などを続けている。

電信と相前後して登場したのが写真だ。以前は、斥候兵らは見たものを視覚化するために描画を教えられることが多かったが、写真のおかげで指揮官はもはや彼らの芸術的な才能に頼らずに済むようになった。写真は絵よりもはるかに作成しやすいことから、指揮官は以前よりも圧倒的に多くの視覚情報を入手し、活用できるようになった。一九〇〇年以降、航空機を活用することで写真の役割はさらに強化された。上空からの撮影によって、情報を収集できるエリアが一気に広がり、そのスピードも劇的に上がったからだ。空撮写真やパイロットの目が重要な情報源となるのに時間はかからなかった。海に関しても似たようなことが起きている。第一次世界大戦中、潜水艦を探知できるソナーが導入された。ソナーは後にさらに発展を遂げ、今では地球規模のネットワークを構築している。

第二次世界大戦にはレーダーが登場している。以来、新たに加わったシステムを挙げればきりがない。その中には、人工衛星やドローン（無人機）のように、よく知られているわりに実際の能力は秘密にされがちなものもあれば、そもそも存在自体が秘匿されているものもある。いずれも、集めた情報を電子信号に変え、必要な箇所に瞬時に送ることができる。その膨大なシステム全体は、これもまたコンピュータとデータリンクの驚くほど複雑なネットワークによって連結されている。そして、こうしたコンピュータのネットワーク自体も「情報戦」と呼ばれる情報収集活動に従事している。

情報の価値はすべて同じというわけではない。情報の価値を決める第一の基準は完全性だ。関連する要素の一部しか含んでいない不完全な情報は、誤解を招きやすく、危険ですらある。そうした情報を受け取った人は、誤った行動をとったり、まったく行動できなかったりするかもしれない。実際には、我々が手に入れる情報は、戦争という先の見通せない活動中はおろか、平時ですら「完全」であることは決してない。パズルのピースが欠けているときには、こうした場合の常として、埋まっているピースに基づく推測が求められる。

第二の基準は適時性だ。戦争はダイナミックな活動であり、一日あるいは一時間で大きな変化が生まれる。超高速で展開される空戦では、その単位はコンマ数秒まで縮まる。ここでの問題は二つに分けられる。第一に、情報は入手した時点で最新のものであることが欠かせない。第二に、情報の伝達、評価、発信はできるだけ迅速におこなわなくてはならない。確かに、現代技術の多くは情報を光速で伝送し、その受信者が「リアルタイム」で行動できるようになっていることから、後者の問題は対処しやすくなっているが、それでも解決までには至っていない。

第三の基準は正確性だ。正確な情報を得るのは平時ですら難しいことが多いが、戦時ではいかに難しいことか！　現代の精密誘導兵器の登場によって、問題は簡単になるどころか一段と難しくなっている。第二次世界大戦では、連合国軍の爆撃機は、せいぜいドイツや日本の一部の都市がどこにあるかを知っているだけでよかった。しかし、二一世紀には、司令本部や橋、発電所、さらに対反乱作戦の場合は個人、ずっと小さな標的の場所を把握していなければならない。

第四の基準は信頼性だ。一部の情報源はほかよりも信頼できることがある。それでも、完全に信頼できる情報源なるものはおそらく存在しない。特定の目的に関して、特定の時期に信頼できる情報源ならあるかもしれないが、ほかの目的や時期に関しても信頼できるものはないだろう。この問題に対処する唯一の方法は、できるだけ多くの情報源を用い、それぞれの能力および限界を理解し、各情報の信頼性を吟味して、比較することだ。すべては、情報を「筋が通る」ようにし、関心を持っている問題に答えを出すためである。むろん、問題が何であるかを我々がわかっているというのもあくまで仮定に過ぎない。この一連のプロセスは一般に「解釈」として知られている。

二一世紀初めの時点で、こうした解釈をおこなううえで最も大きな障害となるのはデータがあり余るほどあることだろう。一九九〇~九一年の湾岸戦争では、アメリカの人工衛星が収集した情報の量があまりに膨大だったため、地上の部隊はそれをどう処理すればよいか困り果てていた。現在、高速のコンピュータを使って大量の情報を解析し、その中からパターンを取り出そうとする「データ・マイニング」という分野が注目されている背景には、こうした問題がある。しかし、この技術もまた出し抜かれたり、いいように使われたりする恐れがある。なかんずく個別の問題に答える場合には、大半のプロセスは人間がおこなうしかない。だが、それには相当な時間がかかるうえ、かなり主観的な判断も絡んでくる。性格、偏見、予断、愛憎といったもろもろの個人的な要素が入ってきて、影響を及ぼすことになる。ローマの歴史家タキトゥス（五六頃～一一七年）は、怒りや情実にとらわれずに情報を解釈できる人はまだ生まれていないという有名な言葉を残している。[7] こうした要素をきちんと処理したうえで健全な評価をするのは厄介な問題であり、これまでのところ十分に解決されていない。戦争をおこなうのが人間である限り、今後も解決されそうにはない。

これら四つの基準に関わる問題は互いに関連している。不完全な情報は定義上、信頼できない。信頼できる正確で完全な情報を得るには、長い時間がかかる。兵站の場合と同様に、パズルのピースがすべてそろう日は永遠に来ないかもしれない。時宜を得た情報を得られるかは、持っている技術的な手段が決め手になることもあれば、組織などほかの要素に左右されることもある。情報を相手より早く入手し、解釈し、それに基づいて行動できれば、非常に重要な、場合によっては決定的な優位を確保できるだろう。

さらに言えば、情報収集は双方向の活動でもある。双方とも、互いに相手側の内情を正確につかもうとすると同時に、相手側に自分の情報を与えないようにしたり、誤った情報を流そうとしたりする。こうして情報収集では秘密工作と策略が主要な道具立てとなる。この二つによって、各作戦や連携は通常の場合よりも面倒なものとなる。二〇〇一年九月のニューヨークのツインタワーに対する攻撃前などについて言われるように、左手がしていることを右手が知らないような状況も生じるかもしれない。これらはしっかり対処して解決しなくてはならない問題だ。

結果として、情報収集は動的なプロセスをたどることになる。自分は相手のことをこう考えていると相手に思い込ませつつ、相手の意図や能力、偏見なども考慮する必要がある。理論的には、そこでの自分や相手の像は合わせ鏡のように無限に続いていく。とはいえ実際は、強いチェスプレイヤーが序盤で一〇手以上先を読めるのに対して、指揮官の場合は、確認されているわずかな事例によれば三手先以上といったところだ。たった一つの手で敵の機先を制することによって、大きな成果を収めることも珍しくない。その一方で相手の意図を探ろうとあまりにも多くの鏡の像と向かい合っていると、敵をまどわすどころか自分も真偽がよくわからなくなってしまう恐れがある。ゲーム理論のモデルが、実践的に思考する兵士にあまり響かない理由の一つはここにある。

秘密工作や虚勢、はったり、欺きといったものは奇襲の機会を得るために用いられる。奇襲は、勝利を呼び込む手段として最も重要なものだ。特に、一度の急襲が最も効果的な下位のレベルではそうだ。理論的には、敵の意図や能力を後づけ、敵の頭脳に入り込むような優れた情報収集によって、奇襲は防げる。だが、実際にそうすることはきわめて難しく、しばしば不可能だということが経験からわかっている。

奇襲への恐れから、それを生き延びたり、その打撃を抑えたりするためのさまざまな措置も編み出されている。それには分散、偽装(カモフラージュ)、堅牢化、要塞化に始まって、余剰の確保、縦深の大きい配備、監視、想定外の事態に対処することを目的とした演習までが含まれる。これらはすべて大切で必要な措置だ。とはいえ、それで問題がすべて防げると考えるのは脳天気過ぎるだろう。戦争の霧が晴れるのは、多くの場合、敵がすでに我々に襲いかかってきたときか、あるいはその逆のときしかない。

最後に言えば情報はそれ自体では花束のようなものである。贈られるとうれしいが、役には立たない。情報は、それに基づいて行動して初めて価値を持つものだ。つまり、情報は作戦行動に組み込まなければならない。情報担当者が指揮官と自由に連絡がとれ、指揮官が情報担当者の活動を把握できるようにする必要がある。ドローンのオペレーターが良い例だが、一定の地位以下にある二種類の人員は混合させるべきだ。自分たちが敵に近づくほど、また反応に必要な時間が短くなるほど、指揮系統が適切に整えられていることが重要になってくる。

第六章　戦略について

一　戦略の工具箱

　本来の意味での戦争に焦点を絞り、この言葉が使われるほかのすべての文脈を無視すると、戦略には二つの意味があるとわかる。一つ目の意味はクラウゼヴィッツと関係し、非暴力の争いとしての政治と、比較的小規模ながら実際の戦闘をおこなう戦術とを結びつける大規模な作戦を指す。二つ目の意味は孫子と関わり（ただし、本人は「戦略」という言葉を一度も使っていない）、敵と意識した相手同士が争いを繰り広げる術を言う。以下では、戦略という言葉を後者の意味で用いる。

　本論に入る前に、初歩的なことを二点確認しておこう。第一に、戦略は結果によって判断される。いかに見事な作戦が立案されても、どんなに強力な前進がおこなわれても、どれほど美しい戦術展開がなされても、またどれほど高度な計略が駆使されても、その戦いが敗北に終われば意味がない。第二に、戦争は、感覚を持つ敵同士の相互作用を本質とする争いである。したがって、最初の強力な一撃によって敵が抵抗できなくなるようなケースは戦争とは呼べない。むしろ、こうした打撃は戦争を不要にするものだというべきだろう。

戦略には、地理や経済、技術、文化といった理由から、特定の社会によって伝統的に好まれるものがある場合もある。たとえば、部族社会で一般に襲撃や待ち伏せがよく用いられた。西洋では兵力集中や正面攻撃、衝撃作戦、突破が常に好まれてきたと言われる。東洋ではそうではなく、とりわけステップ地帯に住む民族は群れ単位の行動、側面攻撃、全周包囲を得意とした。要塞を重視する社会もあれば、それを軽蔑する社会もあった。ふさわしい戦略を選び、実行するうえでは、使用される武器の種類、戦闘がおこなわれる環境（陸、海、空、宇宙もしくはサイバー空間）がきわめて重要な判断材料となってくる。地勢もそれらと同じくらい重要だ。

にもかかわらず、戦略の根本的な原則（クラウゼヴィッツが「純粋戦略」と呼ぶもの）は不変である。それは、小競り合いから戦闘、作戦行動まで、すべてに当てはまる。一定以上であれば、関わる勢力の規模も関係ない。本書で戦略と戦術というよく使われる区別を控えているのもそのためだ。最近では戦略という言葉が戦術に取って代わろうとしているようだから、これは一般的な用法にも合致すると言えるだろう。

いかなる戦略の立案であれ、まず目標に対する資源の割り当てと、目標を実行に移す際の調整から始めなくてはならない。とはいえ、それはほんの手始めに過ぎない。その戦略がなにがしかに関わるのであれば、敵の意図や機動の変化に対応させなくてはならない。一九八〇～九〇年代に何度かボクシングのヘビー級王座を獲得したマイク・タイソンは、誰だって口元に一発食らうまではプランがあるものだと語ったという。どんな計画も敵と衝突すれば終わると書いた大モルトケと通じるところがある。後は、戦略はいわゆる臨機応変になる。[1]こちらの動きに応じて相手が動く、その繰り返しになるというわけだ。相手が反応できるより速く行動できる者が勝つ、ということも少なくない。

戦略の原則は単純であり、数も少ない。戦略が難しくみえるとすれば、我々が持つ情報の落差から来ている。つまり、将来起こることや相手がすることが見通せないからだ。賢い相手はどう動くかが予想しづらく、賢くない場合はなおさらそうかもしれない。ほかの条件が同じであれば、戦争の規模が大きくなり、使われる武器の数や複雑さが増し、戦う環境が複雑になるほど、そうした困難は大きくなる。ナポレオンが述べているように、最高レベルの戦略にはニュートン並みの知的能力が必要となる。[2]

戦略の目的は、戦争の至上の目的と同じく、敵を我々の意志に従わせることにある。孫子が述べているとおり、最高の勝ち方とは、敵に対する心理的な打撃だけによって、戦わずして勝つことだ。[3]闘いの理想的な進め方は、敵が自分の負けていることに気づかず、気づいたときには手遅れになっているようにすることだ。ただし、それには、ほとんど超人的な洞察や先見の明が必要になるだろう。また、最高レベルの柔軟さ、摩擦を解消する奇跡的な能力も求められるはずだ。つまり、こうした理想は高過ぎて、めったに実現されない。また、標的が敵の心理だとしても、それには身体を通じてしか到達できないのが普通だ。したがって、計画を立てる際はまず当面の物理的な目標を定める必要がある。そうした目標には、殺害と破壊、敵勢力への側面攻撃や全周包囲、領域の占領、要所の奪取、指揮統制系統の無力化などがある。

目標を選ぶ際には基本的に次の二つの点を考慮する必要がある。一つ目は、その目標を達成すれば勝利に寄与するかどうか。二つ目はその目標はそもそも達成できるものかどうかだ。後者は自分の側の能力だけでなく、相手の抵抗にも左右される。むしろ、その場合の方が多いだろう。現代の戦車は時速六〇キロ強で走り、燃料を補給せずに五〇〇キロほど移動することができる。実際には部隊が連日五〇〇キロ以上を何日も連続して進むケースはめったにない。二〇〇三年、アメリカ軍はバグダッドに到達するのに三週間かかった。彼らの平均移動距離は、理論上の最大値に比べるとたったの五パーセントだ。主な要因は、どんなに規模が小さかったとしてもやはりイラク軍の抵抗だった。残りはアメリカ軍の慎重さと摩擦のためだったと考えられる。

理想的な目標は作戦のどの段階でもきわめて重要なため、それを攻撃したり、破壊したり、奪取したりすれば、相手の総崩れにつながるだろう。そうした目標は、狙いやすく、自分たちの能力で落とせるものでなくてもならない。ドイツ人が、「重力の中心（Schwerpunkt）」と呼んだものが向けられるべきなのも、こうした目標である。大法的な例が二つの隊形調にできる大小のラインだろう。一九七三年一〇月、イスラエル軍はそうした継ぎ目をエジプトの第二軍と第三軍の間に見いだせたからこそスエズ運河を渡ることができ、ひいては戦況を反転させられた。ただし敵も愚かではなく、狙われやすい点を少なくし、最も重要と見なす点を守ることに全力を尽くす。そうした点を探し出そうとするのは、鬼火を追うようなことにもなりかねない。

目標を選んだ後は、自分が使える手段と相手がおこなうと予想される抵抗を踏まえて、その目標が達成できるかどうかを見極める必要がある。次に、これまでの経過を振り返り、その目標が本当に勝利に寄与するかどうかを判断しなくてはならない。望ましいことと可能なことが一致しているのが理想的だが、実際にはそうしたケースはめったにない。情報に限界があるうえ、我々には将来を見通せる力もないからだ。こうした情報の制約による過ちは、おそらく戦略家が犯す過ちの中で最もありふれたものだ。たとえば、ドイツ軍は一九四一年にソ連に侵攻したとき、赤軍の師団数を二〇〇と見積もっていたが、実際には三六〇だった。その結果、敵を粉砕できなかったドイツ軍はモスクワもレニングラードも落とせず、敵の意志をくじけなかったのである。

逆に、勝利にどう貢献するかを考えず、もっぱら自分の能力だけに基づいて目標を選んでしまうという過ちもある。格好の例が日本軍による真珠湾攻撃だ。これは計画もその実行も完璧に近かったが（ただし当時、太平洋艦隊の主力である空母が湾内に停泊していなかったのは情報活動の失敗だろう）、東京の作戦立案者は、敵は退廃していて、動員をかけて戦闘をおこない、みずからを犠牲にするのを嫌がるに違いないと思い込んでいた。その攻撃がアメリカの意志にどう影響を与えるかについて、真剣に自問しなかった。もしそうしていれば、わざわざ虎の尾を踏むような行為はしなかったかもしれない。

最上の戦略とは、量と質の両面で強力であることだと決まっている。そこでの量と質は反比例する関係にある。つまり、量を増やすと質が落ち、質を上げると量が減る。イギリスの数学者フレデリック・ランチェスター（一八六八〜一九四六年）は、第一次世界大戦に際して、量的に二倍優位にある状況に対抗するには質的に四倍の優位を確保する必要があると論じた。[4] 量的に三倍の優位と拮抗させるには、質的に九倍の優位が必要になる。だが、現実はもっと複雑なので、ごく限られた例を除けば、こうした数式化の試みはすべて失敗に終わっている。質と量の正しいバランスを見いだすのは、一般的にも、また特定の状況で特定の敵を相手にした場合でも至難の業である。

脅しや力の示威では不十分な場合、敵の意志を打ち砕くための方法がいくつか考えられる。短期と長期の戦争、攻撃と防衛、殲滅作戦と消耗作戦などだ。これらはすべて、戦争のさまざまなレベルで、さまざまな方法で、同時もしくは連続的に組み合わせることができる。一般的に言えば、最速で勝利を得るための方法は短期の戦争と殲滅作戦の組み合わせである。これは通常、強者がとる方法だ。大規模な部隊を率いるのを好んだナポレオンは、ほかの将軍たちと違って、自分はいつも敵の急所を狙うことに集中したとよく語っている。[5] 彼は相手に急所の防御を強いることで好機をつくり出し、それを生かして相手を攻撃し、粉砕したわけだ。

心理学的に言えば、攻撃は受けるよりもおこなうほうが楽な場合が多い。攻撃をおこなう側のもう一つの有利な点は、主導権を握れることだ。彼らは軍事行動を始める時期や場所を選べ、投入する資源の量を決められ、最初の一撃を加えられる。さらに、軍事行動（低いレベルでは戦闘）の形を決められ、おおむね支配的な立場を確保できる。一方、攻撃される側はそれへの対応に甘んじるしかない。戦闘機のパイロットが良い例だ。彼らはもともとは互いを目視で確認していた。そのため、攻撃する側のパイロットが太陽や雲を味方にできたのに対し、攻撃を受ける側は不利な立場に置かれた。その結果、無数のパイロットが敵を見る前に撃ち落とされることになった。

攻撃する側が長期の戦争と消耗に乗り出す事例はかなり珍しい。代表的な例として挙げられるのは一九一六年のヴェルダンの戦いだ。ドイツ軍を指揮したエーリヒ・フォン・ファルケンハイン将軍は、砲撃によってフランス陸軍の部隊を文字どおり一人も残らなくなるまで吹き飛ばそうと目論んだ。もう一つの例は一九六九～七〇年にエジプトがイスラエルに仕掛けた戦いで、まさに「消耗戦争」と名づけられている。ちなみに、いずれのケースも攻撃側の失敗に終わっている。攻撃を受けた側は不屈だった。彼らは退却せず、逃げ出さず、降伏しなかった。一方、攻撃した側は多大な損害を被り、目標を達成することなく作戦の中止に追い込まれた。

防御する側は、自然の遮蔽物を見つけたり要塞をうまく使ったりしやすいので、攻撃する側よりも兵力が少なくて済む。したがって弱い側は、最初は守りの姿勢をとることが多い。遮蔽物を効果的に活用できるだけでなく、補給線も安定して保持できる。ある場所を占領するために部隊を派遣する必要もなければ、占領した場所に部隊を駐屯させる必要もない。彼らは、負けない限り勝つのだ。クラウゼヴィッツが、防御は戦争のより強い形態であると書いているのもそういう意味である。

ただし、一分の隙もない防御を敷こうとすると、かえって隙だらけになってしまうだろう。活動しないままだと、部隊の士気が下がる。たとえば、一九四〇年にマジノ線に配置されたフランス兵がそうだった。だが、抵抗をしたらしたで、次第に疲弊していくのは避けられない。こうしたやむにやまれぬ事情から、規模で劣る側が覚悟を決めて攻勢に出て、数的優位を生かす暇を与えず敵を粉砕しようとする場合もある。フリードリヒ大王は自分の将軍たちに対して、そうするように檄を飛ばしている。二〇世紀初めに作成された有名なシュリーフェン計画もこうした考え方に立つものだ。さらに一九六七年にイスラエルがエジプト、ヨルダン、シリアに対しておこなった攻撃も格好の例だろう。とはいえ、こうしたやり方には危険がつきまとう。事実、今挙げた三つの例で成功に終わったのは最後のイスラエルだけだ。残り二つは結局、本人たちが避けようとしていた当のものである消耗戦につながった。また、一九五〇年に韓国を打倒しようとした北朝鮮も、一九六五年にインドを打ち負かそうとしたパキスタンも、そして一九八一年にイランを破ろうとしたイラクも、すべて成功しなかった。

ときには、大規模な攻勢を仕掛けながら、部隊が敵と遭遇した場合に守勢もとれるように、何もない空間を活用することもある。これは、とりわけ大モルトケが推奨した方針だ[6]。連携の仕方は数え切れないほどある。一般的に、その数は兵力や作戦の規模が大きくなるほど増える傾向がある。さらに言えば、大半の軍隊、中でも現代的な軍隊は均質からはほど遠い。それらの部隊の多くは編成や装備、訓練の方法が異なっているさまざまな部隊から構成される大規模な組織だ。火力に優れた部隊もあれば、機動性を強みとする部隊もある。攻撃を専門とする部隊もあれば、防御にあたる部隊もある。山岳戦、空戦、海戦など、各戦場に特化した部隊もある。

各部隊は単独で戦えるが、肝心なのはそれらをすべて統合することだ。軍隊を統合することとは、さまざまな部隊や兵器を、それぞれの強みが発揮できるようにしながら、同時にそれぞれの弱みが残りのものによって補えるような仕方でまとめ上げることを意味する。そうすることで、各部分を足し合わせたものよりも、はるかに大きい全体が生まれる。二プラス二は四ではなく、五にも六にも七になる。こうした軍隊は、さまざまな脅威に対処できるはずだ。

　部隊を組み合わせた戦い方の一つに、相手を進退きわまる状態に追い込むものがある。たとえば、ヨーロッパの指揮官たちは何世紀にもわたり、騎兵部隊を用いて敵の歩兵部隊に方陣と呼ぶ密集隊形をとらせていた。方陣は、歩兵部隊が、より速く強力な騎兵部隊に対抗できる唯一の隊形である。しかし、方陣をとった歩兵部隊は砲撃の標的にされ、分散を強いられた。そうなると、今度は騎兵部隊に太刀打ちできなくなってしまう。こうして相手の歩兵部隊は方陣をとってもとらなくても不幸が待っていた。同様に、第一次世界大戦中には砲兵隊が砲弾とガス弾の両方を撃つことが多かった。敵は爆弾が飛んでくると塹壕などに入って身を守らなくてはならなかった。しかし、ガス弾が撃ち込まれると、それを放棄しなければならなかったのである。

　部隊の統合と厳密には同じではないものの密接に関連した概念に、オーケストレーション（調和した統制）というものがある。これはチェスからの類推で考えてみると一番わかりやすいだろう。チェスプレイヤーなら誰でも知っていることだが、各種の駒は一つではなく複数の目的を同時に果たすように動かせる。たとえば、第六列（ランク）か七列にある白駒のポーンは、キングを守ると同時に、クイーンになる（相手側の最終列に到達できるとクイーンに昇格する）と圧力をかけられる。また、正しい位置にあるビショップは一定範囲のマスを支配しつつ、相手のナイトとルークににらみを利かせ、さらに自分のキングに対する攻撃を防げる可能性もある。一つ一つの駒や駒全体が果たす役目が多くなればなるほど、優れたプレイができる。もちろん、各駒の役目はゲームが進むにつれて変わっていくが、原理は同じだ。

今、ある軍隊が何らかの重要な目標に向かって進んでいるとしよう。部隊Aは予備の部隊だが、相手が別の方向から襲ってきた場合に防御する態勢も整えている。部隊Bは陽動作戦を実施するが、同時に軍の補給を保護する役割も担っている。部隊Cと部隊Dは相互に支援するが、敵に威圧もかける。このように、可能性の数は無限にある。この分野ではナポレオンの右に出る者はいない。彼は通常、八つの部隊をタコの足のように動かして敵をからめ取り、その動きを封じたうえで一気に襲いかかった。

二　攻撃における戦略

一方の動きが他方の動きを反映し合う双方向の争いとしての戦略に戻ろう。戦略のこうした性質から、それがどのように機能するか、また機能すべきかは、二項対立によって最もうまく説明できる。二項対立は数え切れないほどあり、互いに関連していたり、一部が重なっていたりするものも多い。それら全部について論じても、同じことの繰り返しになってしまいかねない。ここでは最も重要なものに絞って論じたい。ただ、そうするのは便宜上そうするに過ぎず、以下に挙げるものしかないということではないことを断っておく。

A　目標の堅持か柔軟さか

目標を堅持することは、戦略の原則の中でも最も重要な部類に入る。障害を克服し、必要なら損失をいとわず、目標に向けて前進することは、勝利に不可欠だからだ。だが、それにも限度はある。新たな針路を定めなくてはならないような状況や時機が確かに存在するからだ。

こうした状況や時機を見極めることは非常に難しい。それはつまり、先行きを見定めることにほかならないが、希望は最後まで残るものだからだ。それでも、こうした見極めは絶対に必要になる。そうしないと、目標を堅持することは壁に頭を打ちつけるようなものになってしまう。たとえば一九一五年から一七年にかけて、イタリア軍はイゾンツォ川周辺でオーストリア軍に対して一一回も攻撃を加えた。しかし、そのたびに敗れ、毎回多数の死傷者を出した。そればかりか、一連の攻撃によって軍全体が消耗した。これはオーストリア軍が一九一七年一〇月にカポレットで反転攻勢をかけることに道を開き、惨敗したイタリアは第一次世界大戦から事実上撤退を余儀なくされた。

戦況は揺れ動くものなので、どのような好機であれ、それをつかんだ指揮官に有利にはたらく。指揮官の計画は一本の幹だけでは十分と言えず、いくつかに枝わかれしている必要がある。予備の物資や兵力を確保することも欠かせない。それによって、攻撃する側は攻撃の目標や場所、方法、部隊を変えられるし、防御する側は脆弱な点を補強したり、反撃をしたりできるからだ。攻守いずれの場合も、タイミングがすべてを握る。攻撃する側は、敵に弱体化の兆しが見られればただちに予備を投入しなくてはならない。一方、防御する側は、攻撃が極限に達したときにそうする必要がある。

一般的には、予備の兵力や物資は全体の一〇分の一から三分の一程度確保すべきである。それ以下だと危険だし、それ以上だと無駄だ。予備がない場合、指揮官は効果的に作戦をおこなうのがはるかに難しくなるだろう。仮にできたとしても、部隊をある部門から別の部門に動かすという危険を冒さざるを得ないに違いない。一九四〇年、ドイツがフランスを侵攻するさなか、チャーチルはフランス軍最高司令部に、予備はどこに置いているのかと尋ねた。どこにもないという答えを聞いて、すべてが失われたと即座に悟ったという。[7]

柔軟な戦法の極致と言えるのは、敵を欺いて、こちらがさせたいことを相手がみずからするように仕向けるものだろう。有名なのがモンゴル軍のものだ。彼らは、撤退したと見せかけて敵を前方におびき寄せ、取り囲んで全滅させるのを得意としていた。紀元前五三年のローマの将軍クラッスス以来、無数の指揮官がこうした戦法の犠牲になっている。イングランド王ハロルド二世も、一〇六六年のヘイスティングズの戦いでその餌食になった可能性が高い。別の例として、一九一七年にドイツ軍がおこなったヒンデンブルク線への撤退が挙げられる。それによって連合軍が西部戦線で部隊の前進やインフラの構築に時間と資源をとられている間、ドイツ軍の一七個師団は好き放題に行動できた。

自発的な退却では、強いられた退却の場合と違って、士気や威信を保つことができる。とはいえ、柔軟さの場合もやはり限度がある。あまりに柔軟であるのは、主導権を放棄するのに等しい。矛盾した命令は混乱や士気の低下を招くだろう。いずれも敗北につながる恐れがある。

B　兵力の節約か犠牲か

戦争は一度きりの打撃で終わらないため、戦略家の主要な任務の一つは、兵力を節約しながら運用することになる。それが特に重要になるのは、温存された最後の師団が帰趨を決するような消耗戦の場合だ。兵力を節約する方法としては、守勢を保つというものもある。そうすると、通常は攻撃側よりも兵力が少なくて済むからだ。これは、一九一六年から一八年春にかけてドイツ軍が西部戦線で用いた方法である。その結果、ドイツ軍が敵の兵士一人を殺害するのに要した兵力は、連合軍よりもかなり少なかった。

とはいえ、この原則も説明するのは簡単でも実行に移すのは難しい。節約して運用する部隊には、厳しい制約が課される。極端な場合には、まったく受動的にしか動かせない。一九四〇年のフランス空軍はその典型的な例だ。フランス軍最高司令部は、この戦争は最後の一人の兵士、最後の一機の航空機が勝敗を決する長期戦になるとの考えから、空軍を温存し、ドイツ軍とほとんど交戦させなかった。その結果、なんと、この戦いの終結時のフランスには戦闘準備の整った航空機が開戦時よりも多かった。

これまで、もっぱら防衛だけによって戦争に勝ったという例はめったにない。ローマの有名な指揮官ファビウス・クンクタートル（クンクタートルは「遅らせる者」を意味する）でさえ、最終的にスキピオ・アフリカヌス（大スキピオ）の台頭によって職を失っている。ファビウスよりも若く、行動的だったスキピオは、カルタゴの将軍ハンニバルに対して攻勢をかけ、打ち負かした。赤軍も一九四二年、兵力の節約を図り、広大な領土の防衛を放棄している。最終的にスターリングラードで踏ん張り、戦って膨大な損失を被った後、反撃に転じた。

一方で、部隊を犠牲にすることが不可欠になる局面もある。守勢側の指揮官は、時間稼ぎをしたり、残りの部隊を救ったりするために、一部の部隊を犠牲にせざるを得ないことがある。たとえば、包囲された要塞を死守させる場合や、橋の向こう側に自分の一部の部隊がいるのに、橋を爆破させる場合などだ。船長は船を救うために、一部の乗組員が死ぬことを重々承知したうえで、水密扉の閉鎖を命じることがある。

攻撃の一環として部隊を犠牲にすることもある。その犠牲を通じて、敵を誤った方向に導いたり、間違った行動をとるようにそそのかしたり、罠にはめたりするような場合だ。いずれにしても共通するのは、人間の命が計画的に犠牲にされる点だ。必要な場合に部隊の一部を犠牲にできない指揮官や、上司や社会からそうすることを禁じられている指揮官には、戦争を戦い、それに勝つことなど不可能だろう。

C　集中か分散か

クラウゼヴィッツによれば、戦略の第一の鉄則は、まず全体として、次に決定的な部分において、可能な限り強力であることである。[8] そこから導かれる第二の鉄則は、適切な時期に、適切な場所で、適切な目標をもって、適切な敵に対して、兵力を集中させることである。敵の意志をくじくという戦争の第一の任務の達成に関わらない部隊は、無駄な兵力ということになる。さらに、そうした部隊に補給を続け、その安全を保つ必要がある場合には、実際には有害だとすら言える。

ただし、兵力の集中には問題点もある。第一に、ほかの戦線や、当の戦線の残りの部分が必ず無防備な状態に置かれる。これは実際、危険な賭けになる。イスラエルですら、一九六七年六月にエジプトを攻撃した際、利用できる戦闘機の九五パーセント前後を投入していた。第二に、予備の兵力がなくなる可能性もある。これにも、さまざまな危険がともなう。

また、集中した兵力は分散した兵力よりも目立ちやすく、意図も見抜かれやすい。そのため、つぶすのが比較的容易だ。たとえば、同等か優位の兵力で対抗したり、地形を生かした動きによって空中分解に追いこんだり、別の方向から威圧したりできる。いずれも、敵は兵力を分散せざるを得なくなるだろう。しかし、そうすれば目的は達成できず、分散させた兵力が個別に狙い撃ちにされていく恐れもある。

D　戦いか機動か

部族社会の戦士、すなわち農業革命が始まる紀元前一万年前頃までのすべての戦士は、襲撃や待ち伏せ、小競り合いといった戦い方くらいしか知らなかった。より大型の軍隊を持つ発展した社会は正規戦（フランス語で batailles rangées）をおこなえるようになった。こうした戦いでは、互いの主力部隊同士が一つの戦場でぶつかり合った。ただ、それは不意討ちではなく公然と戦われ、多くの場合は数時間か数日、あるいは数週間にらみ合いが続いた後に始まった。

マキャヴェリは、ライオンのように戦うのとキツネのように戦うのでは、どちらが優れた戦い方かという問いを立てている[9]。もっとも、そんなふうに考えたのは彼が初めてでもなければ、最後でもない。いずれにせよ、戦いに危険はつきものだった。だが、戦いが圧倒的な成功を収めると、戦争そのものがたちまち終わることがある。ローマ軍がマケドニア軍に大勝した紀元前一六八年のピュドナの戦い、プロイセン軍がオーストリア軍を壊滅させた一八六六年のケーニヒグレーツの戦いなどがそうだ。

反対に、一回の戦いでの敗北が敗戦につながることもある。そうした恐れから、あるいは逆に、予想外の方向から敵をついたり、梃子（てこ）の原理をはたらかせて攻撃を加えたり、敵のバランスを崩したり、「幹」に取りかかる前に「枝葉」を刈り取ったりする好機を得ようという算段から、多くの指揮官が好むようになったのが機動だ。ルイ一五世の最も成功した指揮官の一人に数えられ、軍隊に関する優れた著作も残したモーリス・ド・サックスは、優秀な将軍は生涯を通じて戦わずに戦争をするだろうと主張している。[10] とはいえ、彼自身は少なくとも三回の戦いを指揮し、そのうちの一つ、フォントノワの戦い（一七四五年）での勝利は、フランスをオーストリア継承戦争の戦勝国の一つに導いている。

戦いと機動は正反対のものだが、互いに補い合うものでもある。優れた指揮官であれば、状況に応じてそのどちらも用い、互いの効果を引き立てるようにするはずだ。ここでつけ加えておくべきなのは、一九四五年以降、伝統的に理解されてきたような戦闘の役割は低下してきているということだろう。その原因は、現代兵器の圧倒的な火力にある。そのせいで軍隊は兵力を分散させざるをえず、もはや全部隊はもちろん、主力部隊も一箇所に集めることはできない。ただし、より下位の、より小規模な部隊編成はこの限りでない。その場合は、戦い、もしくは戦闘と、機動のどちらを選ぶかは今でも重要だ。

E　直接接近か間接接近か

A地点からB地点への最短の道のりは直線である。とはいえ、こうした直接的な接近は通常、敵の妨害を招くのが普通だ。結果として互いが正面から衝突し、多くの血が流れ、膠着状態が続くことになる。そのため、直接的な接近は避けて、間接的な接近や予想外の動きを試みようとする。おそらく最初には、敵のいわば四肢を断ち切るべく、脆い部分を狙って攻撃するに違いない。こうして、最短の道のりだったはずのものが最長のものとなり、最長の道のりと思われていたものが最短となる。また、間接的な接近がじつは直接的な接近だったり、直接的な接近が結果として間接的な接近となったりもする。

イギリスの軍事史家で軍事評論家のバジル・リデルハート（一八九五〜一九七〇年）は、第一次世界大戦で双方が直接攻撃を試みた結果、非常に大きな代償を払ったことを踏まえ、間接的な接近（アプローチ）を一つのドクトリン、理論にまとめ上げている[11]。その核心にある主張は、間接アプローチこそが戦略の最も重要なツールであり、戦争に勝つ（ほとんど）唯一の方法だ、というものである。代表的な例として挙げられるのが、ナポレオンが一七九八年から九九年にかけての冬に敢行したアルプス越えだ。フランス軍はそれによって直接オーストリア軍の後方をつき、続くマレンゴの戦いで勝利した。似たような例は枚挙にいとまがない。

F　突破か迂回か

一般的に、勝利への最短の道のりは、敵の中心部を突破して敵の部隊を分散させ、必要ならそれぞれを撃破していくことだ。こうしたやり方は実際に多くの勝利をもたらしてきたが、不利な点が二つある。一つ目は、敵が防御の態勢をとっているため、突破するのは必然的に難しく、強力な反撃に遭う恐れが強い点だ。二つ目は、敵の領域内に前進すると必ず、相手の標的にされる状態に身を置くことにほかならない点だ。一九七三年一〇月、イスラエル軍部隊がスエズ運河の渡河作戦をおこなった際に、エジプト軍によって孤立させられる寸前に陥ったのは好例だろう。

最短の勝利をもたらし得るもう一つの方法は、敵の側面や背後に回り込むことだ。そこからさらに敵を完全に取り囲むこともある。前者（翼側攻撃）も後者（全周包囲）も、相手を予想外の方向から攻撃し、相手に部隊の移動を余儀なくさせる。相手側は、補給線と退却路の両方を断たれ、不利な状況で戦うか、降伏するかを迫られる。さらに言えば、アリエル・シャロンが述べているとおり、兵士にとって、敵が突然背後に現れることほど恐ろしい事態はない。

例によって、こうした方法にも弱点がある。まず、相手の側面をつこうとする部隊には必ず自分たちも側面をつかれる危険がともなう。また、相手を四方から取り囲むためには兵力を分散させなくてはならない。そのためには数的な優位を確保することが必要になる。そうしなければ、取り囲む線が薄くなってしまい、相手に突破されやすくなるからだ。一九四四年、連合国軍はそうした事態への恐れから、ファレーズでドイツ軍を締め上げるのを控えたとみられる。どのようなケースでも、利点と欠点のどちらが大きくなるかは、その都度、条件によって変わってくる。

G　前進か後退か

ごくわずかな例を除いて（その中でもひときわ重要なものが一九四五年の日本の降伏だ）、戦争の勝利は、部分的なものであれ全面的なものであれ、敵の領域内への物理的な前進によって達成される。前進した後は、必要なら戦闘をおこなって、軍事基地、地形的もしくは地質的な要所、補給の結節（ノード）、天然資源、工場、都市、各種の象徴的な場所といった重要目標を占領する必要がある。占領した側は資源が増え、士気が高まり、占拠された側はその逆になる。占領はまた、敵の意志をくじくときをもたらすのにも寄与するだろう。

とはいえ、前進には代価もともなう。一つには補給線が伸び、占領地に駐留部隊を派遣する必要が出てくることだ。ナポレオン軍は、モスクワに到達したときには、兵力の三分の二を失うか後方に残すかしていて、当初の数的優位は失われていた。もう一つの問題は、占領地の住民だ。時間がたてばたつほど、彼らが占領者に反抗する可能性は高くなる。前進は、バケツをひっくり返して水を流すようなものだ。その水は、最初は勢いよく流れていくが、先に行くにつれてなかなか進まなくなり、やがて完全に止まってしまうだろう。

後退ではまったく逆のことが起きる。自発的だったり、利点が説明できたりするものでない限り、後退すれば部隊の士気は下がり、場合によってはパニックが起きる。敵の追撃が厳しければ厳しいほど、そうなる可能性は高くなる。後退すると資源も失われる。その一方で、部隊が奥に下がるほど、補給線は縮み、根拠地と距離が近づく。逆説的ながら、弱点によって強みが増す結果になることがある。

後退する側には、最終的には二つの事態が考えられる。一つには、引き渡せないほど貴重な資源があったり、天然の障害に直面したりして、撤退を中止し、戦闘に入らざるを得なくなること。もう一つは、単に部隊が崩れて降伏するかだ。撤退も降伏もしないとなると、最後には攻守が逆転することになるかもしれない。これはドイツ軍が一九一四年にマルヌで、その二七年後にはモスクワで見舞われた事態だ。

決定的な要因となるのは時間だ。攻撃側は目標を達成するための時間が限られている。時間内に目標を達成できなければ作戦が進まなくなり、消耗して最終的に負けるかもしれない。逆に、防御側は負けない限り勝つことになる。

H　強みか弱みか

孫子のひそみに倣えば、優れた戦略家は石を使って卵を割り、卵を使って石を隠す。力を集めて弱いものにぶつけ、弱さを生かして力を集める。存在するもの（実）と存在しないもの（虚）、予想されるものと予想されないものを対置させる。ホタルが光ったり暗くなったりするように、あったものが不意に消えては、思いも寄らないところに現れる。戦略家は、目標を見失ってしまったり、状況を制御できなくなったりしない限り、こうしたことが自在にできる。

戦略の実行に関して言えば、双方の弱み、すなわちできないことやしたくないことは、少なくとも強みと同じくらい重要である。一方はその弱みを狙って罠を仕掛け、他方はそれにまんまと引っかかることになるからだ。格好の例が紀元前二一六年のカンネーの戦いだろう。一方に、規律と戦闘力の優位を発揮するため積極的に前進するのを習いとするローマ軍がいた。もう一方には、ハンニバル率いるカルタゴ軍がいた。ハンニバルは、ローマ軍のそうした性向を利用して、徐々に後退するカルタゴ軍の戦列に引き寄せるかたちでローマ軍主力を前進させたうえで、両側面から後方に回り込んで挟撃し、一日で七万人のローマ兵を殲滅した。一〇〇〇年を超えるローマの歴史で最悪の敗北だった。そうしたことが起きたのは、一方の強みと他方の弱みが絶妙にかみ合い、一方の強みが弱みに、他方の弱みが強みに変わった結果だった。

こうしたかみ合わせが実現することはめったになく、偶然でなければ、普通、策略によってしかつくり出せない。そして、策略のためには敵の完全な理解が必要となる。ある意味、策略は、他方の側に真実から目をそらす素地がないと成功しない。ドイツのシュリーフェン陸軍参謀総長が言ったように、真に偉大な勝利を実現するには、敵対する両者がそれぞれの仕方で協力し合うことで初めて可能になるのである。[12]

三　通常と逸脱

目的の堅持と柔軟さ、兵力の節約とその犠牲、集中と分散、戦闘と機動、直接接近と間接接近、前進と後退、突破と迂回、強みと弱みといったものは、戦略を特徴づける二項対立のほんの一部に過ぎない。各ペアでは、一方の方法と他方の方法が光と闇、通常と異常のように関連している。それらは互いを補い合っているが、一方は他方がなくならない限り存在できない。ほかに何もしなければ、陽動に投入される部隊は中心的な攻撃には参加できない。敵の側面や背後に回り込む部隊は当然、敵の正面を攻撃することはできないし、予備のためにとっておくこともできない。つまり、どんな行動の過程も必ず代償をともなう。戦いが進むにつれて、戦局は、双方がこれら両極間のバランスをどうとるかで決まってくる。

アリストテレスは、個人や集団は生きていくうえで、こうした両極端の真ん中にある状態、すなわち中庸を目指すべきだと考えた。多過ぎても、少な過ぎてもいけない。この考え方は理にかなっている。我々には未来に起きることがわからないのだから、なおさらそうだ。したがって、予想外の事態に備えつつ、バランスのとれたアプローチを取るのが最善ということになる。

とはいえ、この助言を軍事戦略に当てはめる場合には、問題が出てくる。繰り返すと、優れた戦略家は石を使って卵を割り、卵を使って石を手玉にとる。しかし中庸に従えば、敵を欺いたり、迂回したり、梃子の原理をはたらかせたり、機動戦によって防御不能な陣地に追い込んだりするのではなく、正面同士で衝突することになる。確かに敵が凡庸であれば、こうした戦法による戦いの結果もまた凡庸だろう。だが、相手が凡庸どころでなければ、結果は敗北となる可能性が高い。

したがって、戦略を正しく実行するには、あらゆる脅威を予想し、それに対処する能力だけでは十分でない。非対称な状況をつくり出そうという意志も必要になるのだ。その場合、状況ごとに、求められる方法は変わってくる。入念に練られた計画に従って、さまざまな方法を切り替えながらも、敵にそのパターンを見抜かれ、付け込まれないようにしなくてはならない。一連の行動は危険と背中合わせだ。危険を冒したあげく失敗した指揮官は、ほぼ間違いなく罷免されるだろうし、制度によっては処刑される恐れすらある。もっとも、最初から非常に有利な状況にある場合を別とすれば、良い結果は危険を引き受けることによってしか生まれない。

これもまた、言うのは簡単でもおこなうのは難しい。戦略で成功を収めるには、まず、敵を研究し、敵を知り、自分のやり方を敵のやり方やさらにはその性質に合わせることから始める必要がある。そして、互いに影響し合う以上、時間がたつにつれて双方とも変化し、特定の敵と戦うことへの対応が進み、互いに似てくる。

そのため、十分な時間が経過すると、非対称な争いは対称な争いへと変わっていく。その過程では、弱みが強みに転じたり、強みが弱みに転じたりもする。自分よりも格下のチームとしか練習できないサッカーチームは、力が落ちていくだろう。軍隊についても同じことが言える。当初は簡単に進んだアフガニスタンでのアメリカの軍事作戦が後に膠着し、血で血を洗う事態に悪化したことも踏まえると、そうした状況は何としても避けなくてはならない。似たような例はほかにも多い。

戦略の本質が敵を欺くことにあり、その敵が愚かでない以上、同じ行動を繰り返すのは、たとえ非常に大きな成功を収めていたとしても、ひたすら破滅への道を進んでいることになる。ときに、こうした繰り返し自体が敵の意表を突く形になるのが事実だとしても、やはり同じだ。したがって、戦略の実行に成功するには何よりもまず、敵を徹底的に理解すること、特に敵が我々についてどんな行動を予想しているかを把握することが求められる。

こうした定石は、それが定石の名に値する限り、双方とも踏むことができる。既存の、よく知られた枠組みの中で行動すると、失敗ではなく成功につながりやすい。だが、本当に必要なのは、定石を崩し、定石でない方法をとることだ。光を闇に、闇を光に、不可能なことを可能なことに変えなくてはならない。一九七三年一〇月、シリアとエジプトが、敵国イスラエルが制空権を握っているにもかかわらず開戦に踏み切ったのが良い例だろう。それは、イスラエル軍はおろか、ほかのどの国の軍にとっても寝耳に水だった。マッカーサーが述べたとおり、偉大な指揮官は戦略の通常のルールを破ることで歴史に名を刻む。[13] そのために必要とされる資質を表す言葉は一つしかない。天才、である。

要するに、戦略を実行するには、計画を立て、情報を集め、準備をし、戦争の技法に従って戦争をおこなう、そしてさらにいくつかのことが必要になる。だからといって、戦略が万能だというわけではない。道徳的な要因がはたらいたり、主観的な予想に基づいたりするため、最も低いレベルを除くと、戦略をアルゴリズムにしたところで、結果は目に見えている。我々の計算がどんなに正確でも、せいぜい確率しか生み出せないだろう。戦略は知力だけでなく直観や想像力にも関わるものであり、むしろ後者のほうが重要かもしれない。

最後になるが、計画や情報がこの上なく整ったどんなに優れた戦略であっても、またそれを天才が実行に移すとしても、やはり偶然の出来事によって混乱させられる可能性がある。逆に、稚拙きわまりない戦略が偶然の要素によって成功してしまうこともある。長期的にみれば（そうできるとしたらの話だが）、幸福の女神はよく準備したもののほうに微笑みがちだ。とはいえ、マキャヴェリが書いているとおり、女神は移り気であり、その行動は予想できたためしがない。[14]

第七章　海戦

一　海上という生の現実

驚くべきことに、孫子もクラウゼヴィッツも海戦については一言も言及していない。ジョミニは著書で一節を海戦に割いているが、あくまで陸戦を補助するものとしてしか扱っていない。彼は、指揮官がおこなった海からの急襲作戦をリストアップし、それぞれ成功したかどうかを記している。ジョミニは内陸国スイスの出身だった。スイス以外にも複数の国の軍隊で働いたが、生涯、スイス国籍を放棄することはなかった。陸地とは異なる環境、陸地とは異なる法則が支配する場所としての海への理解を示していないのは、そうした事情が背景にあるのだろうか。いずれにせよ、彼の著書では制海権やその重要性、それをどう獲得、保持し、あるいは妨害するかはむろん、海戦そのものについても、ほとんど触れていない。

海軍理論家のアルフレッド・マハンとジュリアン・コーベットはともに、海での戦争を戦争一般に含めようとした。マハンはみずからの理論でジョミニをモデルとしている。コーベットはクラウゼヴィッツを好み、彼による「絶対」戦争と「限定」戦争の区別を強調したうえで、海軍力を用いて後者をおこなう方法などについて論じている。とはいえ、両者とも海戦そのものよりも、その一部である海洋戦略のほうを重点的に論じている。

理由は何であれ、戦略と戦争それ自体という戦争の両側面に目配りしつつ、陸戦と海戦の共通点と類似点、そして相互作用の仕方を論じた第一級の現代的な研究書はまだ書かれていない。しかし、紀元前一三〇〇年頃の浮き彫りに、ペリシテ人が海からエジプトに進攻しようとした様子が描かれていることからもうかがえるように、古来、陸戦と海戦は連動してきた。もしアカイア人に一〇〇〇隻の軍船がなければ、世界一の美女（スパルタ王メネラオスの后、ヘレネのこと。トロイアの王子パリスがヘレネをさらったことが戦争の原因となった）ですら、彼らをトロイアまで来させることはできなかっただろう。また、船がなければ、紀元前四八〇年のサラミスの海戦でギリシア人がペルシア帝国の軍勢を撃退することもあり得なかった。

陸と海とでは環境がかけ離れている。そうした違いは、それぞれで可能な戦争の種類も規定してきた。陸戦ではこれまで、周辺の住民や、利用できる資源や生産物についても考慮する必要があった。ある地方や国の人的資源や物的資源を奪うには、まずその地方や国を征服しなくてはならない。それは、敵を殺傷したり捕らえたりしながら、少しずつしか進まないことも珍しくない。征服の過程が完了に近づいた段階でようやく、征服者に利益が入るようになる。

海戦の場合、まったく事情が異なる。奪取できる人的資源はなく、物的資源も皆無に近い。後者は、歴史を通じて、ほぼ魚に限られたというのが実情だ。魚はごちそうにもなるが、普通、それを奪われたからといって国や民族が屈服するというような類いのものではない。もっとも最近は、技術の進歩によって人間が開発できる範囲が海面から海底まで広がったことから、状況は変化しつつある。原油や天然ガスなど、海底に眠る資源は、多くの国にとって経済上きわめて重要なものとなっている。そうした資源には、海底に莫大な量の埋蔵が確認されている各種鉱物を加えてもいいかもしれない。とはいえ、消費者が海にいるわけではない以上、こうした資源を利用するには流通や消費の場所である陸地に送る必要がある。つまり、物資を送る経路がすべての鍵を握る。

こうした経路は海上交通路（シーレーン）とも呼ばれる。混用を避けるために、以下ではこの言葉を使うことにしよう。陸でも海でも、補給路もしくは交通路は基地と目的地をつなぐ。この経路を通じて増援部隊や物資が送り込まれている。仮に基地や港へのアクセスが遮断された場合、補給先の部隊が撤退か降伏に追い込まれるのは時間の問題だ。補給路と同じように、海上交通路にも岬や海峡、運河といった要衝がある。こうした要衝を押さえている側は、敵の戦略的な移動ににらみを利かせることができる。全盛期の大英帝国は、ドーヴァー海峡はもちろん、スコットランドとノルウェー間の海峡（第一次世界大戦）、ノルウェーとアイスランド間の海峡（第二次世界大戦）も支配していた。さらに、ジブラルタル海峡、シチリア島、アデン湾、ホルムズ海峡、マゼラン海峡、マラッカ海峡、喜望峰、スエズ運河なども掌握していた。イギリスは今ではこれらのほとんどを失っている。

友軍や敵、場所が、海からしか到達できないこともある。イギリスや日本は、島国でなければ、軍事史を含めて、歴史がまったく違っていただろう。同じことは、両側を大西洋と太平洋によって守られた巨大な「島」、アメリカについても言える。ヒトラーは一九三九年四月に議会で、アメリカを侵略するなどという発想は錯乱した者にしかできないという趣旨の発言をしている。[1]ちなみにそんな侵略をテーマにした映画を、あるアメリカ企業が一九八五年に製作している（『地獄のコマンド』）。侵略をおこなうのはキューバだ！

また、水路での輸送は陸路に比べて簡単で経費も安い。極東から中東、地中海まで、古代の偉大な文明がすべて河川沿いか海岸付近から発展したのは偶然ではない。陸地に囲まれた地域の社会はそれにはるかに遅れを取った。水上輸送の優位性が最も高まったのは、一五〇〇年頃から一八五〇年頃までのいわゆるコロンブス時代だろう。当時、陸上で最も進んだ輸送手段は、馬に引かせる荷車だった。蒸気機関が発明される産業革命の時代まで、荷馬車による輸送能力の発展は遅々としたものだった。ピーク時でさえ、荷馬車で一度に運べる量はせいぜい数トン、速度は時速一六キロ程度が限界だった。これに対して、櫂や帆で進む船は単に速いだけではなかった。出るスピードは風次第だったから、目的地までに要する時間が予測しづらかった。それでも、輸送能力は陸路を圧倒的に上回っていた。

一八五〇年頃に鉄道が登場し、さらにその半世紀後に自動車が誕生すると、このギャップはいくらか縮まった。だが、島に到達できる手段は、依然として船しかなかった。一九〇〇年頃に出現した航空機は、陸上も海上も同じように飛行できるが、輸送能力は限られている。たとえば、一九九〇～九一年と二〇〇三年、アメリカとその同盟国がペルシャ湾岸に派兵したとき、部隊はほぼすべて空路で入ったが、物資は九割が海路で運び込まれた。一方、アフガニスタンのような内陸国でおこなう戦争では空路での輸送が大きな力を発揮するものの、莫大なコストがかかる。また、自動車や鉄道、航空機の技術がどれだけ進歩したとしても、海上輸送が発展していなければ、大陸間でおこなわれる貿易の量ははるかに少なかっただろう。

陸地と違って、海上には地形上や植生面の特徴といったものがない。そのため艦艇は、陸戦で非常に重要となる壕に相当するもので身を守ることができない。半面、まさにそうした特徴がないことによって、加えて住民もいないことから、艦艇は公海上で非常に大きな移動の自由を得られた。艦艇は、陸の部隊よりも捕捉するのが難しかった。ネルソンが一七九八年に地中海でフランス艦隊の索敵に失敗したのはうってつけの例だろう。一九四二年には日本軍が、ミッドウェーでフレッチャー提督の第一七任務部隊（タスク・フォース）の場所をつかめず、彼らが待ち構えていることにも気づかなかった。その後、一九六〇年代になって人工衛星の運用が始まると状況が変わり、艦艇や艦隊が行方をくらますのはほぼ不可能になった。現在、その監視の目をかなりの程度逃れられている唯一の艦艇は、卓越したステルス兵器である潜水艦だ。

陸と同じように海でも、気候や天候は重要な役割を果たす。風や波、潮流は海上作戦の妨げになることが多い。確かに、櫂や帆が機械式の動力に変わり、船体の大型化も進んだため、そうした自然の力への依存度はいくぶん下がった。しかし、それらを無視できるようになったわけではない。とりわけ、潜水艦の乗組員やその敵は水圧や温度、塩度などに注意しなければならない。

今日では、気象情報や物理的要因を参考にして、特定の時期には特定の航路や海域を選び、ほかは避けたほうがよいと判断することが、かつてないほどやりやすくなっている。昔は、たとえば一二七四年と八一年のモンゴル軍による日本侵攻は、天候の悪さが原因で失敗している。また一五八八年、スペインの無敵艦隊が現在のベルギーで陸軍と合流することを阻み、その後壊滅に追いやったのも、やはり天候だった。一九四四年のノルマンディ上陸作戦は、最後に天気が晴れなければ延期を余儀なくされていただろう。こうした要因はこれまで、海洋戦略の原則を決めるのに役立ってきた。今でもそうである。

二　海洋戦略のいくつかの原則

陸はすべての人間が生活している環境である。これに対して海は、人間が進化の過程の中で隔絶されてしまった、異様な、酷薄とすら言える環境だ。そのせいか、どんな時代にも海は多くの人から無視されてきた。その存在にほとんど気づいていなかったような人もいるくらいだ。だが、人間が海を民生もしくは軍事目的で活用するつもりなら、海と艦船を自在に操る方法についてまず学ばなくてはならない。それには時間と労力を要する。それを経た海軍至上主義者たちが、職業主義（プロフェッショナリズム）をきわめて重視し、ほかの部門との連携や協力（いわゆる統合性）をないがしろにしやすくなる理由も、わからないではない。

海での戦争は艦艇に絶対的に依存するため、かねがね陸での戦争よりも大きな資本を必要としてきた。これはおおむね、櫂を漕いで進む昔の軍艦にも当てはまる。全体として、海戦がそれに従事する人に課す課題（責任、不確実性、摩擦、危険など）は陸上で戦う人のものと似たり寄ったりだ。それに対処する方法、たとえば訓練や教育、組織、規律、統率力もあまり変わらない。戦争の形態は、それがおこなわれる環境の性質によって変わり得るが、そこで戦う者に求められる素養は基本的に同じなのだ。

陸戦では、技術（木の棒や石であっても）は作戦を実行するのに絶対に欠かせない。海戦では、技術は作戦に欠かせないばかりか、生存のためにも不可欠である。後代になって登場した潜水艦を含む艦艇は、公海では長らく圧倒的な力を誇ってきた。望むところに行って、望んだ相手を沈めたり、捕らえたりする。だが、カディス（一五九六年）、アブキール（一七九八年）、コペンハーゲン（一八〇七年）、タラント（一九四〇年）、ダカール（同上）でおこなわれたそれぞれの戦いが示すとおり、港湾では、非常に強力な護衛がない限り、艦艇は脆弱な状態に置かれる。一九〇〇年以降、海峡にしばしば機雷が敷設されるようになると、なおさらそうなった。

陸軍の部隊は、激しい戦闘に従事しているのでなければ、新たな物資補給を得られなくても、しばらくは現地調達で生き延びられる。たとえば、オーストリア軍は一九一八年、北東イタリアのフリウリで丸一年にわたってそうしたやり方で持ちこたえた。ただし、現地住民は多大な犠牲を強いられ、兵士たちの体調も著しく悪化した。これに対して艦隊は、海から物資を補給することはまず不可能だ。つい最近まで、真水すら入手できなかった。海上でほかの艦艇から再補給することは可能だが、それには各種艦艇を途切れることなく派遣する必要があり、これは経費もかかれば弱点にもなりやすい。整備や修理にも厳しい制約がある。よって、ほぼすべての物資を港に集め、艦艇に積み込み、運ぶことになる。こうした事情から、各種の艦艇が海で活動できる時間や帰港したり別の港に寄ったりするまでに移動できる距離は制限される。また、港側も受け入れられる艦艇の種類に制約がある。

戦略の基本の多くは、海戦にも有効である。たとえば、各種の艦艇を統合して運用する必要性がそうだ。また、地理的な特徴や、公海が可能にする移動の自由にしかるべき注意を払えば、戦略で駆使され、それを構成するものでもある二項対立の大半も当てはまるだろう。海の活用法として最も重要なものが輸送である以上、古代アテナイの時代から現代まで、海軍の第一の目的は自国の海上補給路（シーレーン）の自由を確保することと決まっている。西洋の海軍史の大半について言えるが、軍船と商船が違うものであることを踏まえると、そのための方法は基本的に二つしかない。一つは、商船を軍船で護衛するというものだ。その場合、陸上と同じように、主導権（イニシアティヴ）はあきらめなくてはならない。また、これも陸上と同じだが、すべてのものを守ろうとすると、すべての場所が弱点になる恐れが出てくる。

もう一つは、入手可能な最も強力な艦艇からなる強力な戦闘艦隊を構築するというものだ。こうした艦隊は次に、敵を捜し出すか、敵に戦いを強いる位置に展開する。そして、敵と交戦し、相手を破壊する。最後に、生き延びた敵がいないか捜索し、見つけ次第沈めるか港に追い込む。海軍戦略の肝心かなめの点は制海権（古代ギリシア人はそれを文字通り「thalassokratia（海の支配）」と呼んだ）を握ることにある。制海権を持つ国は、公海上で好きなときに好きな場所で、好きなことができる。陸と違って占領軍も不要なため、行使できる自由は陸上部隊よりも大きい。マハンが論じて有名になったこのアプローチは、アメリカ海軍の公式ドクトリンとなっている。

現実には、一方の側が長期にわたって制海権を掌握したり、保持したりするケースはまれだ。二度の世界大戦期のように、たいては制海権をめぐる争いが起きている。ある海軍がそれを握っている場合も、局所的で一時的であることが少なくない。戦闘を通じて制海権を奪い取る力のない海軍は、少なくとも敵がそれを取れないようにするかもしれない。そうするための方法の一つは、港や海峡をはじめ、敵が必要とするシーレーンに機雷を敷設することだ。あるいは、艦隊を敵にとって常に脅威となるような状態に保ち、敵の行動の自由を制限するという手段もある。このほか、部隊などを分散させたり、ステルス技術を活用したりすることもできる。敵に追いついたり、その船が強過ぎるとわかって逃れたりするには、十分な速度も必要になってくる。

歴史的にみると、フランス語で「Guerre de course（「追跡の戦争」）」と呼ばれる商船破壊行為では、商船が出発する港や目的とする港、通過しなければならない要衝が主な標的とされてきた。ただ、公海上でおこなわれることもあった。そうした場合には、商船に船団を組ませて護送するといった対応がとられた。一九一一年、まさにコーベットが通商破壊は将来的には効果が薄れると論じていた頃、潜水艦が登場する。潜水艦は、制海権を得るのには使えないが、それをほかの国に与えないようにするうえでは強力な手段になった。両大戦では、ドイツの潜水艦がイギリスを降伏寸前に追い込んだ。日本に対する連合国軍の勝利でも、同じように潜水艦が果たした役割が非常に大きかった。

ある時期、イスラエル海軍の基地にはこんなスローガンが掲げられていた。「海を支配する民、敗北を知らず」。大陸国家と海洋国家ではどちらがより重要か、また両者はどう関連しているのか、といった議論は、少なくとも紀元前五世紀のテミストクレスまでさかのぼる。彼はアテナイ市民に、陸上でペルシア軍を迎え撃とうとするのではなく、艦隊を建造すべきだと訴えた。大陸国家にも海洋国家にもそれぞれ長所と短所がある。基本的に、そうした長所や短所は古代から現代に至るまで変わっていない。ちなみにこれは、技術発展によって戦争の根本原理はどの程度変わり得るのかという、興味深い問いももたらしている。

　イングランドの法学者で随筆家でもあったフランシス・ベーコン（一五六一～一六二六年）は、二つの強国の紛争では、海を支配している国のほうに、望むように戦争を起こしたり控えたりできるという圧倒的な強みがあると指摘している。[2] そうした国は海上輸送によって、部隊や資源をある地点から別の地点に移動させられる。あるいは、敵が部隊や資源を移動できないように海上封鎖をおこない、その息の根を止めたり、敵が姿を現して戦闘せざるを得ない状況に追い込んだりもできる。さらに、必要な場所や時期に、軍隊を投入して作戦行動を展開するいわゆる戦力投射（パワー・プロジェクション）もおこなえるだろう。このほか、比較的小規模な海外派遣部隊に主導権を握らせて、敵により規模の大きな部隊の派遣を強いることもできる。敵側は、それによって抑止に失敗すれば海に沈められる運命となるわけだ。

　ペロポネソス戦争（紀元前四三一～四〇四年）の時期、デロス同盟を率いるアテナイは海軍力によって帝国をまとめ上げ、必要な穀物を調達し、ペロポネソス同盟側に急襲をかけた。アメリカ南北戦争（一八六一～六五年）では北軍が海上封鎖を実施し、それが勝利に大きく貢献している。一九四四年、ヒトラーは連合国軍による侵攻の脅威にさらされたため、一〇〇万人規模の兵力を西部戦線に貼りつけていた。それらを東部戦線に振り向けていれば、戦況は変わっていた可能性がある。イギリス海軍本部は何世紀にもわたってこうした手管を組織的に駆使したので、それは「イギリス流の戦争方法」として知られるようになった。

海上封鎖は、第一次世界大戦中のドイツに起きたように、強力な大陸国家ですら飢餓の縁に追い込むことがある。一方で、それはおこなう側にも多大な消耗を強い、人員や装備のため巨額の経費もかかる。また、常に効果的なわけでもない。たとえば、農産物や原材料が豊富にあり、産業も発展した大国は、海上封鎖の影響を受けにくい。同盟諸国による陸路での再補給を当てにできる国もそうだ。イギリス海軍は一八〇五年にトラファルガーで偉大な勝利を挙げたが、それによってナポレオンが失脚したわけではない。第二次世界大戦でも、連合国軍の制海権の優位が効果を示し始めたのは、ヨーロッパ大陸に上陸して以降のことだった。

同様に、敵の領域に対する海軍の急襲は牽制として敵に兵力の分散を余儀なくさせ、一般的には敵側に刺さった棘（とげ）のようなものとして、目覚ましい成果をもたらすことがある。たとえば、国連軍による一九五〇年の仁川（インチョン）上陸作戦はめざましい成功をもたらした。ただ、こうした作戦も、特に陸側からの支援がない場合は、長期化して、見合う量以上の資源を消費する結果になりかねない。イギリスやフランスの連合軍による一八五四年のセヴァストーポリ上陸は最終的には勝利につながったが、この連合軍による一九一五年のガリポリ上陸は失敗に終わっている。

海戦の最高の達成と呼べるのは、敵前で敢行する全面的な上陸作戦である。あらゆる海戦の中で、敵のいない海から敵のいる陸へという方向に戦争を動かせる戦いは通常これしかないからだ。上陸作戦の中には、ウィリアム征服王が一〇六六年におこなったものや、連合国軍が一九四二～四五年に何度か実施したもののように成功した作戦もあれば、アテナイによる紀元前四一五年のシラクサ遠征や、日本軍による一九四二年のポートモレスビー攻略のように無惨な失敗に終わったものもある。ほかにも、それらに輪をかけて壊滅的な結果になった作戦、そこまでひどくはないもののやはり失敗した作戦などが数多くある。

多くの実行者たちが体験したとおり、上陸作戦はあらゆる軍事作戦の中で最も難しい。技術的な問題を別とすれば、それには二つの理由がある。一つ目は、部隊を揚陸させるのに最も適した場所が、続いて陸上で作戦をおこなうのに最も適した場所とは限らないことだ。その逆も同じだ。二つ目は、海からも陸からも最も反撃を受けやすいことだ。最低でも現場周辺の制海権を確保せずに上陸作戦に乗り出すのは、無謀と言わざるを得ない。また、たとえそうした制海権を押さえていても、陸上に十分な輸送網を持つ強力な近代国家には打ち負かされるに違いない。上陸作戦はあまりにも大きな困難をともなうため、今では時代遅れになったと考える人もいる。

こうした状況を表すものとして、一九一四年以前には、人々の間に「海獣（リヴァイアサン）と熊」の対決というイメージが流布していた。そこでの海獣はイギリス、熊はロシアを表している。争っているものは、ペルシア（イラン）とインド（当時は今のパキスタンの領土も含まれていた）の支配権である。少なくとも、ロシアによる中央アジア進出に目を光らせていたロンドンはそう考えていた。とはいえ、両者がどうやれば実際に取っ組み合いを演じるのかは想像しづらかった。海獣は海を支配している限り、侵略や孤立化の恐れと無縁だった。一方、熊は海外との貿易を遮断され、打撃を受ける可能性があったものの、陸を支配している限り、大がかりな上陸作戦と続く地上戦を除けば、敗戦はあり得なかった。こうした事情もあって、結局、海獣と熊の戦いは実際にはおこなわれなかった。もしおこなわれていたとしても、どちらの優位性も決定的な勝利にはつながらなかっただろう。

三　海獣、熊、そして鳥

何千年にもわたって、艦艇は艦艇と、陸上部隊は陸上部隊と戦うものと決まっていた。艦艇はときに、沿岸の都市を守るために使うこともできた。たとえば一七九八年、イギリス海軍は地中海に面するオスマン帝国の港湾都市アッコの近海を航行し、ナポレオン軍による攻略を防いでいる。艦艇はまた、一八〇七～一三年の半島戦争（ナポレオン戦争中にイベリア半島でスペインとポルトガル、イギリスの連合軍とフランス軍がおこなった戦い）中のように物資の搬入にも利用できれば、急襲や上陸作戦などもおこなえる。とはいえ、艦艇が陸上作戦に影響を及ぼせるのもここまでだ。逆に、陸上部隊のほうも砲撃、港湾や海峡などの攻略を除くと、海戦にはほとんど影響を与えられなかった。だが、二〇世紀初めから状況が変わってくる。第三の勢力として「鳥」、すなわち航空戦力が登場したのだ。この新しい戦力が戦争全般にどんな影響を及ぼしたかについては次章で詳しく論じるとして、ここでは海での戦争への影響に限って検討しよう。

軍隊による航空機（陸上で離発着する陸上機）の使用は、イタリア軍が一九一一～一二年にオスマン帝国軍との戦いで試したのが最初だ。機材はまだ原始的だったが、結果は期待の持てるものだった。イタリア軍は当時、艦艇を利用して飛行船への水素の補給もおこなっている。一九一三年には、ギリシア軍の航空機がトルコの艦艇に爆弾を投下した。第一次世界大戦では、主要な交戦国はすべて航空機や係留気球（ロープなどでつなぎ留めて一定の範囲から動かないようにした気球）を用い、海上の標的の捜索などをおこなった。標的を発見すると、爆弾や魚雷を投下してみずから攻撃したり、無線で海軍の部隊を現場に向かわせたりした。

水上艇も潜水艦も、後者の場合は充電などのために浮上したときに、こうした方法による攻撃に遭う可能性があり、実際に攻撃された。第一次世界大戦では、水上機と飛行艇も初めて実戦に投入されている。ただ、当時はまだ航続距離が短かったため、航空機を公海上で運用することはできなかった。この問題に対処するため、一部の国は航空機を艦艇に搭載し始めた。潜水艦に載せた例もある。こうした航空機は海上と陸上の両方の標的を見つけ、そこに達して攻撃でき、実際にそうした。ただ、その装備運搬能力にもやはり限界があり、ごく一部の例外を除けば、その攻撃は微力なものにとどまった。

最初から空母として建造された世界初の空母が進水したのは、一九二〇年代初めのことである。その後、戦間期を通じて、未来を担う艦艇は空母なのか、それとも、空母よりも先に登場した、大砲を搭載した戦艦なのかをめぐって、論争が繰り広げられた。もう一つ、政府当局者や参謀を悩ませたのは、軍隊のさまざまな兵科間、軍種間の関係をどう整理するかだった。陸軍と海軍は長らく切り離されていたので、どちらの問題も、真剣に取り上げようとした理論家はそれまでほとんどいなかった。ここへきて新たな問題が頭をもたげ、解決策が求められた。陸戦をなりわいとする人、海戦びいき、そして新たに登場した空戦のプロの三者が、綱引きをすることになった。

もともとは、陸軍と海軍がそれぞれ独自に航空隊を設立した。アメリカや日本では、第二次世界大戦中まで、陸軍の航空隊と海軍の航空隊が保持されていた。つまり、こうした国々は、航空戦力を一つではなく二つ持っていた。ただ、ほかの大半の国は違う方向に進んだ。一九一八年以降、イギリスを先陣に、各国が独立した空軍を創設していったのである。空軍ができるとすぐに、その司令官らは、連絡や戦闘、偵察など向けの一握りの航空機を除いて、陸軍からすべての航空機を取り除こうとした。それは、おおむね成功したと言えるだろう。

各国の海軍の中には、航空部隊を失うところも出てきた。最も重要な例としてイタリア海軍が挙げられる。というのも、航空戦力を失ったことが一因となって、イタリア海軍は一九四〇～四三年に非効率のお手本のような組織に成り下がったからだ。とはいえ、全体としてみると、航空兵力の熱烈な支持者たちが手を焼いたのは陸軍よりも海軍だった。特筆すべきは、イギリス海軍が抵抗の末に、航空部隊の保持に成功したことだろう。それに比べると重要さは劣るが、ソヴィエト海軍もやはり航空部隊を残している。ソヴィエト海軍は空母を保有していなかったので、ほぼ全面的に陸上機に依存しており、また長距離の重爆撃機を運用する世界唯一の海軍だった。統合性をめぐっては果てしない議論が続いているものの、三軍のどれが何を担うべきかについては答えが出る兆しがない。さまざまな戦略的展望が出され、巨額の資金も動いているため、その決着は今後も期待できそうにない。

第二次世界大戦は、各種の艦艇、それらを支援する空母を試す機会にもなった。北西ヨーロッパ、地中海、極東では、いくつかのことがただちに明らかになった。第一に、陸上機か海上機かを問わず、航空支援がない水上艦隊は、航空支援がある水上艦隊に対してきわめて不利になるため、その運用は自殺的な行為だということ。第二に、潜水艦もまた航空戦力の攻撃にさらされやすいこと。それは水上艦隊ほどではなかったかもしれないが、空母、後にはヘリコプターが潜水艦を捜索する主要な機材として使われるようになるくらいには脆弱だった。第三に、航空戦力を特に偵察や目標捕捉、商船破壊のために潜水艦と組み合わせて運用すると、潜水艦の有効性が大幅に高まることなどだ。

一九一四年以前には、海軍が戦力を投射できる手段は急襲か上陸作戦しかなかった。しかし、航空部隊のおかげで海軍の戦力投射能力は何倍にも高まった。空母の存在がなければ、アメリカ海軍による太平洋での作戦は不可能だったはずだ。ただ、それはコインの一面に過ぎない。海上配備型の航空戦力が陸上の標的に対して使用できるように、陸上配備型の航空戦力も海上の標的に対して使用できる。航空機の陸上配備は海上配備よりもはるかに単純でコストも安いので、陸上配備のメリットはなおさら大きくなる。空母自体も、大型化させて、燃料や兵器の積載能力を高められる。

航空機は機雷をばらまくのにも使われた。また、航空機の航続距離が延びるにつれて、艦隊は敵の支配下にある浅海や海峡の回避を余儀なくされ、作戦をおこなう場所は公海上に限られるようになっていった。一九六〇年以降、偵察衛星や巡航ミサイルが配備されると、この傾向に拍車がかかった。確かに、海獣と熊、鳥の基本的な関係は変わらなかった。だが、技術が年々進歩するのにともない、水上艦隊が比較的安全に活動できる海域は縮小しているのが実情だ。

決定的に重要な進展でありながら、これまで言及してこなかったことが一つある。海岸から遠く離れた内地の標的に向けて弾道ミサイルや巡航ミサイルを発射するのにも、艦艇を使えるようになったことだ。さらに、こうしたミサイルには核弾頭も搭載できる。核戦争自体については次章に譲るが、ここで留意しておくべきなのは、核兵器運搬手段を敵に狙われにくくし、敵の核攻撃に対する最初の反撃をおこなう「第二撃」能力を保持する方法として、核兵器を潜水艦に搭載するのは最良の部類に入るという点だ。大洋が地球の表面のおよそ七割を占めていることに加え、潜水艦はいまだに探知して撃沈するのが比較的難しいことなどがその理由だ。今後、潜水艦を保有する国はさらに増えていくだろう。最も歴史の浅い艦艇である潜水艦は、こうして最も重要な艦艇になろうとしている。

第八章　空戦、宇宙戦争、サイバー戦

一　空戦

「制空権（航空優勢）」や「宇宙優勢」という用語からもうかがえるように、空および宇宙での戦争と海での戦争には重要な共通点がある。たとえば、これら三つの環境はいずれも、作戦の自由を何としても確保し、それを敵に与えないことが、取り組むべき最も重要なこと、多くの場合、最初にすべきことになってくる。どんな場合でもそうだというわけではないものの、少なくとも当面の目的のために重要な場所や時期に関しては必ずそうだ。このほかにも、三つの戦いには共通する点が数多くある。ただ、空や宇宙は人間にとって海以上に過酷な環境であるため、そこでは技術がきわめて重要な役割を果たすことになる。

言い換えれば、パイロットやほかの航空機搭乗員、地上の要員には高度なスキルが求められるということだ。同じことは、ミサイルの保守や発射、ドローンの運用、各種の宇宙装備の管理にあたる人員についても言えるだろう。そうしたスキルを身につけるには、長期にわたって従事するプロだけが受けられる訓練が必要となる。裏を返せば、空や宇宙には非正規兵やアマチュアが活動する余地はない。高度なスキルを持つ人の多くは民間企業に移るのも簡単だろうし、その場合、より制約の少ない勤務条件で、より高い給与を得られるかもしれない。だからこそ、彼らはある種の統率力を必要とし、またある種の規律に服することも求められる。

パイロットは常に自分の命を危険にさらしている。その意味ではおそらく、歩兵を除けば軍人の中で最も危険な兵科と言ってよい。一九一四～一八年に、イギリス軍の若手パイロットの平均余命が週単位で調査されている。その一人は次のような言葉を残している。[1]

若い操縦士が死の床に横たわっている。
格納庫の中にいる。
整備士たちに囲まれている。
彼は最期の別れの言葉を言う。
腎臓からシリンダーを抜いてくれ。
頭、頭からコンロッドを抜いてくれ。
背骨の下にカムボックスがある。
エンジンを組み立て直してほしい。
そうしたら、どうかスクールバスに乗せてくれ。
そして、平原、平原に埋めてほしい。

同じ航空宇宙部門でも、整備士や地上管制官、補給や気象予報の担当官ら、ほかの人たちの場合は事情が違う。彼らは戦場からずっと離れた場所で働くので、物理的な危険はむろん、戦争の苦難（シュトラパーゼン）にさらされることがはるかに少ないし、ほとんどない場合も多い。彼らも軍人ではあるが、それよりもまず技術士なのだ。もっとも、彼らの仕事は、英雄的でないからと言って簡単なわけではない。事実、ドローン運用者にストレス症候群を訴える人が多いのは、戦争がまだビデオゲームになっていないことの証にも見える。トゥキュディデスの言葉を借りれば、戦争はいまだに「人間的なこと」なのである。

航空機は航続距離が限られるので、艦艇よりもはるかに基地に依存している。飛行中に燃料が尽きた航空機は、パイロットやほかの乗組員を乗せたまま墜落する運命にある。無人の航空機、つまりドローンについても同じことが言える。人工衛星はまた話が別になる。多くの人工衛星は、搭載されているソーラーパネルによって必要なエネルギーを得ている。そのため軌道上に乗ると、長時間そこにとどまることができる。航空機や、衛星などを含む宇宙船と、艦艇とのもう一つの重要な共通点は、地上に置かれている場合や、発射や着陸の際など地上に近い位置にある場合に狙われやすく、守る必要があることだ。一方、いったん基地から離れると、艦艇よりはるかに大きな自由を得られ、地勢や人工の障害物などと無縁にあらゆる方向に移動できる。

戦争で凧や気球を使う試みは、三世紀の中国にさかのぼる。最初の動力航空機が戦争に登場したのは、一九一一～一二年の伊土戦争が最初だ。第一次世界大戦末までには、動力航空機はさまざまな作戦を実施するのに使われていた。たとえば、偵察、砲兵の発見、連絡、空対空の戦闘、射撃や爆撃など空対地の作戦などだ。空対地作戦は、制空権の掌握を目的に飛行場に対しておこなわれることもあった。戦間期には、航空機は死傷者の移動など空輸にも利用されるようになった。滑空機（グライダー）と落下傘兵（パラシュート）による空中からの強襲もおこなわれ始める。一九三九年までには、航空戦力は死活的に重要なものとなっていた。防衛であれ、攻撃であれ、大規模な作戦は、もはや空からの支援がなければ成功はまず望めなくなっていた。これは今でも同じだ。

かつては、航空機はその速度、航続距離、あらゆる場所の上空を飛行できる能力、標的を自在に変更できる柔軟性などから、本質的に攻撃用の兵器だと考えられていた。いったん制空権が握られると、航空戦力に対しては何も、民間人は言うまでもなく誰も抵抗できないと思われていた。H・G・ウェルズの一九〇七年の小説 *The War in the Air*（『空の戦争』）以来、軍人出身か否かを問わず、作家たちがその恐怖について書いている。[2] 彼らは皆、航空機の攻撃によって広い範囲が破壊され、多数の死傷者が出るだろうとみていた。また、それよりはるかに多くの群衆が恐怖で正気を失い、暴動を起こして政府を倒し、社会が混乱に陥るとも想像されていた。

結局、こうした見方は大げさだったことが明らかになる。まず第一次世界大戦では、都市に対する「戦略」爆撃の大半はごく限定的な効果しかもたらさなかった。第二次世界大戦ではその点に関しては事情が異なり、当初はワルシャワやロッテルダムといった都市があまりにも激しく爆撃された結果、ポーランドやオランダが降伏するような事態も起きている。しかし、その後、状況はまた変わってくる。ヨーロッパでも日本でも、大規模で継続的な空爆によっておびただしい数の人が犠牲になり、はかりしれない破壊をもたらす一方で、多くの工場施設の標的は予想よりも爆撃しづらく、また復旧しやすいことがわかったのである。さらに重要なのは、大半のケースでは、民間防衛が効果的におこなわれたおかげもあって市民の士気はそこまで下がらず、国全体はおろか、都市ですら機能不全に陥らなかったことだろう。朝鮮戦争でも、アメリカ空軍は北朝鮮の各都市をそれぞれ数度にわたり爆撃したが、戦争全体にはたいして影響を及ぼさなかった。

空爆が、当初期待されたり恐れられたりしていたほどの効果を上げなかったのには別の原因もある。戦闘機や対空火器、レーダーといった新たな兵器や装備が登場したことだ。バトル・オブ・ブリテンが特にはっきりさせたように、航空戦力はもっぱら攻撃用の兵器であるどころか、それと同じくらい防衛用にも活用できることがわかった。空中戦が発展するにつれて、主導権を持つ側はやはり揺れ動き、一方が優勢になったかと思えば次には他方が優勢になった。最終的には、産業上あるいは人口面で重要な標的、正しくは都市を狙った「戦略爆撃」が、ドイツと日本の多くの場所を焦土化し、勝利に大きく貢献した。ただし、それは一般に考えられていたよりもずっと困難で、はるかに時間がかかり、多大な損失をもたらした。

航空戦力に関してはさらに、空中からの強襲にも問題があることが明らかになった。空中から空挺部隊を降下させるこうした作戦は、第二次世界大戦では双方が大規模におこなったが、それと引き換えに多大な損害を被ったのである。作戦自体は、ドイツ軍が一九四一年にクレタ島を占領したときのように成功したものもあれば、連合国軍が一九四四年にオランダのアルンヘムに降り立った際のように失敗したものもある。フランス軍は一九五四年にヴェトナムのディエンビエンフーでそれに失敗し、インドシナ戦争の帰趨が決まった。以降は、グライダーと落下傘兵の役割の一部はヘリコプターが担うようになっている。とはいえ、航空機に比べヘリコプターは航続距離が短く、輸送できる兵士の数や荷物の量も少ないうえ、敵の火力に対してもはるかに狙われやすい。そのため、空中からの強襲での使用は小規模な作戦の場合に限られることになった。ヘリコプターはその一方で、連絡、「空飛ぶ指揮所」の役割、必要な地点への部隊や装備の輸送、対地攻撃機（ガンシップ）、地上部隊との協力などを得意とする。こうした能力を持つヘリコプターの普及もまた、陸海空三軍のどれが何を担うべきかという例の議論をさらに白熱させる一因となっている。

一方、ジェットエンジンの開発によって各種の固定翼機は大型化、高速化が進み、能力も上がった。また、一九六〇年頃から、機関砲は空対空ミサイルに、爆弾は空対地ミサイルにそれぞれ置き換わっていき、射程と精密さが劇的に向上した。一九九〇年代になるとステルス機が登場した。攻撃のための戦争と防衛のための戦争、航空機を用いた防衛と航空機に対する防衛の緊張が続いている。機関砲や誘導ミサイル、レーダー、その他の電子機器など、航空機に搭載されている装備のほとんどは、同じ航空機を空中で撃墜するのにも利用できるので、そうした緊張に拍車がかかっている。空からの攻撃は、イラク（一九九一、二〇〇三年）やセルビア（一九九九年）といった国に対しておこなわれたものは確かに成功しているが、その主な理由は、ほかを圧倒する力を持つ国や機関が、三流の軍事力しか持たない国に対して加えたものだからだ。セルビア軍はその二〇年ほど前に初めて現代的な対空ミサイルを受け取っていたような状態だったし、二〇〇三年のイラク軍はそれに輪をかけてお粗末な有り様だった。

「戦略」爆撃や空中からの強襲について言えることは、航空戦力のほかの用い方にも当てはまる。たとえば、強固な壕にいて砲撃で反撃できる敵の上を低空で飛行するのは、これまでずっと危険だったし、今もそうだ。全体的に見て、従来型の戦争で航空戦力の最も効果的な使い方は、敵の補給路に打撃を加えることかもしれない。一九三九〜四一年のドイツ空軍、一九四二年末以降のエジプト西方砂漠でのイギリス空軍、一九四四〜四五年のヨーロッパでのアメリカ陸軍第九戦術航空部隊、一九六七年の六月戦争（第三次中東戦争）でのイスラエル軍は、そうした方法によって何ができるかについて優れた例を提供している。一九五〇〜五三年の朝鮮戦争、一九五六年のスエズ動乱（第二次中東戦争）、一九六五年と一九七一年のインド＝パキスタン戦争、一九七三年のアラブ諸国とイスラエルの戦争（第四次中東戦争）などでも、航空戦力が重要な役割を果たしている。

とはいえ、以上に挙げたどの例でも、航空戦力は決定的な結果はもたらしていない。たとえば一九七三年の戦争では、イスラエル軍の地上部隊がエジプトの防空手段を破壊し、空軍の展開を可能にしたのであって、その逆ではない。イラクからの報道のとおりだとすれば、第一次湾岸戦争の最終盤、いよいよ追い詰められたサダム・フセインがしきりに尋ねていたのは、多国籍軍が空爆を続けるかどうかではなく、多国籍軍がバグダッドに侵攻してくるかどうかだったという。現在、世界の多くの場所で、テロリストやゲリラなどの反政府勢力が国家内の戦争で民間人を「人間の盾」として使う例が増えていることも、従来型の航空戦力の行使をさらに問題含みのものにしている。

一九六〇年代初め以降、核戦略任務に使われる手段は有人の爆撃機から弾道ミサイルに切り替わってきた。また監視や偵察任務では、人工衛星が利用されるようになった。続いて一九七〇年代に巡航ミサイル、一九八〇年頃にドローン（無人航空機）、その二〇年後にいわゆるキラードローン（殺人無人機）が登場した。こうした技術には、有人機にはない大きな利点がある。主なものをいくつか挙げると、必要とするインフラがはるかに小さく、敵の標的にされにくいこと、置き換えや分散がしやすいこと、ドローンの場合のように戦場の上で滞空できること、訓練や運用に要するコストが低いことなどだ。そのため、導入数が爆発的に増えており、ドローンは特にそうだ。これら無人の装備によって、今では有人の戦闘用航空機も「絶滅」に追いやられようとしている。こうした有人機はコストが莫大なので、世界の大方の国では、だいたい一五年ごとに保有数が三分の一ほどずつ減っている。有人機を運用する各国空軍も、こうした傾向には抵抗していない。

もっとも、空をもう一つの戦場に変えた人類は絶対にそれを手放さないだろう。制空権を握ることは、航空戦力によってしかできないからだ。また、制空権をとった後も、航空機によって情報収集や監視、偵察にあたったり、地上の標的を攻撃したり、ほかの部門にはできない水準の機動力を確保したりできる。航空戦力は、従来型の戦争では今後も何らかの形できわめて重要な役割を果たし、ときには決定的に重要な役割を果たすだろう。ただし問題は、二一世紀初めの時点で、ほとんどの戦争がもはや従来型のものではなくなっていることだ。現代の戦争はテロリズムと対テロリズム、ゲリラと対ゲリラ、反乱（インサージェンシー）と対反乱といったもので構成されている。こうしたタイプの戦争では、ヴェトナムやアフガニスタンをはじめ数多くの例が示しているように、航空戦力にできる貢献は従来型の戦争よりもはるかに限定されることになる。

二　宇宙戦争

いくつかの点で、宇宙戦争は空戦の延長として考えられる。少なくとも、世界中の空軍関係者らはそう主張している。だが、実際は技術的な問題から、宇宙戦は多くの点で空戦よりもはるかに手ごわいものだ。第一に、宇宙の環境はきわめて厳しいため、ほぼすべてのものは無人にしなくてはならず、この状況は今後も長い間変わらない公算が大きい。これは特に、装備が損傷した場合、仮にできたとしても、補修するのにたいへんな手間がかかるということを意味する。第二に、通常型の燃料は使用が厳しく制限される。電池や太陽光、小規模な原子炉といったほかのエネルギー源は利用できるが、それぞれに問題点がある。第三に、隕石やさまざまな破片(デブリ)といった危険物に対する予防措置が必要になる。高速で移動しているそうした破片は、人工衛星などを簡単に破壊してしまうからだ。第四に、距離や速度の単位が途方もなく大きい。したがって、非常に高度な精密さが求められる。それがなければ、光速で動くレーザーも標的に当てられないだろう。

宇宙での戦争を始めるには、まずそこに到達できなくてはいけない。最初の弾道ミサイルは第二次世界大戦中にドイツによって開発された。ただ、このミサイルは単に標的に向かうまでに宇宙空間を通過しただけで、宇宙を積極的に利用したものではなかった。それは、ソ連とアメリカが相次いで人工衛星を軌道に乗せた一九五七年まで変わらなかった。もっとも、最初期の人工衛星にできたことと言えば、ビービーという音を発することくらいだったが。だが、状況はすぐに変わる。一九六〇年代初頭に偵察衛星の運用が始まり、以後、人工衛星の任務は数も種類も一気に増えた。たとえば、気象予報、通信、地図の作成、測位、攻撃の初期警報、視覚情報から赤外線、レーダー、電子情報までさまざまな情報収集、戦闘後の損害被害評価などだ。

二一世紀初めの時点で、核兵器をはじめとする各種兵器の宇宙配備を禁じた国際条約がいくつかある。だが、そうした配備によって重要な軍事的優位を達成できると判断した国が現れれば、これらの条約は破棄されるだろう。一九八〇年代には、人工衛星を用いて移動中の弾道ミサイルを撃ち落とす計画が、奇想天外なものも含めて数多く出された。ただ、いずれも実現するには莫大なコストがかかるうえ、地上の資産の保護に関して効果は疑わしい代物だった。提案された方法には、宇宙ではとても調達できないほど膨大な量の電力を必要とするものや、区別する能力が低過ぎるために、使う側が標的とほとんど同じくらいの危険にさらされるものもあった。こうした事情から、結局どれも実現には至らなかった。

おそらく、高速で移動する爆発性の矢のような攻撃用兵器を人工衛星に搭載し、それによって地上の標的に精密攻撃を加えることもできるだろう。それにはメリットもある。地形にもよるが、ミサイル攻撃の警報時間を短縮できるはずだ。また、地上への精密攻撃をおこなえる方向も、大幅に増えるに違いない。だが、いずれにせよ、すでに手ごわい弾道ミサイル攻撃に対して効果的な防御をするという問題は、それよりはるかに難しい。

人工衛星は高度二四〇〜三万六二〇〇キロの軌道を時速五三七〇〜二万七九〇〇キロで周回する。中には、機動性が高いため、要撃するのが一段と難しい人工衛星もある。とはいえ、人工衛星も敵から完全に守られているわけではない。人工衛星を標的にするにはまず、それらすべてを常時、リアルタイムで追跡できるシステムを構築しなければならない。次に、攻撃手段を開発する必要がある。一つには、地上もしくは航空機から発射する対衛星ミサイルというものがある。あるいは、宇宙空間を機動的に飛行して直撃するなどして標的を破壊する「キラー衛星」もある。レーザーも人工衛星を無効化するのに使えるかもしれないし、電子戦を仕掛けて通信を妨害して行動不能に陥らせることや、電磁波で故障させることもできるかもしれない。

さらに、人工衛星には地上の管制センターがある。こうしたセンターがなければ、人工衛星と通信して任務を指示したり、それ遂行されたかどうかを確認したり、結果がどうだったかを知ったりできない。ほかの施設や装備と同様に、管制センターも航空機や各種ミサイルによって攻撃できる。サイバー攻撃によって麻痺させることもできる。どのような方法であれ、ある国の宇宙関連施設に対するよく練られ、うまく実行された攻撃は、先に挙げたような任務をおこなううえでそれに頼っている軍隊を不自由にするだろう。ほかの条件が同じであれば、そうした施設への依存度が高いほど、危険も大きくなるに違いない。

話はここで終わらない。初期の人工衛星は、もっぱら軍事用だった。だがその後、民間企業が参入し、市場リーダーになる例もよくみられる。二一世紀初めの段階で、膨大な数の日常的なサービスが人工衛星に依存している。それがなければ、おそらく位置情報を利用したナビゲーションも、通信も、データリンクも、ラジオやテレビの放送も、銀行サービスも、地球観測も不可能だろう。そうした例を探し出すとその多さに目が回ってしまうかもしれない。

アメリカ国防総省の通信網ですら、大半は軍事専門のシステムではなく民間のシステムを活用している。ナビゲーションだけでなく、さまざまなミサイルを標的に誘導するのにも使われている全地球測位システムは、特に攻撃の対象とされやすい。予算上の制約から、こうした状況は将来にわたって続く公算が大きい。理論的には、入念に練られた、広い範囲におよぶ、強力かつ持続的な宇宙からの攻撃によって、備えの不十分な軍の重要な通信インフラはおろか、一国全体の通信インフラを破壊することが可能だ。そうした攻撃はしかも、昔の「戦略」爆撃のような年単位、指揮センターなどに対する精密誘導攻撃のような週ないし日単位ではなく、分とまでは言わなくても時間単位で実行できるだろう。

こうしたシナリオは、一九三〇年代に戦略爆撃について語られたシナリオと不気味なほど酷似している。中には「宇宙版パールハーバー」を危惧する人もいる。[3] 彼らは、資源を割り当て、対策を実行し、危険を最小限に抑えるべきだと訴えている。実際、一部の国はこうした方向に進んでいる。通信は暗号化が可能であり、実際にそうされている。人工衛星は、防護を施して攻撃に強くできるほか、小型化して標的にしにくくもできる。予備の人工衛星を何基か製造して保管しておき、現行のものが無力化されたり破壊されたりした場合に取り替えることもできる。対策はいろいろ考えられるが、明らかに限界もある。地球を周回している膨大な民生インフラすべてを守り抜くというのは、大都市を何度も水爆を落とされても生き延びられるようにするようなものだ。理論的には可能だが、実際にするには想像を絶する経費を要するに違いない。

二一世紀初めの段階で、宇宙戦には実証実験がおこなわれている分野や、開発のさなかにある分野がある。その一方で、事態を楽観できる根拠もある。一九五七〜二〇一三年までに少なくとも六六カ国が人工衛星を打ち上げたが、すべてを自前でおこなった国がある半面、大半の国は他国の発射台やミサイルを活用している。また、公開情報による限り、敵の人工衛星を撃ち落とす試みは一度もなされていない。

人工衛星には軍事用のものも民生用のものもあるが、多くは軍民両用である。軍事衛星システムが一国あるいは同盟国だけで活用されるのに対して、数え切れないほどある民生衛星システムはほぼ例外なく、数多くの国によって同時に使われている。同じシステムを友好国と潜在的な敵国がともに使用していることもある。また、アメリカのスパイ衛星の中にはロシア製のロケットで打ち上げられたものもある。宇宙関連のネットワークはこのように複雑に絡み合っているので、ある一国を標的とした宇宙攻撃がおこなわれた場合、ほかの国も巻き添えになるのはほぼ確実だ。したがって、問題を一刀両断に解決しようというのは政治判断として単純過ぎると言わざるを得ない。そうすればブーメラン効果を生み出すかもしれないし、ことによると世界規模のカオスを引き起こす可能性も排除できない。これらは宇宙戦だけでなく、サイバー戦についても当てはまる。次にこの戦争を取り上げよう。

三　サイバー戦争

数千年前の船の発明から宇宙時代の幕開けまで、新たな技術の登場は決まって戦場を新たな環境に押し広げてきた。最も新しく加わったのは、情報の保存やオンラインでの通信がおこなわれるコンピュータネットワーク、すなわちサイバー空間である。専門家の中には、そこで繰り広げられるサイバー戦争に、かつて「電子戦争」と呼ばれていたものも含める人もいる。二一世紀初めの現時点では、戦争の新たな環境となり得る領域を想像するのは難しい。とはいえ、一九九〇年頃までは宇宙が「最後のフロンティア」と考えられていた。サイバー空間は完全に人工的な空間である。それに続くものがあるのか、それがどんな形態をとるのかは誰にもわからない。

デジタル式のコンピュータは一九四〇年代末にさかのぼり、それらをつなぐネットワークは一九七〇年代に生まれた。コンピュータが相互に接続されるようになるとすぐに、それぞれのネットワークには脆弱性があること、さらにそうした脆弱性は情報目的に利用できることが明らかになった。こうしたプロセスは「情報戦争」としても知られる。[4]ある意味、情報戦争は通常の情報収集、特にELINT（音声や文字を含まない電磁波信号に主に由来する情報）などの電子情報に依存した情報収集から直接派生したものだと言える。情報戦争と情報収集では、実施する際に考慮しなければならない事柄もあまり変わらない。つまり、どんなケースでも、敵についてなるべく多くのことを知ることや、敵に誤った情報を与えること、みずからに関する情報を敵に知られないようにすることが問題になるということだ。全体としての目標は、「情報優位」を確保するということになる。

情報活動や防諜活動と同様、情報戦争も物理的暴力をともなわないので、すぐに通常の戦争に転じるわけではない。では、情報収集はどの段階で戦争に発展するのだろうか。ある種のマルウェアは、敵のコンピュータに保存されている情報や発信されている情報を見つけ出す以上のことをする。それらは、情報を消去したり変更したり、誤った情報を埋め込むなどして、敵のコンピュータに不具合を起こし、修復できないほど破壊することもできる。

さらに悪いことに、現在は軍用、民生を問わず無数のシステムがコンピュータで動作している。在庫の管理から電話網まで、送電網から取引や銀行のネットワークまで、そうしたシステムは多岐にわたる。そして、これらのシステムのほとんどはインターネットという一つの巨大なネットワークの一部を形づくっている。逆に言えば、インターネットを通じて個々のシステムにアクセスすることができる。理論的には、こうしたシステムのすべて、あるいはシステム同士をつなぐ重要な結節(ノード)の多くに対して集中的な攻撃をすれば、一国の活動を停止させることが可能である。特に、インターネットの大半の部分を所有する民間企業が標的国の担当政府機関に、必要なコードへのアクセスを許した場合は、それが実行しやすくなる。

この分野に関してなされる予想や警告も、一九三〇年代に空戦に関して言われたものと気味が悪いほど似ている。サイバー戦争でも最初に、標的の詳細なリストを作成し、各標的や標的同士をつなぐものに専門家のチームをあてなくてはならない。さまざまな種類のマルウェアを設計、作成、試験し、敵のネットワークに気づかれることなく埋め込む必要がある。攻撃は何らかのシグナルで開始されるだろう。まず、軍のセンサーや通信、指揮統制センター、供給システム、対空防衛などが機能不全に陥ったり無効にされたりし、それらを使って報復することができなくなる。次に、製油所のポンプが損傷し、火災が起きる。発電所のタービンが異常な高速で回転し、緩んだ留め金から外れ、壊れるだろう。送電網も障害を起こす。医療機関や鉄道、銀行、決済機関、証券取引所、電話網なども被害に遭うだろう。

これらが達成されるや、食料や水、電力、燃料、医薬品、現金はもはや必要なときや必要な場所で手に入れられるものでなくなる。波及効果によって秩序立った経済活動もできなくなる。復旧しようとする政府は、商業のチャンネルを通じて交通機関の大部分も被害を受けていることに気づくだろう。結果として、暴動が広がったり、社会の分断が進んだりし、やがて大規模な飢餓が生じるのはほぼ確実だ。攻撃者は、どの時点でも物理的な暴力を直接行使することはない。にもかかわらず、こうした一切を相手におこなっている政治共同体や組織が戦争行為に関わっていることはほとんど疑いない。

こうした攻撃に関して、より伝統的な形態の戦争と似ている点、引けを取らない点はどこだろうか。おそらく最大の類似点は、全般的な目標に関するものだろう。つまり、どちらも、みずからの損失を抑えつつ、敵に対して必要な被害を最大限に与えて、その意志を屈服させることを最終的な目標としている。とはいえ、問題点がいくつかある。たとえば、もし強力なサイバー攻撃によって相手側の通信に大混乱を引き起こした場合、相手側に条件を受け入れたり、実行できたりする人がまだいるだろうか。

従来型の戦争と同様に、サイバー戦争でも組織と指示が必須となる。個人だけではおそらく、ローカルな、かなり限定された混乱しか起こせないだろう。同じように、サイバー戦争でも不確実性が幅を利かせ（ただ、摩擦は無視できる）、情報と防諜、頑強さ、冗長性、回復力が欠かせない。さらに、機動とそれを阻止するための対機動、それをさらに阻止するための対・対機動といった動きも関わってくるところも、従来型の戦争と共通する。どんな兵器も一度しか使えないとすれば、これはサイバー戦争に顕著だと言えるだろう。最初に破滅的な被害がなければ、長期的に戦況は揺れ動くことになる。あるときには一方が優勢、別のときには他方が優勢というふうに、たえず攻守ところを変える戦いになるはずだ。

これも従来型の戦争と同様に、敵の隊列において、きわめて重要ながら脆弱な点、いわゆる結節（ノード）を見つけなくてはならない。従来型の戦略を構成する二項対立のいくつかは、サイバー戦争でも使える。それには、目標の堅持か柔軟さか、兵力の節約か犠牲か（サイバー攻撃に使われるどんなコンピュータに対しても反撃を加えられるので、おそらく一部のコンピュータは常にインターネットから隔離し、予備にとっておくことになるだろう）、直接接近か間接接近か（後者は、攻撃者の身元の特定を難しくするために第三者を介して攻撃する場合など）、強みと弱みが含まれる。

確かに、物理的な空間で作戦を展開する際に用いる二項対立、たとえば集中と分散などは、サイバー戦争では無用のものとなるだろう（もっとも、ハッカーやコンピュータを一箇所に集めれば物理的な攻撃の標的になりやすくなる）。戦いと機動、突破と迂回、前進と後退などもそうだ。しかし、戦略の基本要素、たとえば奇襲や、通常のものと逸脱したものとの決定的に重要な相互作用は、おおむね、ほかのものと同じようにサイバー戦争にも当てはまる。

サイバー戦争は、いったん始まると急激に進み、ほとんど自動的に進むことも多い。つまり、エスカレートしやすい。大方の意思決定者にとって、コンピュータの世界は従来型の戦争に比べて馴染みの薄いものだから、こうした傾向が強まることになる。ローマの将軍ポンペイウスは、紀元前六六〜六三年にかけて、ほとんど元老院に諮ることなく中東全域を征服した。以来、上司にあたる政治家を無視した将軍は数多い。彼らはボールを拾ってはそのまま駆け出していく。プログラマーが同じことをしないと断言できる理由があるだろうか。

一方で、サイバー戦争と、より伝統的な形態の戦争の間には際立った違いもある。最も大きな違いは、ほぼすべてのネットワークは一つの巨大なネットワークの一部となっているため、サイバー攻撃は指示したり目標を定めたりするのが難しい点かもしれない。たとえば二〇一〇年にイランの核設備がサイバー攻撃に遭ったとき、イラン国内と国外でほかに何千、何万台ものコンピュータが同じウイルスに感染していた。もっとも、被害はまったく出なかったが。サイバー攻撃のこうしたスプリンクラーのような性質は、情報収集の手段としては強みにもなり得る。しかし、自分自身も含めて、誤った標的を攻撃しないように細心の注意を払うことが求められる。

サイバー攻撃は、通常型の攻撃に比べると、はるかに目立たないかたちで準備し、開始することができる。脅威を見積もるのは非常に難しく、「ゼロデイ攻撃」（脆弱性を解消する手段のない段階でその脆弱性を突く攻撃）と呼ばれる奇襲を回避するのは不可能に近い。逆に、攻撃の開始と終了からかなり時間がたってはじめて、被害者が自分の置かれている状況に気づくようなケースもあり得るだろう。また、サイバー戦争ではほかのどんな形態の戦争よりも質的優位がものを言い、量的優位はたいして問題とならない。さらに、通常型の兵器と違って、攻撃用プログラムは一度切りしか使えない。それは当然、追跡調査されるからだ。この意味では、攻撃用プログラムは兵器そのものよりも計略に近いものと言える。

インターネットに接続されていない一部のシステムは、攻撃するには最初に物理的に接近するしかない。イランの核プログラムに甚大な被害を与えたマルウェア「スタクスネット」が、USBメモリーを文字どおりイランのコンピュータに差し込むことから広まったのは、好例だろう。[5] 一方、隔離するものがなければ、サイバー攻撃はどこからでも、どんな方向にも、どんなに離れていても、また天然あるいは人工のどんな地形上の障害があっても、始められる。サイバー攻撃はまた、動的つまり物理的な攻撃と異なり、攻撃者や目標の空間上の移動の仕方に影響されず、それら自体も物理的に移動する必要がないことから、運輸システムや補給線の類いも不要だ。要するに、兵站面では必要なものがほとんどない。大量の部隊や装備を移動する必要もない。攻撃を準備するには経費も時間もかかるかもしれないが、いったん兵器を用意できれば、それを使う経費は無視できるほど小さい。また、こうした事情から、サイバー戦争では防衛する側よりも攻撃する側、規模の大きなものより小さいもの、裕福なほうよりも貧しいほうが有利である。

規模の大小を問わずサイバー攻撃は、多種多様なもので織りなされる複雑な現代生活の一部になっている。そのため、多くの当事者は、それぞれの目標や能力に応じて、こうした状況に備え、冷静に対処している。とはいえ、ある国による全面的なサイバー攻撃があったとして、それが相手を二度と立ち直れなくさせるほどの一撃になることはあるのだろうか。これまでに公にされている事実に基づくと、答えは「ありそうにない」ということになるかと思う。ある組織による別の組織へのサイバー攻撃でなく、国家と国家によるサイバー戦争が最初におこなわれたのは二〇〇七年のことだ。エストニアが首都タリンのソヴィエト戦没者記念碑を市内の別の場所に移す決定をしたことに反発し、ロシアが仕掛けたものである。

同年には、イスラエル空軍のサイバー攻撃によって、シリアの防空システムが麻痺したとも伝えられた。そうしてつくり出された空白を利用して、イスラエル軍は、自軍にまったく損失を出さずに、当時建設中だったシリアの原子炉を爆撃し、徹底的に破壊したのである。さらに翌二〇〇八年には、グルジア（現ジョージア）がサイバー攻撃に見舞われ、ウェブサイトが閉鎖されたほか、国外との通信が遮断された。これらはすべて、ロシア軍がグルジアに爆弾を落とし、侵攻していた間に起きている。二年後、前述のスタクスネットが大きなニュースになった。イスラエルとアメリカの情報機関が植えつけたとされるこのウイルスは、イランの核プログラムの一部を管理するコンピュータシステムに侵入し、ウラン濃縮用の遠心分離機に加速や減速を繰り返させて自壊させた。後に、同じ作戦で使われたとみられる「ドゥークー」と「フレイム」という別の二つのウイルスも発見されている。

これらの限られた例から何が言えるかについては、議論の余地があるだろう。また、いずれのケースでも、攻撃の背後にいる者は関与を認めていない。それは、イスラエル軍によるシリア爆撃のように、サイバー攻撃が物理的な攻撃と組み合わされた場合は、誰がおこなったかは自明なのでたいした問題ではない。しかし、残りの三つの例では、攻撃者を特定する証拠を得るのは難しい。エストニアやグルジアを攻撃したハッカーたちの場合は、独自に行動した可能性もある。だが、もっとありそうなのは、ロシアの治安機関の支援を受けて彼らに協力していたことだ。ハッカーたちに捜索の手が伸びれば、治安機関は間違いなく彼らを守ろうとするだろう。

以上に挙げた攻撃はいずれも不意討ちだった。起きたのに事実が伏されていたり、気づかれてすらいなかったりするほかの攻撃もそうだ。したがって、思いとどまらせたり、先手を打って回避したり、報復したりすることはほぼ不可能だった。とはいえ、こうした攻撃の結果は、標的とされた国全体を麻痺させるには(仮にそれが目標だったとして)ほど遠かった。被害が出たのは確かだが、それらは比較的簡単に修復された。シリアの原子炉が例外だとすれば、それはこの施設が物理的に爆撃されたからだ。

二〇〇四年、「クルーズ船、〝バグ〟に乗っ取られる」という見出しがさる新聞に躍ったが、そこでのバグとは病原体のことで、仕込まれたソフトウェアの欠陥のことではない。攻撃的なサイバー戦士は身元を特定できないので、彼らの作戦は大規模な通常型戦争よりもテロリズムやサボタージュ(破壊工作)、犯罪に似たものになるだろう。クラウゼヴィッツは奇襲について、それなりに効果があるのは確かだが、大きな成功をもたらすことはまれと言ったが、それはサイバー戦争でも当てはまる。[6] こうした理由から、サイバー戦争には消耗作戦や、敵を分割して少しずつつぶしていく「サラミ」式の攻撃が適している。さらに、サイバー戦争を通常型の戦争と組み合わせ、特殊部隊がよくやるような突破口を切り開く役割を担わせることも考えられる。

多くの国の政府は、サイバー攻撃から自国を守るための機関を設立している。そうした機関は、調査や研究をおこない、情報を提供し、警報を発し、自国の防衛に弱点がないか点検し、さまざまな保全措置の命令や勧告をおこなう。ただし、そこにも問題点がある。政府はサイバー戦争に関する専門知識を民間企業と共有したがらないことがある。一方、民間企業のほうも政府による監視を嫌うことがある。そのため、政府の束縛から逃れて独自に行動しようとする企業も出てくる。求められる基準が低過ぎれば意味がなく、高過ぎれば多くの企業は尻込みしたり、従えなかったりする。基準が画一的というのも危険だ。それは、麦類やトウモロコシなど一つの作物だけを栽培している畑が、さまざまな作物を同時に栽培している畑よりも、病気や害虫が発生した場合にはるかに弱いのと同じだ。こう考えると、おそらく最も望ましいのは、各組織に最低限の基準を満たすことを求めつつ、細かい対応についてはそれぞれに任せるということになりそうだ。

ほかの条件が同じであれば、国家や国民、組織はネットワーク化が進むほど、サイバー戦争に対してより脆弱になる。裏を返せば、サイバー戦争から身を守る最善の方法は、コンピュータに頼らないこと、少なくともコンピュータ同士をつなぐネットワークを使わないことだ。ただし、ネットワークを使わないという後者のやり方では、問題は完全には解決されない。それぞれのコンピュータは運用者を必要とするが、彼らが誤った判断や不正行為に導かれる可能性があるからだ。それでも、そうした方法をとった国はサイバー攻撃に対してはるかに免疫力が高くなるだろう。これに対して、コンピュータをまったく使わないという前者の方法をとれば、その国は完全に保護される。ただし、それには石器時代のような状況に戻るという代償をともなうことになる。

二〇一三年にエドワード・スノーデンがアメリカ国家安全保障局の機密を暴露した事件からも明らかだが、情報戦争やサイバー戦争は秒速どころかナノ速で進行する。[7] それには攻撃と防御の両面に何十カ国もが参加している。また、国家以外の組織や集団も数多く関与している。サイバー攻撃による被害額も、その防衛にかかるコストも何百億ドルにも上る。すでに多くの混乱が引き起こされており、それには規模の大きいものも小さいものもある。とはいえ、これまでのところ送電網が完全に破壊されたことはないようだし、管制システムがコンピュータウイルスに感染した結果、航空機が衝突したという例も報告されていない。二〇一四年にロシアがクリミアを併合した際には、ロシアとウクライナ、北大西洋条約機構の間でサイバー戦争も展開された。しかし、勝利を決めたのはハッカーではなく、軍隊とその武器だった。

したがって、空爆のたとえを用いれば、その国の防空体制がほころび、続いてひどい失策でもない限り、大規模なサイバー攻撃が一国全体にとっていきなり致命的な一撃となることはありそうにない。また、サイバー戦争は通常型の戦争と違う点があるとしても、やはり軍事史から逸脱したものではあり得ず、戦争の性格を一変させるようなものでもない。その程度には、サイバー戦争は先行する形態の戦争と似ているということだ。だが、一つだけその例外となる戦争がある。次章でそれを論じることにしたい。

第九章　核戦争

一　絶対兵器

核兵器が存在しなければ、核戦略というものは、成立しない。広島に投下された原子爆弾は、TNT火薬換算で一四キロトンの威力があった。約八万人が即死し、放射線の影響でさらに一万～五万人が死亡した。だが、これはほんの始まりに過ぎなかった。一九六一年、史上最大の爆弾である水素爆弾「ツァーリ・ボンバ（皇帝の爆弾）」がソ連によって開発される。この爆弾は、広島を破壊した原爆のじつに四〇〇〇倍もの威力を誇っていた。もっとも、瓦礫を粉微塵にするだけのこうした怪物級の核爆弾は、世界のどの国も兵器として保有することはなかった。より小型の複数の爆弾を、適切な標的を定めて配備したほうが、はるかに効果的だからである。

また、しかるべき種類の水素爆弾をたった一個、適切な高度で起爆させ、電磁パルスを発生させるだけで、地上にある無数の電子機器を破壊し、どのようなサイバー攻撃よりも大きな損害を与えられる。ことによると、一つの大陸全体を麻痺させられるかもしれない。このほか、建物や設備を傷つけずに広大な範囲の人間、あるいは生命すべてを全滅させられる核兵器や、国全体を何年も、あるいは開発者が望む場合は永遠に、人が住めなくさせるほどの放射線を発する核兵器も開発されている。

我々の先人たちは長らく「絶対的な」武器を手に入れたいと夢見てきた。それは、防ぐひまも逃げるすきも与えずに相手を粉砕し、屈服させられるほど強力な武器のことだ。旧約聖書では、神がエルサレム近郊のベト・ホロンでカナン人の上に「大きな石」を降らせ、イスラエルの人々が剣で殺した以上の人を打ち殺したという記述があるが、これがまさにそんな武器と言えるだろう。あるいは、ギリシア神話の主神ゼウスが、誰も近づけないオリュンポス山の山頂から振りかざしたという雷霆（らいてい）もそうだ。だとすれば、人の子にそれを持てない理由があるだろうか。こうして核兵器という絶対的な武器を我がものにした人間だが、やがてそれは持っていても使えないと気づくことになる。そう知って大いに落胆した人もいただろう。核兵器に関しては、少なくとも本書で用いているような意味での軍事戦略が必要とされず、もはや可能でないのも、それが実際には使用できないものだからだ。

一九四五年以前には、何千年にもわたって、兵器の威力はあるときはゆっくりと、あるときは一足跳びに、向上を続けていた。兵器の速度や射程、航続距離、発射弾数、貫通に対する抵抗力などについても同じことが言える。特に産業革命の時代以降は、以前なら一〇〇以上の兵器を必要としたような破壊や殺害を一つの兵器でおこなえるようになった。たとえば、機関銃一丁は歩兵中隊一個に匹敵する火力を持つ。また、潜水艦や航空機、宇宙船、コンピュータの登場によって戦争がまったく新しい環境に広がったときにも似たようなことが起きている。新たな兵器や装備が導入されるたびに、新たな教義や訓練方法、組織形態を考案しなくてはならなかった。その一方で、新兵器の登場が軍事の枠を超えて影響を及ぼした例も数多くみられる。たとえば、大砲の発明は、経済力のある大貴族しかそれを入手できなかったことから、中世を終わらせて近代を準備する一助になった。とはいえ、戦争に関して言えば、核兵器が登場するまで技術が影響を与えられるのはあくまで戦争の方法の面に限られた。化学兵器や生物兵器も例外ではない。どのように定義するにせよ、政策手段としての戦争の性質自体は変わらなかったのである。

核兵器の場合、影響はそれにとどまらなかった。なぜかほかの大量破壊兵器と違って、核兵器は理論的に、ことによると実践的にも、人類を地球から葬り去ることができるからだ。なぜそうできるかというと、ほかの大量破壊兵器（あるいはサイバー兵器などの「大量妨害兵器」も）と異なり、被害が瞬時に広がるからだ。人々は反応する時間すらない。したがって、核兵器は、戦争の方法だけでなく、その理由や目的にも影響を及ぼすことになった。言い換えると、核兵器の登場によって、政策手段として戦争をどのように利用できるか、あるいはそもそも利用できるのかどうかも問い直されることになったのである。

核兵器が生み出されて以来、戦争で勝っても生き延びられるとは限らなくなった。それ以前は、勝者はどんなに大きな損失を被っても明日があった。紀元前二七九年、多大な犠牲を払いながらローマ軍を破ったエペイロス王ピュロスは「もう一度こうした勝利をすれば、我々はおしまいだ」と言ったという。[1] もしピュロスの軍勢が核兵器を用いて、核兵器による反撃能力を持つローマ軍に対して「勝利」していたとすれば、彼の軍勢は間違いなく壊滅していたことだろう。たとえピュロスなり彼の部下なりが生き延びられたとしても、おそらくローマ軍の報復は、相手にこの戦争は初めからしないほうがよかったと思わせるほど苛烈だったに違いない。

核兵器は戦争に革命的な変化をもたらし、途方もない可能性を切り開いた。そのため、大半の人はこの新しい事態をすぐには飲み込めなかった。いまだに理解できていない人もいる。核と共にある生活で決定的に重要なことは、それが半永久的に続くことだ。核爆弾を廃棄したとしても、民生用の原子炉やプルトニウム分離施設は残る。原子炉やプルトニウム分離施設を閉鎖したとしても、生産済みの核燃料が残り、その核燃料を地上から取り除くのはほぼ不可能なのだ。

核燃料を太陽に向けて打ち上げて、そこで燃やせばいいと言う人もいるかもしれない。だがその場合も、核燃料を作るのに必要なノウハウは残るだろう。さらに言えば、ウォルター・ミラーが一九六〇年の小説『黙示録３１７４年』[2] で描いたように、科学者や技術者が皆殺しにされたとしても、政府が高い報酬を約束して募集をかければ、代わりの人材はすぐに見つかるに違いない。要するに、どれほど高い理想を掲げ、包括的で、目標を達成できた核軍縮プログラムであっても、核兵器を再び製造する能力までは取り除けそうにないということだ。それをかなり短期間に達成するのは、なおさら難しいだろう。

また、どんなに高度な防衛システムであっても、ロナルド・レーガン大統領が一九八三年のいわゆる「スター・ウォーズ」演説（ソ連を念頭に、敵の弾道ミサイルを宇宙空間で打ち落とすという戦略防衛構想を打ち出した）の中で望んだように、核兵器の運搬手段を「無力で時代遅れ」のものにすることはできそうにない。[3] なぜなら戦争に用いられるほかの技術の場合と同様に、ここでも共振作用が生じるからだ。一方が新たな装備を導入して先行したかと思うと、次は相手が新たな技術で対抗し、追い抜くことになる。核兵器の運搬手段、すなわちミサイルの迎撃や、コンピュータをはじめとする電子機器の妨害に使われる技術の多くは、仕様を少し変更するだけで、核兵器の運搬や標的への誘導に転用できるため、こうした共振作用はいっそう起きやすい。こうしたシステムに反撃したり、それらを無効化したり、欺いたりする方法も数多くある。最良の情報ですら、好機がいつ訪れ、どれくらい続き、いつ終わるのか、あるいはその好機がどんなものかまでは判断がつかないことも多いからだ。

より深いレベルには、技術的というよりも論理学的な問題が潜んでいる。それは、たとえば弾道ミサイルの発射実験に何千回と成功しても、その次の発射実験の成功は保証されないというものだ。ほとんどの事柄では、この種の不確実性はたいして問題とならない。太陽が明日も昇るかどうかという場合のように、我々には関与する余地がないか、多かれ少なかれ、結果を受け入れられるからだ。だが、核兵器の場合はそうではない。国の防衛態勢を信頼して安全に攻撃を始められると告げられた意思決定者は、必ず相手に対して、その防衛が計画どおりに機能することはどうやって確かめられるのかを尋ねなくてはならない。核戦争を始めるのは、反撃によって一国全体が放射能の砂漠と化すリスクを負い、勝てるという鉄壁の保証もないことを考えると、それに見合った目的を見つけるのは非常に難しい。

核を保有しない国が、核を保有する国の心臓部に本格的な攻撃を仕掛けるのは、正気の沙汰ではない。核保有国が別の核保有国に同様の攻撃を加えるのは、相手が確実な「第二撃」（相手による核攻撃に対する最初の反撃）能力を持っている（むろん、これも決して容易なことではない）場合、それ以上に常軌を逸している。防衛システムが役に立たないというのではない。それどころか、防衛システムは抑止力を高め得る。それがあるとないとでは、攻撃する側が、ミサイルによって相手の第二撃能力を無力化し、報復を避けられるかどうかの確度が変わってくるからだ。

それでも、どこかの国の正常な判断力を欠いた独裁者が、報復を覚悟のうえで他国に対する核攻撃に踏み切るというのは、あり得ない話ではない。核兵器がこれまで本当に使用不可能なものだったとしたら、それによる抑止力は利かなかったはずだ。その場合、指導者や国家はヒロシマ、ナガサキ以前のような戦いを続け、その規模や激しさはだんだん増していたことだろう。

核と共にある生活の現実は、ややこしいように見えるだろうか。それは実際にややこしいのだ。核兵器が使用できればどうなるのかをめぐっては、昔から延々と議論が続いてきた。その問いが解決するまでは（もっともそうできればの話だが）、これまでの紛れもない現実、つまり核保有国は増えてきても、核戦争は起きていないという状況が続くことになるのだろう。核戦争を防いできたものは、核戦争がエスカレートすることへの恐れだったように思える。ある国が核兵器を使えば、ほかのすべての核保有国も核兵器を使う結果になる可能性は明らかにあるし、実際にそうなりそうだからだ。問題を解決するために、しかるべき猶予が人間に与えられなければ。

二一世紀初めの現在、世界各国が保有する核兵器の総数はおよそ一万五〇〇〇発と推定されている。[4] ぞっとする数だ。冷戦時代の使い回された表現をするなら、核兵器を使った衝突が起きれば「我々が知っているような文明の終わり」につながる恐れがある。数千万人、ことによると数億人が即死する。巻き上げられた粉塵でできる雲が太陽を遮り、地球規模で気温が下がる。その結果、穀物が不作となり、社会不安が広がる。人々は互いに争い合い、やがて餓えで死ぬ。直後には生き延びた人の中にも、放射線の影響で死ぬ人が出てくる。その放射線には核爆弾から直接放出されるもののほかに、オゾン層の破壊によって、宇宙から降り注ぐ量が大幅に増える紫外線も含まれるかもしれない。

それを生き延びたほんの一握りの人たちも、風雨や雪、氷、寒暖、凍結、溶解、さび、地震、津波などの前に無力な状態に置かれることになる。時間がたつにつれて、こうした自然現象によってあらかたの建物や道路、機械は破壊され、大型動物のほとんどが死に絶えるだろう。最終的にこの青い惑星に生き残るのは、虫や草、微生物くらいかもしれない。クラウゼヴィッツが言っているとおり、壁は主に人の心の中にある。いったんそれが崩れてしまうと、元に戻すのはほぼ不可能になる。

二　ようこそ、ストレンジラブ博士

一九五〇年代初め以降、核戦力の均衡によって互いに核兵器の使用が困難になる「核の手詰まり」という状況が定着したが、誰もがそれに満足していたわけではない。つまるところ、核兵器が持っていても使えないものであれば、それに巨費を投じる理由があるだろうか。特に、最強の核保有国であるアメリカは、ソ連の通常戦力に凌駕されることを常に恐れていた。また、いくつかの国、最近では北朝鮮が宣言している核兵器の先制不使用を保証することを、アメリカは一貫して拒んできた。むしろ、核兵器を非核兵器であるかのように使う方策、すなわちエスカレーションのリスクを抑えながらそれを使う道を探っていた。

世界の安全を確保しながら核戦争をおこなう方法を見つけるのは、ストレンジラブ博士（核戦争を題材としたスタンリー・キューブリック監督の一九六四年の映画「博士の異常な愛情」の登場人物）たちの仕事になる。[5] 彼らには、制服を着た人もいれば、劇中の博士のように背広を着た人もいる。彼らが最優先に取り組んだのは、核兵器を小型化して機動性を高めることだった。そうすれば、核兵器の使用は十分あり得ると相手を脅せるし、必要ならそれを実行に移せるからだ。

核兵器には、巨大な砲身から撃ち出せるものもあれば、戦闘爆撃機から投下、もしくは発射できるものもある。また、依然として短距離弾道ミサイルに搭載されるものもある。ＴＮＴ換算でわずか一〇～二〇トンの威力の小型核兵器であれば、戦場で兵士三人がジープから発射することすら可能だ。とはいえ、戦場の混乱の中でこれらの兵士たちが動揺し、連絡が取れなくなったあげく、許可なく核兵器を発射すればどうなるだろうか。そのうえ、間違った標的に発射したりすればどうなるだろうか。あるいは、兵士やジープが捕らえられてしまえばどうなるだろう。こうしたいわゆる戦術核兵器への熱狂は、一九六〇年代後半にはもう冷め始めていた。

一九六〇年頃、核兵器のサイズや、標的にできる対象の制限に向けた取り決めが提案された。たとえば、ＴＮＴ換算で一〇〇キロトンもしくは五〇〇キロトン以上の威力を持つ核兵器は禁止する、陸軍や海軍が通常兵器で存分に戦い合えるような核兵器禁止区域を設ける、都市などを核攻撃の対象外とする、といったものだ。しかし、これらはサソリを瓶の中に閉じ込めるようなものであり、核保有国はとても応じられるものではなかった。事実、こうした取り決めがまとまることはなかった。

一九七二年にはアメリカとソ連の間で第一次戦略兵器削減条約が結ばれたが、こうした二国間の取り決めが結ばれても、問題はほとんど解決されなかった。二国間の取り決めがない時期には、一国が核戦争を制限する措置も提案され、一部は採用されている。その最初期のものに、アメリカが採用した「対兵力（カウンターフォース）」というドクトリンがある。これは、アメリカによる核攻撃の対象を、モスクワやレニングラード（現サンクトペテルブルク）といった都市ではなく、核部隊や核基地、その他の軍事目標に限定するものである。アメリカ側には、ソ連側がこれを一種のシグナルと捉え、同じようにワシントンDCやニューヨークを核攻撃の標的としないことを期待していた。ただ、ソ連がそうしなければ、都市などを含む対象を攻撃するのに十分なミサイルと核弾頭を蓄えておくことになっていた。

一九六〇年代によく議論されていたもう一つの選択肢が「柔軟反応（あるいは段階的）」である。これは、攻撃を受けた場合、圧倒的な兵力を用いて反撃する（「大量報復」と呼ばれる）のではなく、目的に応じて調整した反撃を加えるというものだ。これによって、被害が出る場所を戦場とその後方地域に限定するという狙いがあった。つまり、敵の本土の攻撃を避けることで、敵も同じようにすることが望まれていた。一九七〇年代以降、巡航ミサイルや弾道ミサイルの登場によって個々の建物を精密に打撃できるようになると、敵の指導部を直接攻撃して除去する「斬首」作戦が注目されるようになった。このほか、「核の威嚇発射」についても議論された。この言葉の意味は説明するまでもないだろう。

詳細はよくわからないが、ほかの国も似たようなドクトリンを採用し、それに従って核兵力を編成した可能性がある。世界にとっては幸運なことに、こうした措置で実際に試されたものは一つもない。もっとも、これは偶然の結果ではない。新たな兵器が登場して、それにさらされた側が衝撃を受けるというのは、歴史の常だからだ。たとえば一三四六年、フランス軍はクレシーでイングランド軍の長弓に度肝を抜かれた。この戦いは、騎士道が華やかだった時代に終わりを告げるものとなった。一九四三年、ドイツ軍は、連合国軍がレーダーによる探知を妨害するために導入したデコイに振り回された。「ウィンドウ」と呼ばれるこの装置があったからこそ、大勢が死亡したハンブルク爆撃は可能になったのである。ただし、こうした衝撃も長くは続かない。驚かされた側もその兵器をコピーしたり、対抗措置を編み出すため、恐れはだんだん薄らいでいくからだ。

しかし、そうやっても恐怖が消えない唯一の兵器が核兵器である。当初の核兵器の扱われ方は、保有者に経験がなかったために、信じがたいほど大雑把だった。まったく恐ろしいことだ。偶発的な爆発が起きなかったのは奇跡と言ってもいいくらいだ。さらにひどいことに、一九五〇年代を通じて、前述のドクトリンを試すための訓練もおこなわれた。一部の軍隊は、核兵器を爆発させたうえで、部隊に爆心地を通過させ、そうしても危険がないことを確かめようとした。それに続いて、放射線が高い環境でも生き残って戦えるように部隊を再編成した。核戦争への備えをしたのは軍だけではない。多くの国で核シェルターが建設されたほか、民間の防衛訓練も実施され、学校では子どもに机の下に隠れるように教えていた。

ジョージ・W・ブッシュ、バラク・オバマの両政権で国防長官を務めたロバート・ゲーツによると、インドシナ戦争中アメリカ統合参謀本部は、アイゼンハワー大統領に対して、ヴェトナムでフランス軍を助けるために核兵器を使用するよう総意として提言していた[6]。また、超大国は、核兵器の使用をちらつかせて相手より優位に立とうとする瀬戸際政策も繰り返してきた。そして一九六二年、キューバ危機が勃発した。そこではケネディ大統領とソ連の指導者フルシチョフが主要な役回りを演じた。結局、この危機は爆発音が鳴り響くには至らず、せいぜい泣き声が聞こえたくらいで済んだわけだが、世界は一〇日にわたって恐怖で凍りついた。ある時点では、アメリカ軍に捕捉されたソ連の潜水艦に搭乗していた将校三人のうち、ただ一人が世界を人類史上、前例のない大惨事から防いだ（潜水艦に搭載されていた核魚雷の発射には艦長と副艦長、政治将校の三人の同意が必要だったが、副艦長だけが反対した）。この経験は、当事国のアメリカとソ連はもちろん、ほかの国の考え方にも根底から変えたように見える。

以降、核兵器で武装した国の数は四から九に増えている。そのうち、少なくとも一つ（北朝鮮を指す）は恐ろしい独裁国家だ。その点にかけてはほかの二カ国（ロシアと中国）も引けを取らない。また、パキスタンのように慢性的に政情不安にさいなまれている国も含まれる。だが、こうした状況にもかかわらず、核兵器が使用される明白な脅威は、それを第一撃として攻撃的に使われる脅威は言うまでもなく、まれなものとなっている。キューバ危機のように双方がにらみ合う核戦争の危機もなくはなかったものの、少なくとも核大国は関わっていない。

表面的な変化だけではない。厚い秘密のヴェールに覆い隠されてはいるが、核兵器を扱う手続きも厳格になった。重要な進展は、核兵器に「核作動許可装置（パル）」と呼ばれる安全装置が導入されたことだろう。[7] これによって、核兵器が偶然投下されたり発射されたりしても、あるいはオペレーターらによって奪い取られても、起爆できないようにするためのものだ。このほか、前線近くに核兵器使用禁止区域を設定すること、戦時に核施設を攻撃しないと互いに確約すること、核兵器の運搬手段と爆弾の両方に関して、近く実験をおこなう場合は相互に事前通告することなども取り決められた。緊急時に双方が連絡を取り合えるようにホットラインも開設され、定期的にテストされている。

とはいえ、インクの染みのように広がったこれらの措置はいずれも、一時的な効果しか発揮しない。もし、本当に深刻な危機が起きれば、どの措置もあまり役に立たない可能性があり、実際そうなる可能性が高い。むしろ、これらの措置の裏にある全体的な目的は、深刻な危機ができるだけ起きないようにすることにあると言うべきだろう。いずれにせよ、一連の措置が導入されたのは、先行する兵器とは異なり、核兵器の場合は、それに対する恐れが薄まるどころか強くなってきたという事情を反映しているようだ。一九五〇年代の核実験で被爆した人の間で癌の発症が相次いだという報道は、核兵器への不安をあおった。また、一九八六年にチェルノブイリ、二〇一一年に福島で起きたような原発事故も、さらに不安をかきたてた。そうした事故では、損傷した原子炉から放射性物質が噴き出したり漏れ出したりしたため、周囲の土地が人の住めない場所になった。多くの国ではこうした恐れから核軍縮運動が起き、一部の政治指導者はこの問題に関して、少なくともリップサービスはせざるを得なくなっている。

要するに、核戦争になった場合に起こり得る事態への恐れから、行き詰まりに陥ったわけだ。核兵器を持つ国が増えるにつれて、超大国からほかの国へと不安も広がっていった。また、毎年のように世界各地の戦略家から、核保有国間のバランスは二カ国以上が関わるどれをとっても微妙なものであり、容易に崩れかねないと危惧する声が上がっている。ただし、これまでのところは、核兵器への恐れはその使用を防ぐほど強かった。

エスカレーションへの不安は、核保有国に通常型の戦争も始めづらくした。ただ、そうしたためらいが軍隊に与えた影響の大きさはどこでも同じだったわけではない。その影響をもろに受けたのは、隣国に核保有国がある核保有国の陸上部隊だった。そうした部隊はもはや激しく交戦することができなくなった。相手の領土内深くに侵入することができなくなったのは言うまでもない。こうした関係になる二国の軍事衝突として最大のものは、インドとパキスタンが戦った一九九九年のカールギル戦争だが、最初にインド軍を攻撃したパキスタン部隊は一〇〇〇人（パキスタン側発表）から五〇〇〇人（インド側発表）ほどに過ぎなかった。[8] パキスタン部隊がインド領に侵入できた距離もせいぜい数キロだったに違いない。次に影響が及んだのは艦艇だ。艦艇は敵の攻撃からみずからを守れる場所がなく、攻撃にさらされやすいため、特に水上艦艇は核戦争で生き残れるのかどうかが長らく謎とされてきた。ただし、艦艇は本国からかなり離れたところで活動できるので、核戦争の際も陸上部隊にはない一定の柔軟さも持っている。また、旗の掲揚による通知や、船首前方への威嚇射撃、海上封鎖（これはキューバ危機の際に実際におこなわれた）なども実施できる。さらに二〇一〇年には、北朝鮮軍が韓国軍の哨戒艦「天安」を撃沈して姿をくらましてもいる。

ある程度の自由を保持しているのは航空戦力も同じだ。たとえば、南シナ海の島々の領有権争いに絡んでアメリカ軍と日本の自衛隊が協力しておこなったように、敵対する国が領有権を主張する領域周辺の上空を飛行し、相手の出方を試すことができる。同じことは宇宙についても言える。「核クラブ」のメンバー九カ国のうち、衛星攻撃能力を持つのは三カ国だけだ。ありそうにないシナリオだが、仮にこれら三カ国が残り六カ国との戦争になっても、彼らの衛星は軌道上に残るということだ。また、六カ国のうち何カ国かが互いに戦争をする場合も、やはりどの国の衛星も無事ということになる。他方、あらゆる戦争の中で核の脅威による影響が最も小さかったのがサイバー戦争だ。サイバー戦争は秘密裏におこなわれるという性質上、もともと抑止が難しいうえ、それによってどのような被害が出たかを確認できるのも、できたとしてのことだが後になる。こうした特徴からサイバー戦争は、テロリズムと並んで、核時代の戦争の方法として非常に優れたものだと言えるかもしれない。

これまで核保有国同士の間では、あらゆる手が尽くされた後でも、小競り合い以上のことは一度も起きていない。一般にエスカレーションへの恐れはかなり浸透していて、アメリカの中央情報局とソ連の国家保安委員会のように敵対以外に関係を見いだしがたい組織同士でさえ、互いの要員を暗殺しないことが暗黙の了解となっているほどだ。そう考えると、二一世紀初めの時点で、核拡散は人類に起きた最高の出来事だったということになりそうだ。少なくとも、一九四五年以後をほかのすべての時代と画する要因として、核拡散がもっとも重要なものであるのは間違いない。ゲームチェンジャーなるものがかつてあったとすれば、まさにこれこそがその名に値する。

とはいえ、大国間の大規模戦争が目に見えて減ったことには代償がなかったわけではない。それどころか、きわめて大きな代償を払ってきたとみる人が多い。一九四五年以降、人類は、糸で吊るされたダモクレスの剣の下で生きてきた。数十年にわたって経験を積み、何重もの予防措置を講じていても、この剣がどんなときも絶対に落ちてこないという保証はないし、そんな保証などそもそもできない。安全の代償は危険である。平和の代償は、ほぼ瞬時に、ほぼ完全に人類が滅亡するという危険なのだ。

三　抑止と強要

抑止も強要も人類の歴史と同じくらい古い。支配者たちはあるときには、戦争ができる力を誇示したり、言葉で脅したりして、攻撃されるのを避けようとした。また別のときには、同じようにして相手を脅迫し、武力を使うことなく目的を達成しようとした。とはいえ、一九四五年以前には、こうした行為を戦争に含めるべきだと考えた人はいなかった。孫子とクラウゼヴィッツもそうだが、同年以前、軍事理論家がこうした行為にあまり言及していないのはそのためだ。

一九四六年に状況は一変する。ヒロシマとナガサキの運命、それに続く日本の降伏に震撼させられた一部の専門家たちは、核兵器は今後、戦争中に軍事利用することはまず無理になったと悟った。その一方で、別の専門家たちは核兵器の別の使い道を探り始める。目的にかなったのが抑止と強要だった。これら二つの概念は、戦後を代表する戦略理論家であるバーナード・ブロディ（一九一〇～七八年）とトマス・シェリング（一九二一～二〇一六年）がそれぞれの著書で鮮やかに扱っている。

抑止も強要も物理的な暴力の行使をともなわない以上、戦争そのものではない。というより、抑止や強要が失敗したときに戦争が起きるのだ。だが、抑止や強要は戦略の原則にも従っている。量的にも質的にもできる限り強くならなければならないこと、重い責任、不確実性、摩擦といった双方の意思決定者の課題、「あなたはこう考えていると私は考えている」式の合わせ鏡の像、先に論じた二項対立のいくつか（すべてではない）などがそうだ。抑止と強要をここで取り上げるのも、それらが核戦争の代わりとしての役割を持つのに加えて、それが理由である。

繰り返すと、支配者や政治共同体は脅迫や軍事力の誇示によって、敵に戦争を思いとどまらせてきた。同じようにして、敵に要求をのませてもきた。脅しは効くこともあれば、効かないこともある。たとえば、ヒトラーは一九三八年、戦争をちらつかせることで、チェコスロヴァキアとその後ろ盾であるイギリスとフランスに対し、みずからの要求を受け入れさせるのに成功している。だが一年後、同じ戦略をポーランドに対して使ったときはうまくいかなかった。そうして彼は第二次世界大戦を始めたのである。

この例からもわかるが、強要は多くの場合、結果がはっきりしている。脅された側が屈服するか、しないかだ。抑止のほうは、事情がもう少し複雑になってくる。相手に対する攻撃に踏み切らない支配者や政治共同体は、もともと攻撃する気はなかったと主張できる。つまり、抑止など最初からおこなっていない、それをおこなったという者はから騒ぎをしただけだと言い張れるわけだ。

では、ヒロシマ以後、抑止と強要はどう変わったか。答えは単純だ。そこで危険にさらされるものが無限に大きくなったのである、と。核兵器がない時代に全面戦争をおこなったヒトラーは、たとえ最悪の事態になったとしても、ドイツ国民は生き延びるだろうと言った。そして実際、そのとおりになった。だが、もし彼が核兵器を持っていて、それを核で武装した敵に使っていれば、結果はまったく違うものになっていたに違いない。おそらくヒトラーも、スターリンや毛沢東、北朝鮮の金一族のような独裁者と同様に、核兵器を使うのを思いとどまっていたのではないか。確かにヒトラーは悪い人間だった。しかし、狂った人間ではなかった。また、狂った人間でも、核兵器を持てば正気に戻るように思われる。だから、彼が核兵器を持っていたとしても、それを使わなかったのはまず間違いない。幸か不幸か、人は時代より先に生まれてしまうことがあるものだ。

抑止と強要の関係は対称ではない。一九四五年以後は、抑止の役割がはかりしれないほど大きくなっている。紀元前一二六一年に中東の覇権をめぐって古代エジプトとヒッタイトがカデシュで戦って以降、大国と大国の戦争はやむことがなかった。そこから判断すると、現代の大国間の戦争、おそらく核戦争は、ずっと前に勃発していてもおかしくなかった。実際、数多くの文章に書かれているように、また民間防衛や弾道ミサイル防衛が構築され、核不拡散運動が拡大した事実からもわかるとおり、多くの人がそうなると予想していた。冷戦が終わった後ですら、考えを変えていない人もいる。確かに、核抑止がすべての戦争を防いできたかというと、まったくそんなことはない。だが、核抑止が最も大規模な、最も恐ろしい戦争を防いできたことは間違いない。したがって、それが将来にわたって続くと望むのも、それなりに理にかなっている。

我々の霊長類の祖先は、相手に攻撃を踏みとどまらせようとするとき、歯をむき出しにして威嚇していた。また、体毛を逆立てたり、ぞっとする声を上げたり、胸を叩いたり、チンパンジーの雄がときどきするように枝を振り回したりもした。これに対して人類は、主に高い言語能力のおかげでそのレパートリーがはるかに多い。たとえば、我々は無頓着や無敵を装って思いどおりにしようとする。したいことと逆のことをあえてしてみたり、怒りに駆られた（あるいは気が触れた）ふりをしたりもできる。背水の陣を敷いたり、チキンゲームを始めたりするときもある。罠を仕掛けたうえで、敵や世界に対して、ささいな攻撃ですらエスカレーションにつながると警告することもできる。敵に対して、それをすれば我々は事態をコントロールできなくなると通告することもあるだろう。不確実な状況を自分に有利になるように操る方法について説明しようとしたトマス・シェリングは、そうした通告を「ある程度偶然に任せた脅迫」と呼んでいる。

数十年にわたって、アメリカとソ連はそれぞれこうした駆け引きをおこなっていた。ソ連がアメリカと違っていた点は、核戦争を通常型の戦争と決して切り離そうとしなかったことだ。一九五〇～八〇年頃まで、ソ連軍の指揮官たちはどんな戦争も初めから核戦争になると主張していた。その結果、ソ連は少なくとも公式には、核戦力を残りの戦力と統合している。ソ連は、軍事力がピークに達した一九八〇年代には、来るべき戦争を通常戦力によるものにとどめることにもある程度関心を示していたものの、それも長くは続かなかった。一九九〇年代に軍事力が弱体化すると、無防備さに不安を募らせたロシアは再び戦術核兵器への依存を高めたのである。こうしたジグザグの動きはまだ終わっていないかもしれない。だが、それに何か問題があっただろうか。周知のように、大規模戦争は起きなかったのである。

理論的には、もっとの先のことも考えられていた。たとえば、折に触れて「終末兵器（ドゥームズデイ・マシン）」なるものが話題になった。想像上のこの兵器は、単に世界を破滅させられるだけではない。それは、攻撃があった場合に、ミサイルが標的に命中する前かその後に「自動的に」反撃する仕組みになっている。たぶん、技術的にはそれは可能だろう。しかし、こうした兵器を進んで造ろうとした国はなかったとみられる。一つには、誤作動の可能性がつきまとうので、こうした兵器は危険過ぎるからだろう。もう一つは、それは指導者から決定権を奪い、彼らの権限を大幅に弱めることになるからだと思われる。

実際には、核戦争の恐怖はあまりにも大きかったため、ごくわずかな量の核兵器しか持っていない国ですら、はるかに強力な敵から本格的な攻撃を受けたことはない。これは、核兵器を保有している疑いが非常に強い国々についてもほぼ当てはまる。代表的なのがパキスタンと北朝鮮である。特に北朝鮮の場合、世界に対して挑発行為を繰り返しているにもかかわらず、他国からの攻撃を免れている。おそらく、頻繁に脅している行動の一部を実行にでも移さない限り、北朝鮮は将来にわたっても安泰だろう。量的な違いをあまり問題にしなければ、核時代における抑止は以前のどんな時代よりしやすいことが明らかになった。核戦争の恐怖はあまりにも大きいため、この問題を検証するウォーゲームでは、参加者が核のボタンを押すのはほぼ不可能となっている。核戦争だけは何としても防ぐことには双方に利益なので、核を保有する敵を抑止するための武器を使うことは比較的容易だ。同じ理由から、核を保有する敵にあれこれを強要するために武器を使うことはまず不可能となっている。

もともとは、核爆弾を持っていたのは一カ国だけだった。したがって、その国がほかのすべての国を意のままに動かせるはずだった。だが、そううまくはいかないことがすぐに明らかになる。当初の理由は、アメリカが保有する核爆弾は数も威力も、運搬手段(ミサイル)の射程も、重武装したもう一つの超大国をひざまずかせたり、手ごわい通常戦力によって大きな打撃を与えさせなかったりするのに、十分ではなかったことだった。さらに一九四九年、ソ連が核実験に成功した。そして恐怖の均衡が生まれた。核保有国を意志に従わせるのはきわめて難しく、普通は不可能である。

さらに悪いことに、あまりにも厳しく強要すれば、相手が平常心を失って先制攻撃に踏み切る恐れもある。それを避けるには「サラミ戦術」をとる必要がある。これは、主導権を握る国が、一回の強力な攻撃ではなく、核兵器よりも下級の兵器を駆使して少しずつ前進していくというものだ。そうすると、周辺的な戦地や分野で相手に既成事実を突きつけ、反応するように挑発できる。必要なら、いったん後退し、後で戦いを再開してもいい。これまで、多くの核保有国が互いにこうしたゲームを繰り広げてきた。ソ連はアメリカに、アメリカもソ連にそれを仕掛けた。中国とソ連も互いにそれをやり合った。パキスタンと中国はインドに、北朝鮮は韓国とアメリカにそうしている。最近では、中国とアメリカもそうしたゲームをしている。

キューバ危機がはっきり示したとおり、抑止や強要にともなう危険はときに人知がおよばないほど巨大なものになる。にもかかわらず、これまでのところ一つの例外もなく、こうしたゲームに「勝った」側が得るものはささいなものだ。また、あるラウンドで「負けた」側は、その負けが現実のものであれ、心理的なものであれ、次のラウンドで巻き返そうと奮闘する。そのため、そこでの勝ち負けは一時的なものになることが多い。抑止と強要のゲームは、見方によっては人を虜にするものでもあれば、じつに愚かしく、衝撃を受けるほど非道なものでもある。ただし、いずれにしても、それは戦争とは別のものだ。

第一〇章　戦争と法

一　物の道理（a）

これまで見てきたとおり、戦争は政策や政治によって統制されるものであり、またそうすべきものである。戦争とは、あらゆる手段を用いて戦い合う意志と能力を持つ二者、ときにそれ以上の当事者が関わる集団的な活動のことである。戦争の目的は、我々の意志に敵を屈服させることにある。戦争の最も主要な手段は物理的な暴力、すなわち人の殺害と物の破壊である。一部の競技も暴力的だが、戦争は勝利の明確な定義がないという点で競技と異なる。戦争はまた、社会的に認められている点、たとえ法的には認められていなくても、少なくともその社会を構成する人の多くには認められている点で、ギャング団同士の抗争のような大規模な犯罪を含む犯罪とも異なる。この最後の特徴に関連して、我々は法と戦争の関係をもう少し掘り下げて検討しておくべきだろう。

我々が模範としてきた二人の理論家のうち、孫子のほうは、もっぱら戦争に備える方法とそれに勝つ方法を扱っている。したがって、戦争の「文法」に重点を置き、法についてはほとんど触れていない。ただ、彼も最初の章で、勝ちそうな側は天を味方につけているはずだとは言っている。また、その後にはこう指摘してもいる。「戦争の上手な人たちは、まず自分自身の人間性と正義感を養い、彼らの法律と組織を維持し（強調著者）」[1]、彼らの政府を打倒しがたいものにするだろう、と。戦争が、指導者のいない、無益で、悪意に満ち、残忍で、無秩序な乱戦に陥らないようにするには、ある種の規範を導入し、実施し、何より内面化しなくてはならない。

一方、クラウゼヴィッツは、法について一文か二文を費やしている。[2]しかし、法によって戦争の基本的な暴力が弱められることはほとんどなく、また法によって戦時中の人の行為を律するのは人が犯し得る最悪の誤りだともつけ加えている。歴史家のジェフリー・パーカー（一九四三〜）はさらに踏み込み、近代初期に存在した戦争法を「残虐行為の作法」と呼んでいる。

実際のところ、戦争で法が果たす役割が重要な理由を三つ挙げられる。第一に、少なくともキケロの時代以降は認識されているように、戦争は単に敵対する者同士が繰り広げる武装闘争であるだけでなく、法的な状態でもあることだ。武装闘争は戦争の主な側面ですらないと言う人もいる。戦争が法的な状態だと見なせる理由としては、戦争が正式に宣言されておこなわれる点を挙げてもいいし、あるいはホッブズが述べているとおり、そうしたものとして「十分に知られている」からだと言ってもいいだろう。[3]戦争では、殺人をはじめ通常なら禁じられている多くの行為が突如、合法化され、望ましいものとすらされる。理論上、戦争状態は、敵対関係が少なくとも当面はまったく存在しないときにも生じ得る。これは現実にもよくみられることだ。好例が一九三九〜四〇年の「まやかし戦争」（第二次世界大戦初期の西部戦線を指す）だろう。このときは、それぞれ数百万人規模を誇るフランス軍とドイツ軍が、ほとんど銃火も交わさず、九カ月にわたって対峙した。だからといって、両国が戦争中でなかったとは言えないだろう。

第二に、孫子も認めているように、戦争は組織化された集団的事業という性質を持つために、法を必要とするということだ。一人だけの軍隊であれば、法律は必要ない。しかし、それ以上の規模の軍隊になると、法律が大いに必要となる。誰が、誰に対して、どんな理由から、何をするのを許されているか。また、誰が、どんな条件の下で、どんな手段で、どんな目的から命令するのか。簡潔に言えば誰を叙勲すべきで、誰を処刑すべきか。こういったもろもろに関するルール、少なくとも明確な合意がなくてはならない。また、法的な状態の変わり方、つまり戦争がどのようにして始まり、どのようにして終わりになるかを決めるルールも必要となる。こうした多くの問いに答えを与えるもの、あるいは与えようとするものが戦争法だ。それはいわば、戦争がどういうもので、どうおこなうべきかについてのテンプレートのようなものだ。それがあるおかげで、戦争をする人たちは、すべてを一から考え直さなくて済むのである。

寄せ集め、群れ、何と呼んでもいいが、こうしたルールを持たない、あるいは持っていてもほとんど従わないような集団は、決して軍隊ではない。前にも述べたように、こうした集団は連携した行動ができないただの群衆と変わらない。皆が動揺して右往左往しているようなときには、彼らはどんな行動もとれないだろう。彼らは政策の手段とはなれないし、ましてやその効果的な手段となれないのは言うまでもない。それどころか、群衆は、彼らを集めた人にとっても、ほかの誰にとっても危険になることすら少なくない。

戦争法が不可欠な三つ目の理由は次のようなものだ。旧約聖書では、神がイスラエル人に、アマレク人に対する徹底的な戦争をするように言い渡す。砂漠の民であるアマレク人は、エジプトから脱出している途中のイスラエル人を後方から襲い、弱い者や寄る辺のない者を殺していた。神はサウルに対し「行け。アマレクを討ち、アマレクに属するものは一切、滅ぼし尽くせ。男も女も、子どもも乳飲み子も、牛も羊も、らくだもろばも打ち殺せ。容赦してはならない」[4]と命じる。これによってようやく戦争が終結することになった。神の目から見ると、こうした終わらせ方をしないのは罰に値する罪だったのである。

とはいえ、これは例外に属する。戦争が最後まで戦い抜かれることはめったにない。それには二つの理由があり、どちらも情け深さのような利他的な配慮とは関係なく、まったく利己的な動機に根ざしている。一つ目の理由は、大半の勝者は道理をわきまえているということだ。囚人が刑期中に模範的に振る舞えば早期の釈放を約束されるように、敵に対しては、寛大な措置を保証することで降伏を促すことができる。それによって、勝者は損耗や労力を抑えられるというわけだ。二つ目の理由は、たとえば負傷した敵を介抱したりすれば、自分たちがそうなった場合に敵から同様の扱いを期待できるということだ。いずれにせよ、ほとんどのケースでは、生存者をどう扱うかについて決定を下し、それを実施する必要が出てくる。さらに言えば、降伏は、敵との間で相互に了解された何らかの連絡方法があってこそ初めて可能となる。それがなければ、あらゆる戦争は「絶対」戦争として果てしなく続くか、少なくとも一方の側の全員が殺されるまで続くことになるだろう。

こうした事情から、戦争法の歴史は歴史そのものと同じくらい古い。世界で最も単純な部類の社会に暮らすオーストラリアの先住民、アボリジニがおこなっていたやり方から判断すると、戦争をルールで縛る最初期の方法は、戦争をいくつかの種類にわけることだったらしい。オーストラリア南部アーネムランドのアボリジニ、ムルンギンの人々は、六つの異なる形態の戦争をおこなっていて、それぞれ別の名前で呼んでいた。[5] 各戦争は目的や敵が異なり、適用される慣習的なルールも違っていた。これらの戦争の中には破壊的なものもあったが、残りはそこまで激しくなく、おそらくゲームと呼ぶのが最もふさわしい。実際、一部のケースでは、勝者と敗者を決めるのに「勝ち点」を分配するルールになっていた。

旧約聖書にも似たような方式を見つけられる。そこでの最も極端な形の戦争が、先に挙げたイスラエル人による宿敵アマレク人に対するものである。[6] とはいえ、これは旧約聖書に登場する三種類の戦争の一つに過ぎず、しかも最もまれなものだ。残り二つは「(神の)命令による戦争」(milhemet mitzvah)と「許された戦争」(milhemet meshut)である。偉大なマイモニデス(モーシェ・ベン・マイモーン)をはじめとする後代のユダヤ人学者は、前者をさらに複数のタイプに分類している。[7] それぞれの戦争は目的や敵が異なり、また特定の代理人や団体が布告するものとされた。また、戦争を終わらせられる時点、あるいは終わらせなければならない時点も、それぞれ違っていた。

ローマに対するユダヤ人の最後の大規模な反乱が鎮圧された一三五~三七年から、現代イスラエルが建国された一九四八年までは、一貫してユダヤ人の軍隊は存在しなかったので、問題が表面化することはなかった。しかし、イスラエルが建国されるや、戦争法をめぐって律法学者(ラビ)の間で、また律法学者と世俗的な判断をする当局の間で、たちまち熱い議論が交わされることになった。イスラエルでこの問題が重要なのは、ほかの大半の先進国と異なり、イスラエルは国家と宗教の区別を認めていないからだ。イスラエルでは国民のかなりの部分を正統派が占めており、正統派の人々のうち少なからぬ人は、国家の判断よりも律法学者の判断が優先すると考えている。したがって、イスラエルの政治家や高位の指揮官がこの問題を無視する場合、危険を覚悟しなくてはならない。一部の法に従えば、国内外でほかの法に抵触しかねないからだ。

とはいえ戦争に複数の種類があり、それぞれ別のルールに従っているという認識は、ほかの多くの民族も持っていた。おしなべて、そうしたルールは宗教に根ざしており、自分たちが信じる神々に従って、どの敵にどのルールを適用するかを決めていた。しかし、オランダの法学者フーゴー・グローティウス(一五八五〜一六四五年)以降、宗教的なルールは世俗法に置き換わっていく。世俗法は次第に宗派を超えて、ずっと後には人種や肌の色も問わず、あらゆる国家や民族を拘束するような「普遍的な」基準を打ち立てるものとなっていく。法は古くは慣習に基づき、口頭で受け継がれていたが、後に文字で書き表されるようになった。もともとは二者間の取り決めだったものが、ほかの国にも拡大されて適用されるようになった法もある。こうした法の多くは、初めに国際連盟、次に国際連合の庇護(ひご)を受けることになった。

最後になってしまったが、戦闘によって人は狂暴になることがあるという問題もある。これはまさに、ホメロスの英雄アキレウスに起きたことだ。『イリアス』では当初、アキレウスは男の中の男、雄弁で、誇り高く、短気だが人間らしい人物として登場する。しかし、親友パトロクロスの死によって逆上し、手のつけられない怪物のような存在になってしまう。もはや何も見えず、何も聞こえなくなった彼は、激しい怒りにまかせて、文学史上ほかに例のない大殺戮に手を染める。情け容赦のないその残虐さには戦慄を覚えるほどだ。アキレウスのあまりの暴虐ぶりに、犠牲者の血が流れる川の神スカマンドロスは、決壊を起こして彼を押し流そうとする。

　アキレウスの怒りはすぐに収まる。戦争は一〇年におよんだが、彼の怒りは二時間も続かなかった。それが我々のホルモンが許す限界なのだ。怒りは悲しみに変わった。気持ちの和らいだアキレウスは、パトロクロス殺害の復讐として討ち取った最大の敵ヘクトルの身請けを許し、トロイア側に手厚い葬儀を許した。ここへきてようやく心が晴れ、母の助言に従って飲み食いし、「柔らかな胸の」女性、ブリセイスの膝の上で慰められた。彼女のおかげで、アキレウスはやっと人間に戻ることができたのである。[8]

　こうした激情に支配されたケースを除けば、何らかの法に従わない戦争の側面というものは見つけにくい。だからこそ、支配者や司令官には常に法律顧問団が付いているし、そうした法律顧問らが書いた法と戦争の関係についての本が山のようにある。戦争法を認めたがらない人たちでさえ、その重要性は熟知している。そうでなければ、わざわざ戦争法をあげつらおうなどとはするまい。

二　戦争の正義

前節で見たように、旧約聖書の諸民族にせよ、オーストラリアのアボリジニにせよ、部族社会の人々は、戦争を規定する法は一つではなく、複数あると考えることがあった。その場合、戦争の種類、つまり誰が相手か、理由は何か、どんな方法でおこなうかなどに応じて、異なる法を当てはめていた。対照的に、西洋の法の伝統では、あらゆる戦争に適用される単一の法体系を構築することが目指されてきた。そこでの最も基本的な区別が「*jus ad bellum*（戦争の正義）」と「*jus in bello*（戦争における正義）」である。一五〇〇年頃以降のヨーロッパ世界の膨張によって、これら二つの法体系は世界の大半の地域に広まった。ここで取り上げるのもそのためである。

「戦争の正義」では二つの重要な問いが扱われる。一つ目は、誰が戦争を始める権利を持っているのか、あるいは持っていないのかという問い。二つ目は、誰かがその権利を持っているとして、その人物が始める戦争を正当化するものは何かという問いだ。一つ目の問いでは、基本的に「政治組織を運営している者」と「政治組織に単に属しているだけの者」を区別したうえで、宣戦布告し、開戦する権利を持つのは前者であり、後者ではないとされてきた。後者がそれでも武力に訴えた場合、二つのケースが考えられる。もし、政治組織の一員に過ぎない者らが武力を支配者に対して用いた場合、それは反乱もしくは内戦ということになる。一方、もし彼らが武力を互いに対して使った場合、それは犯罪ということになる。どちらの場合も懲罰の対象となるが、一般的には犯罪よりも反乱のほうが罰は厳しい。

フランスの法学者ジャン・ボダン（一五三〇～九六年）は一五七六年の有名な著作『国家論六編』で、「主権（souveraineté、sovereignty）」という概念を広めた。[9] ボダンによると、誰にも忠誠を誓わず、自分の上に立つ者が地上にいない者は、主権を持っていると言える。誰かに忠誠を誓っていて、自分より上位の者がいる人は、主権を持っているとは言えない。ほかの誰とも異なり、主権者だけが持つ最も重要な権利は、法を一方的に与える権利である。そして、次に重要な権利が、戦争を宣言し、それを政策手段として用いる権利だとされた。

大きな問題は、当時はまだ、封建制が多くの面で残っていたことだった。その頃のヨーロッパはさまざまな政治組織が複雑に絡み合っており、主権を持っている組織もあれば、それが限定されている組織もあった。それぞれの政治組織は、各種の権利と義務を持つ一人あるいは複数（こちらのほうが例はずっと少ない）の人物によって支配されていた。プロテスタントの神学者の中には、古代ギリシアの「暴君殺し」に倣い、戦争と反乱の区別をなくそうとした者もいた。彼らは、臣民が真なる神に仕え、圧政に抵抗するのであれば、彼らの支配者に対して戦争を起こす権利を持つと主張した。そのため、戦争と反乱が完全に区別されるまでには、時間といっそうの研究、特にグローティウスの仕事が必要になった。主権に関するボダンの考えが一般に受け入れられるようになったのは、一六五〇年以降のことである。それは、彼の著作がだんだん読むまでもなくなった事実からも明らかだろう。

一七五〇年、プロイセンのフリードリヒ二世はみずからを「国家の第一の僕（しもべ）」と称した。[10] この言葉からもうかがえるように、この頃までには、主権の帰属先を支配者から、支配者が率いる政治共同体（国家）に移す傾向が強まっていた。一部の国はこの移行がほかの国より早かった。一九世紀半ばまでには、主権が支配者から国家に移っていない国は、後進的あるいは専制的な国という認識が広まっていた。こうした状況は一九四五年まで続くことになる。一九一九年の国際連盟発足や一九二九年のケロッグ・ブリアン協定（不戦条約）をはじめ、主権国家による宣戦布告と開戦の権利を制限する取り組みもみられた。ただし、以後の出来事が示しているとおり、成果は乏しかったのが実情だ。

潮目を変えたのが第二次世界大戦である。一九四五〜四八年に開かれたさまざまな戦争犯罪裁判では、「侵略的な」戦争を始めた罪に問われた被告たちもいた。そこでの「侵略的な（aggressive）」が何を意味するかは正確に定義されたことがない。だが、この言葉に、主権国家でさえ、認められているのはあくまで「防衛的な」戦争を始める権利に限られる、という含意があるのは明らかだ。そして、支配者たちが戦争を始めた当時、ドイツや日本が主権国家であることを疑った人など誰一人いなかった。基本的に自衛戦争しか認められないとするこの原則は、国連憲章の規定として具体化され、その後数度にわたって再確認されている。それに対応して各国は、「戦争」を冠した省庁を次々に廃止し、代わりに「国防」をつけた省庁を設立している。こうした新しい組織が以前の組織と違う点は、陸海空の三軍すべてを管轄するようになったところだ。それ以外に関しては、ほとんど化粧直しに過ぎない。戦争は戦争のままであり、戦争中におこなわれる活動も同じだった。

だが、第二次世界大戦後の変化は、別の方向で非常に大きな意味合いを持った。何千年にもわたって、戦争は、支配者や政治共同体が領土を交換する主要な手段、多くの場合ほぼ唯一の手段となってきた。それが突然、すべての戦争は防衛のためのものに、少なくとも開始する国によってそう宣言されることになり、領土の征服や併合を目的とした武力行使はもはや容認されなくなったのである。確かに、ときどきそういうことをしようとする国は出てくる。たとえばイスラエルだ。一九六七年、イスラエルは先制戦争に踏み切り、その結果、シナイ半島、東エルサレム、ヨルダン川西岸地区、ゴラン高原を占領した。このうちシナイ半島だけは一九七九〜八二年にエジプトに返還されたが、残りは引き続きイスラエルの支配下にある。とはいえ、それを認めている諸外国は一つもない。

「戦争の正義」に関しては、ほかに次のような変化も起きている。一八世紀スイスの法学者エメリッヒ・ヴァッテル（一七一四〜六七年）の時代以降、占領された側の人は占領した側に対して反抗する権利がないとされていた。にもかかわらず彼らが反抗した場合には、実質的には「無法」に等しい「戦争法」に従って扱われた。その一方で、「軍事上の必要」が許せば、占領された側の人の身体や財産は、戦争の最も恐ろしい行為から保護されるものともされていた。しかし、今では侵略戦争と自衛戦争がはっきり区別され、武力による領土併合が禁止されたことから、彼らは身体や財産の保護に関する権利を実際に持つようになっている。

すでに第二次世界大戦中から、枢軸国に支配された国々では、こうした権利を盾に多くのレジスタンス運動がおこなわれた。そのため、戦後の一九四〇年代末から一九五〇年代にかけて、今度はこれらの国々の植民地で同様の手法に訴えた独立運動が起きると、各国はそれに非常に反対しづらい立場に置かれた。これまで、主権国家で「解放運動」が正当なものと完全に認められた例はこれまでほとんどないものの、その参加者は次第に、以前のように犯罪者として扱われるのではなく、普通の犯罪者が持たない類いの権利を認められるようになってきている。

話はここで終わらない。一九九一年の湾岸戦争開始にあたり、アメリカが国連安全保障理事会にイラク攻撃の許可を求め、それを得るという手続きを踏んだことは、一つの先例をつくった。国連安全保障理事会が認める権限は、個々の国から国連安全保障理事会に一段と移ってきている。国連安全保障理事会が認めようとしない場合も、当事国は必要な体裁を整えるため、「有志連合」のような形を探ろうとするかもしれない。要するに、国家が開戦に関する権利の一部を失っていく半面、ほかのさまざまな組織がそれに関わるようになってきている。そうした組織は、国家が持っていたものと同じ権利を主張することもあれば、国家よりも上位に立つこともある。こうした変化は全体としてきわめて重大な動きだ。

誰が戦争を始める権利を持っているのかという問いと関連して、戦争が正当化できるには何が必要かという問いがある。定義上、正当な方法で戦争を正当化できるのは、開戦の権利を持っている者だけということになる。しかし、開戦権を持つ人や機関によって始められるのであれば、どんな戦争も正当であるということにはならない。ローマの詩人ウェルギリウスも『アエネーイス』で二種類の黄泉(よみ)の世界を用意しているように思われる。一つは、正当な戦争で戦った人たちのためのもの、もう一つはそれ以外の戦争を戦った人たちのものだ。[11]

聖アウグスティヌス（三五四～四三〇年）はローマ法を引き合いに、戦争はやむにやまれない必要がない限り、関わるべきでない悪と見なしている。[12] そして、正しい戦争は、人間の罪深い性質ではなくその善い意志に基づくものでなければならない、と主張している。また戦争が正当化されるのは、邪悪な人間、特に、人間にとってだけでなく神にとっても憎むべき存在である異端者を取り除く場合ともされた。それから約九〇〇年後、偉大な学者である聖トマス・アクィナスがこの問題を取り上げている。彼はまず、戦争は獲得、今日の言葉で言えば「利益」のためではなく、善くて正しい目的、たとえば悪の処罰や、ほかの手段ではできない矯正のためにおこなうべきだと説いた。そのうえ、正しい戦争は何らかの正しい意図から始められる以上、そうした意図に見合わないほど残虐な方法で戦ったり、極端に進めたりしてはならないと主張した。戦争の目的と手段がつり合っていなければならないとするこうした考え方は後に「比例性の原理」として知られるようになった。キリスト教の衣は剝ぎ取られたものの、アウグスティヌスとアクィナスの正戦論は今日まで生き延びている。特にアウグスティヌスは、一九九〇年以降、アメリカをリーダーとする西側諸国によって、あらゆる軍事介入を正当化するのに用いられている。

端的に言えば、「戦争の正義」はこの上なく重要なものである。戦争を始める権利を持つ者と持たない者、正しい戦争と正しくない戦争という区別がなければ、社会は強盗団の類いと見分けがつかなくなり、存在することも難しくなるだろう。孫子はそれに相当する言葉を使っていないが、正しい戦争とは、支配者と臣民の調和に基づいて、天を味方につけたものだと考えていたふしがある。天は、不正な目的や野蛮な方法で始められた不正な戦争を祝福しない、と考えて差しつかえないだろう。その限りで、これは正しい戦争の優れた定義の一つとも言えそうだ。

序章でも触れたように、クラウゼヴィッツのほうはこの問題をまったく顧慮していない。本人は言っていないが、彼にとっては力こそが正義だった。だがこの考えは、不正だとはっきり自覚していた大義のためにみずからの命を危険にさらそうとした人や兵士など、歴史が始まって以来、誰一人いなかったという事実と相いれない。確かに、規律や宣伝、特に宗教に基づく宣伝は、戦争に向けて社会を動員するのに大いに役立つ。とはいえ規律は、兵士の指揮官たちがその兵士のためにどんなことをしても、敵はもっとひどいことをしてくる事実に直面するだろう。また、宣伝を担当する人たちは、人々が信じるもの、信じる強さ、なかんずく、信じる期間に限界があることに気づくだろう。クラウゼヴィッツのアプローチは、後代の学者らから厚かましくも「現実主義的」などと言われてきたが、この限りではまったくそうではない。

三　戦争における正義

戦争がしかるべき人物や機関によって正当な理由で始められたとしても、戦争中に何もかもが許されるわけではない。古来、戦時中には禁じられていることや、少なくとも慣例としておこなわれないことがたくさんあった。「*ius in bello*」とはこうした禁止事項の全体を指す言葉だ。「*ius*（権利、法）」は、もともとは慣習や宗教、あるいはその両方に含まれ、尊重されていた。その後、慣習や宗教以外のさまざまな広義の法に書き込まれ、正式で詳細なものとなっていった。ここでは、このテーマで扱われる問題のごく一部の例しか示すことができない。

戦時中の行為には、これまで一度も許されなかったものがある。中でも重要なものが、誓いや約束、協定を裏切っておこなうだまし討ちだ。それは、停戦が破られたり、助命を受けた捕虜が再び武器を取ったり、ある集団の戦闘員が別の集団に属しているふりをしたりするときなどに起きる。とはいえ、こうした行為が禁じられてきたことは、それがなされないということを意味しない。それが意味するのは、こうした行為が一貫して、起源や呼び方が何であれ「戦争法」に違反するものと認識されてきたということだ。こうした行為を企てた者は処罰に値するとされ、状況が許せば実際に処罰された。その場合、想像し得る最も野蛮で過酷な方法がとられることも多かった。

あいにく、決して許されない行為というものは計略や奇襲と区別しがたいことがある。とりわけ、特殊作戦に従事する奇襲部隊は、敵を欺いて不意討ちするために、敵の制服を着たり、制服がなかった時代には敵の記章などを身につけたりすることも多かった。中世の学者には、服装倒錯を禁じた申命記二二章五節について、奇襲攻撃をかけるために男性が女性を装う場合にも適用されるのかを論じている人もいるほどだ。こうした問題は、戦争中の禁止事項を正しく扱ううえで常に障害となってきた。戦争が続く限り、今後もそうだろう。

戦争中の禁止事項は歴史的な事情を反映してあまりにもたくさんあり、ここではごくわずかな例しか挙げられない。まず、神聖な物や建物、場所がどのように扱われていたかという問題を取り上げてみよう。古代ギリシア人はこの点では敵に寛容だった。神殿は、そこに置いてある宝物ともども、手を出せば神の罰が下り、また人間による処罰も覚悟しなくてはならないとして、侵してはならない場所とされていた。ローマ人はその先を行っていた。彼らは敵の神格を奪い取ってはローマに持ち帰っていたのである。たとえば、アナトリア地方の女神キュベレー、エジプトの女神イシス、ペルシアの神ミトラはいずれもローマで崇拝者を得ることになった。儒家や仏教徒はそこまではしないかもしれないが、神聖なものの扱いに関しては同様に総じて寛容だ。

だが、一神教の場合は対応が違っていた。旧約聖書ではイスラエル人と敵の戦争は必ずそれぞれの神が関わっている。また、各種の聖なる物は特に標的とされる。たとえば、大祭司エリは、ペリシテ人によって聖櫃(せいひつ)が奪われたと聞いて椅子から転げ落ち、首の骨を折ってその場で死ぬ。[13] イスラエル人が戦いに勝つと最初にするのは、敵の神々を根絶やしにすることだった。キリスト教徒とイスラム教徒もしばしば同じようにしてきた。

一七世紀の三〇年戦争の間には、プロテスタントとカトリックが互いに教会を冒瀆(ぼうとく)し合った。相手側の教会を奪い取ることもあれば、そうしないこともあった。冒瀆した教会を神聖な場所に戻す場合もあれば、そのまま放置する場合もあった。一六五〇年以降、世俗化が進むと、状況は変わってくる。教会にはだんだん、手が出されなくなっていった。もし神が人間のすることに介入しないのであれば、わざわざ神聖な場所や物を冒瀆したり、破壊したり、奪い取ったりする理由があるだろうか。その後は、ギリシア＝ローマ時代には主な戦利品だった美術品も保護の対象となった。西側世界では、神や教会、聖職者は現在も、世俗化を背景にこうした「特権」を享受している。だが、宗教がはるかに厳粛なものとして扱われる傾向があるイスラム世界ではそうではない。神聖な場所や物の扱い方は、両文明間の関係で重要な問題となっており、その重要性はますます高まってきている。

これと絡んで問題となるのが、敵の遺体の扱い方だ。特に部族間の戦争の場合、死んだ後に敵の遺体を激しく傷つけることがよくおこなわれた。目的は、死んだ敵を辱めることのほかに、彼らが死後の世界に入れないようにすることもあった。死者を侮辱する方法として最たるものは食人（カニバリズム）かもしれない。真偽のほどはわからないが、倒した敵の遺体を調理し、飲み込み、消化して排泄したという話が伝わっている。古代ギリシアでは通常、敗れた側に対して、味方の遺体を引き取って埋葬することが認められていた。ずっと後代の二〇世紀に入って、敵の遺体の取り扱い方がいくつかの国際条約で取り決められることになる。そこでは、死亡兵の登録や埋葬、遺族への通知、遺品の処分などの仕方が定められた。また赤十字の支援を受けながら、そうした業務にあたる特別な団体も設立された。

捕虜にできる人の対象や、捕虜の取り扱い方をめぐっても遺体の場合と同様の問題が生じた。先に検討したように、戦争は、敗者側の指揮官や部下、男女や子どもが一人残らず殺害されて終わることはめったにない。そのため、戦争をおこなう社会の種類、慣習に応じて、解決策は変わってくる。指揮官は、しばしば一番の標的にされた。ローマ軍には、戦闘中に敵の指揮官を殺害した指揮官に与える特別な勲章があったほどだ。捕らえられた者は殺害されることになるが、その前にさらし者にされ、体の一部を切断されたり、拷問を受けたりすることも珍しくなかった。

彼らは通常、ローマの広場（フォルム）を見下ろす約二四メートルの崖、タルペイウスの岩から突き落とされた。ただ、誰もがこうした運命をたどったわけではない。パルミラの女王ゼノビア（在位二六七

〜二七四年頃）はそんな一人だ。ゼノビアは、ローマの皇帝アウレリアヌスに反抗したものの敗れた。しかし、四世紀初めの歴史家トレベリウス・ポリオによると、少なくとも一つには「途方もない性的魅力」のおかげで命拾いしたという。ほかの時代では、身代金が支払われるまでは多かれ少なかれ窮屈な拘束された者もいた。あるいは、少なからず神聖な人物だということで解放された者もいた。エルバ島から脱出したナポレオンがまさにそうだし、一八七〇年にセダンで捕虜にされた後に解放された甥のナポレオン三世（一八〇八〜七三年）もそうだ。

部族社会ではたいてい、捕虜にした成人男性を殺していた。殺し方は残酷なことも多かった。他方、女性、中でも若くて美しい女性、それに子どもは、生きることを許し、戦利品として扱い、最終的には社会に取り込んだ。より強固な政治組織を備え、もっと進んだ社会も、基本的には同じようにしていた。ただし、男性を殺害するのでなく奴隷にすることもあった。ギリシア人やローマ人がそうしていたのは言うまでもないだろう。中世には、捕虜の扱い方はその社会的地位によって違っていた。騎士は、身代金目的で拘束されることがあり、その場合、身代金を支払うと名誉をかけて誓うことで解放されていた。一方、名誉も金もない平民は、騎士よりも殺される可能性が高かった。

三〇年戦争の頃まで、軍隊は民間人を捕虜にすることも多かった。裕福な男性は、身代金目的で捕らえられた。裕福な女性もまた、同じ目的で捕らえられた。女性はさらに、性的な目的で捕らえられることもあり、それは裕福な女性よりも貧しい女性が対象となる場合が多かったように思われる。ドイツの彫刻家レオンハルト・ケルン（一五八八〜一六六二年）には、後ろ手縛りにされた裸の女性の小像がある。[14] 女性は、スウェーデン兵に刃物を突きつけられて連行されているところだ。こうした行為はすべて、現場の指揮官の命令、少なくとも黙認のもとにおこなわれていた。上位の指揮官も見て見ぬふりをしていた。そうでなければ、民間人の拘束があれほど頻繁に起きていたはずがない。

戦闘員と非戦闘員を区別するという原則の確立に最も貢献したのも、やはりグローティウスである。また一六六〇年頃からは、軍服の採用によって両者が以前よりもはるかに判別しやすくなった。一方、傷病者や捕虜に加えて、民間人の取り扱い方についても規定したいくつかの二国間条約が結ばれた。それらは後に戦争法として体系化されていく。一八六八年のサンクトペテルブルク宣言、一八九九年と一九〇七年のハーグ条約、一九〇九年のジュネーヴ条約などが代表的なものだ。一九四九年のジュネーヴ諸条約では、傷病者や捕虜、民間人らに対する保護が強化されたうえ、こうした集団が保護される対象を内戦にも広げた。[15] そこでの内戦には、第三者に波及したり、その介入を招いたりするものも含まれている。一九七〇年頃以降、フェミニズムの台頭によってさらに変化が起きた。女性は、以前は所属している集団によっては男性と同じ権利を享受できることがあったが、今では、拘束した者や拘束されたほかの人による性的暴力から「特に保護」すべき対象となったのである。また、妊婦や母親にも特別な待遇が認められるようになっている。

jus in bello、現代風に言えば国際人道法に関するテーマはほかにもたくさんあるが、本書ではスペースに余裕がない。*jus ad bellum* と同様、*jus in bello* は政治的な指示、経済的な要請、文化、慣

習、敵の性質によって規定される。*jus in bello* がきわめて重要なものである理由は二つある。第一に、それが多少なりとも順守されていなければ、また、勝利が明確に定義されていなければ、あらゆる戦争は最後の最後まで戦わなくてはならなくなる。そうなれば、損耗と戦利品の喪失の両面で非常に高くつくだろう。第二に、それに違反して敵を虐待する者は、敵に捕らえられた場合は敵から処罰される可能性があり、またこれまで例は非常に少ないものの、自分たちの側で処罰される場合もある。

ほかのあらゆる法と同様に、*ius ad bellum* と *ius in bello* もときどき破られる。頻繁に破られると言う人もいるだろう。最近まで、被害者が提訴できる公平な裁判所がなかったのは確かだが、あっても状況はたいして変わっていなかっただろう。今日ではそうした法廷としてハーグに国際司法裁判所があるが、やはり大きな力は持っていない。とはいえ、個別あるいは全体としての法が、たとえ最低限の役割しか果たさず、理論的にも実践的にも無視し得るとしても、重要でないということにはならない。キケロが書いているとおり、戦争法は、我々の人間性を守るためのものである[16]。つまり、戦争法は、我々に野獣のような仕方での戦争をできないようにし、また戦争によって我々が野獣にならないようにするためのものだ。人間がおこなうあらゆる活動の中で、戦争はおそらく、人間に自分たちが何者であるかを忘れさせる可能性が最も高い。戦争がある種の正義、ある種の法に従う必要があり、また普通従っているのは、まさにそうした理由からである。

第十一章　非対称戦争

一　物の道理（b）

序章で述べたとおり、非対称戦争には二種類ある。一つ目は、異なる文明に属する政治共同体間の戦争である。たとえば、ギリシアとペルシアの戦い、アラブ諸国やモンゴルによるヨーロッパへの侵攻、イスラム教徒のムガル朝によるヒンドゥー教徒や仏教徒のインドの支配、ヨーロッパ諸国による他大陸への拡大などがそうだ。二つ目は、一方が他方よりも圧倒的に弱いか強いため、戦略の通常のルールに従えばとうてい争えない二者間の戦争である。本章ではこの順に、それぞれの非対称戦争について論じていきたい。

孫子の場合、戦争は単一の文明内でおこなわれるということがほぼ当然のものとされていた。作品全体を通して、作戦を実行する際に「相手がこう動けばこう対応する」式の相互関係が目立つのも、そこからうまく説明がつくだろう。確かに、一部の軍隊がほかの軍隊よりも優れているということはある。そうした優れた軍隊の指揮官たちは、人間性や正義への感覚を養い、法や制度をよく保つ。その結果、彼らは自分の部隊や人民、そして天そのものとうまく調和できる。そうできると、政治や軍事の状況もまたよく理解できる。そうした指揮官たちは、孫子がとても重視していた難しい問題、間諜もうまく扱える。彼らの機動戦や策略も洗練され、現地の状況や目下の目的に適(かな)い、成功することも多い。

だが孫子の現代の崇拝者ですら気づいているように、これら『孫子』の中で述べられていることに、真の創造性を見いだすことは難しい。古代中国のように人格神を持たない文明では、必然的に歴史がとても大きな役割を果たしていた。それに加えて、技術の変化が非常にゆっくりとしか進まなかったこともあり、古代人は戦争を含むさまざまなことに現代人よりも通じていた。つまり、『孫子』の各ページに出てくる規則や計略、物事の秘訣はどれも、太古の昔からあったものなのだ。十分な善意を持ち、十分な努力をすれば、誰でもそれを学んだり、身につけたりできる。孫子本人もそうだが、学者としても兵士としても活動した多くの人たちは、教えたり、議論し合ったりする弟子や部下がいたのだから、なおさらそうだっただろう。彼らはまた、自分を雇ってくれるところを求めて宮廷から宮廷へと渡り歩いていた。互いに知り合いであることも少なくなかった。こうした事情から、『孫子』では「AがXをする。それにBはYをして対応する。それにAはZをして対応する」というパターンの記述が続くことになる。実際、後代の解説者には、師の考えを詳しく説明するために、戦争を囲碁やチェスにたとえている人もいるくらいだ。本物の戦争は単にそれぞれに現実の土地、天然と人工の障害、武器、部隊、そして血が加わるに過ぎない、ということになる。

古代の中国では、最終的に秦が勝利して統一を果たすまで、およそ二五〇年にわたって、各国がそうした方式で戦い合っていた。指揮官らが同様の方式を用いて、「夷狄」にどう対処していたのかは定かではない。だが、孫子やその信奉者たちが、夷狄がどういう性質を持った存在かに注意を払わず、また彼らに対する戦争がほかの戦争とどう違うかを論じなかったことは、以後の中国の軍事思想に決定的な影響を及ぼしたとみて間違いない。夷狄は常に貧しく、数も少なかった。中国の強大な文明国家には、物質面でも文化面でも太刀打ちできなかった。にもかかわらず、夷狄はこの文明国家を侵略し、支配下に置いたのである。「中国」とは「世界の中心の国」「天下のすべて」という意味だが、その中国は今日でも、アメリカの著名な戦略家エドワード・ルトワックの言葉を借りれば「大国の自閉症」に陥っているとされる。[1] 彼らは台座から降りてきて、他人の靴を履いてみようとしたがらない。そして、クラウゼヴィッツ以降、戦争について論じた多くの著者も、この種の非対称戦争については検討してこなかった。

次に、もう一つの非対称戦争、すなわち、通常なら争いにならないほど一方が他方よりもはるかに弱い二者による戦争をみてみよう。クラウゼヴィッツの名誉のために言っておくと、彼はこのテーマに数ページしか割いていないものの、その内容は非常に優れている。[2] ただ、そこで彼が用いているドイツ語の「Volksbewaffnung」を英語で、「the people in arms（武装した国民）」と訳すのは誤解を招きやすい。それは正確には「arming the people（国民を武装させる）」という意味である。その直前の章のタイトル「国土の内部への後退」が示唆するように、非対称戦争のモデルとしてクラウゼヴィッツが念頭に置いていたのは、自身が「ドイツ軍団」の一員として従軍中に目撃したナポレオンのロシア遠征（一八一二年）だった。彼は後にもう一つ、当時「小戦争」として知られていた戦争についても講義している。ただし、いずれのケースも、政府が国民を踏みとどまらせて、侵略してきた敵と戦って駆逐するように呼びかけるものだった。どちらも、ある勢力がみずからの政府に対して反抗するという問題は考慮していない。こうした反乱者に対しては、クラウゼヴィッツが挙げている例とは逆に、政府はその権限を使ってできるあらゆる手を尽くして、彼らを武装解除しようとした。

『孫子』の場合、どこが問題かはもっとはっきりしている。そこではテロリズムやゲリラ、反乱など、今日「準正規」とくくられる武力紛争が認められない。一つの国、一人の支配者、一人の指揮官、そして一つの軍が、同じような「一つ」の相手と対決するものとして、話が進められている。なぜこうなっているのかを説明するのは難しい。というのも、今挙げたような形態の戦争は戦争の歴史と同じくらい古くから存在し、中国でも孫子が生まれるずっと前から、あったはずだからだ。実際、孫子が生まれた後にもこうした戦争がよくみられた。一つの説明としては、儒教社会である中国は、みずからを一つの大きな家と見なし、その構成や治め方は天から命じられると考えてきたことが挙げられるかもしれない。より個人主義的な西側世界以上に、中国では、武器を取って皇帝に蜂起し、宇宙的な秩序を乱した者は、犯罪者と見なされがちだった。こうした世界観では、反乱者と戦うのは彼らを犬のように追い詰めるのとさして変わらなかった。

スペイン語で「小さな戦争」を意味するゲリラという言葉からもうかがえるように、弱者が強者に、強者が弱者に仕掛ける非対称戦争がこれまで見過ごされがちだったのは、より大きな戦争の影に隠れてしまうからだ。思えば、ラテン語の戦争を意味する「bellum」は「duellum」、すなわち「決闘（duel）」に由来する。クラウゼヴィッツが著書の冒頭で戦争の基本的要素として決闘に言及したとき、それは単に先例に倣ったに過ぎなかった。とはいえ、決闘では決まって、対決者同士がある程度釣り合っていることが前提とされてしまっている。両者があまりにも釣り合っていないと、決闘は必要でもなければ可能でもないからだろう。だが、一方の側にいるのが象で、もう一方の側にいるのが蚊であるとき、何が起きるだろうか？

異なる文明に属する政治共同体同士がおこなう戦争（文明間戦争）と、弱者が強者に、あるいは強者が弱者に対しておこなう戦争という二種類の非対称戦争は、さまざまな方法で組み合わせることもできる。そして、これらの非対称戦争が重要なのは、一九四五年以来、ほとんどの戦争が非対称戦争になっているからだ。こうした戦争が世界政治に及ぼしている影響は、長らく軍事史やその執筆のバックボーンとなってきた通常型の戦争、すなわち同じ文明内でおこなわれる戦争よりもはるかに大きくなっているとみて間違いない。その影響は今後さらに大きくなっていくだろう。非対称戦争について「ここで起きるはずがない」と決め込み、それが今やほとんどの戦争を占めている事実に目をつぶる人は、根本的な思い違いをしている。現実を直視しない人は痛い目に遭うことになるかもしれない。

二　文明の戦争

戦争法が実際にどれほど重要かは、一つの文明内ではなく二つの文明間でおこなわれる戦争を検討してみれば一段とはっきりする。そうすることで見えてくるのは、戦争もほかの多くの物事と同じように、「客観的な」状況よりも、それをおこなう人々の主観的な判断で決まる面がかなりあるということだ。意識的かどうかはともかく、各文明がそれぞれ独自の「戦争の取り決め」を生み出していると言ってもよい。そうした取り決めには慣習的なものもあれば、成文化されているものもあるだろう。いずれにせよ、それによって戦争をする理由や目的、あるいは何が戦争で何がそうでないかが定義される。

当然のことながら、同じ文明に属する交戦国は普通、こうした取り決めに関して、暗黙のものであれ明示されたものであれ、何らかの共通の基盤を見いだすことができる。ところが、異なる文明に属する交戦国の場合はそれができない。戦争の取り決めが互いに違うため、どちらの取り決めにも違反しないような戦争は、しようと思ってもできない。歴史的に言えば、多くの民族は近代のように誰もが共通の人間性を持っているとは考えず、自分たちだけを真の人間と見なしていた。つまり、彼らにとっては、ほかの共同体や国家に対する戦争は定義上、すべて文明間戦争だったのである。

文明の中には、戦争は何らかの正式な宣言によって始めなくてはならないとしたものもあれば、それを不要としたところもあった。また、戦闘員に対して、戦闘員とわかるように制服の着用を義務づけた文明もあれば、そんな規則とは無縁の文明もあった。戦争の取り決めでは、双方の間で停戦や降伏の連絡ができるようにする必要もあった。現在ではそのために白旗が広く用いられているが、昔は各文明がそれぞれ違った方式をとっていた。紀元前一九七年のキュノスケファライの戦いでは、ファランクスを組んで密集したマケドニア軍部隊が、短剣で武装したローマの軍団に抗しきれなくなった。ある時点で降伏しかないと悟ったマケドニア部隊は、その意志を伝えるため、長槍を持ち上げてその状態に保った。しかし、ギリシア系の軍隊との戦いが初めてだったローマ軍は、そのサインを見落としてしまった。[3] 彼らは敵の殺戮を続け、それは誰かから説明されるまで止まらなかったという。

かなり近くに住んでいたマケドニア人とローマ人の間にさえ、こうした誤解が生じたくらいだから、交戦者間の地理的、文化的な隔たりがもっと大きい場合は、いっそうひどいことになる。ヨーロッパの帝国主義的膨張の時期を取り上げてみよう。数世紀にわたり、白人男性は世界中でほかの人種と接触してきた。そのくせ互いに相手をまったく理解できないことも少なくなかった。たとえば、スペインの征服者（コンキスタドール）がアメリカの先住民に、戦って殺されたくなければ、キリスト教に改宗せよと要求したときがそうだ。先住民たちは、相手集団の前方にいる黒い服を来た男が、別の男の像が釘付けにされた十字架を振り、奇妙な身振りをして、奇妙な言葉をつぶやく様子を見て、どう感じたことだろう。記録には残っていないが、おそらく、この見知らぬ者たちは頭がおかしいと思ったのではないか。一方、スペイン人たちのほうも、先住民は「信仰を受け入れるのに十分な生まれつきの判断力も持っていなければ、改宗と救済に必要なほかの徳も有していない者」と決めつけた。そして戦いが起きた。その後どうなったかは周知のとおりである。

ヨーロッパ人は勢力圏を広げていくにつれて、自分たちと進出先の社会の間には大きな隔たりがあり、戦争に関する取り決めもヨーロッパとオスマン帝国やアラブ諸国、中国、日本、アフリカ諸国とでは違うことに気づくようになった。一七五〇年頃以降、ヨーロッパ諸国がこうした取り決めを体系化し、それを「国際的」と呼び始めたのはそれが一因だ。それでも、誤解は起きている。二〇〇二年、アフガニスタンに到着したアメリカ軍は、多くの大人の男性が当たり前のように銃を携行しているのを目の当たりにした。しかも、彼らは単に銃を持ち歩いているだけでなく、子どもの誕生や結婚式など祝いごとがあったときに実際に撃ちもする。それを誤解されて命を落とした「無実」の人、「非戦闘員」がどんなにたくさんいたことか。逆に、反政府勢力のメンバーが集まりに行く途中の非戦闘員を装って、占領部隊に銃口を向けた例もどれほど頻繁にあっただろう。

とはいえ、それはまだ表面的な問題に過ぎない。一六四八年以降にヨーロッパの内部で起きた戦争を見てみよう。「列強」同士が繰り広げたこれらの戦争は多くの場合、比較的大きな政治経済問題をめぐる支配者同士の紛争から発展した。しかし国民の大部分にとっては、そうした問題は間接的な影響しかおよばず、どこか遠いところの話だった。また、そうした戦争で戦って死んだ兵士の中にも、その戦争が何に関するものなのか皆目見当がつかない人が多かった。ことによると、大半の兵士がそうだったかもしれない。ソ連の作家イリヤ・エレンブルク（一八九一～一九六七年）が第一次世界大戦時のフランス兵とドイツ兵について述べているように、「自由か鉄か、石炭か、はたまた悪魔」のためなのか、よくわからなかったのである。[4]

文明間の戦争では事情が異なる。確かにそうした戦争でも支配者間の政治および経済問題が関わることはあるが、一方で異なる生活様式同士の衝突が起きることがあり、実際にしばしば起きているからだ。サミュエル・P・ハンティントンはこう書いている。「異なる文明に属する人々は、神と人間、個人と集団、市民と国家、親と子ども、夫と妻といった関係や、権利と責任、自由と権限、平等と階層秩序の間の相対的な重要性について、異なる考えを持っている。こうした相違は何世紀もかけて生み出されたものであり、すぐに消えることはない。それは、政治イデオロギー間や政治体制間の相違よりも、はるかに根本的なものである」[5]

最も慎重な扱いを要する問題は、性とジェンダーに関わるものだ。同性愛や少年愛をまったく問題としない文明もあれば、それを忌み嫌う文明もある。また、女子割礼（女性の性器の一部切除）を神聖な義務として何千年にもわたっておこなってきた文明がある一方で、それを蛮行と考える文明もある。特に留意しておくべきなのは、西側世界とイスラム世界の間にみられる際立った違いだろう。西側諸国の女性は長らく、比較的自由に好きなことができてきた。一方、イスラム諸国の女性は隔離される場合が多く、みずから選んでそうすることもある。彼女たちはヴェールなどを身に着け、家の中にとどまり、見知らぬ人と会うことを禁じられたり、みずから避けたりする。一九〇〇年頃から四八年までのアラブ諸国とユダヤ人の紛争の際にもこうした違いが浮き彫りになった。アラブ人は、自立したユダヤ人の女性たちが、彼らのみるところでは半裸に近い姿で出歩くのが我慢ならなかった。アラブ人の女性もそれに続くのではないかと恐れたのである。同じようにユダヤ人の多くも、アラブ人が機会を得ればユダヤ人の女性にやりかねないことに不安を感じていた。

互いのことをよく知っていると、こうした宗教的、文化的な違いにうまく対処できることもあるが、逆に事態をこじらせてしまう場合もある。また、いわゆるグローバリゼーションが進んでも、そうした相違の重要性が下がるわけでない。それどころか、大規模な移民にともなって、いわゆる先進諸国に、とうの昔に克服していたはずの対立が再びもたらされることは、よくみられる現象だ。確かに、こうした問題はある意味では、宗教戦争を終わらせた一六四八年のウェストファリア条約以降、ヨーロッパなどの西側諸国がおこなってきた戦争の理由となってきた世俗的な問題に比べると、「深刻」ではないと言える。それによって国民が生死の選択を迫られることは、精神的な死を別にすればめったにないからだ。その一方で、こうした問題が世俗的な問題よりもはるかに多くの人々に関わっているのも事実だ。そして、その関わり方はずっと広範で個人的になってきている。

生の最も基本的な事柄に対する態度の違いは、ほんの小さな摩擦で発火する火種となり得る。いったん戦争が勃発すると、双方とも敵を選り分けるのも敵の狙いを理解するのも難しくなり、そうした状態で敵と戦うことになる。何が正しくて何が正しくないのか、何が許されて何が許されないのか、そういったことに関する最も基本的な考えが頭から消えてしまう。これもまた、文明間戦争がしばしば死闘になる理由である。相手を理解していない場合、その相手を力ずくでしか屈服させられない獣(けもの)のような存在と見なしがちになる。また敵を狂信者として扱えば、そのことによって敵は本当に狂信的になるだろう。敵を憎み、蔑めば、敵もまた我々を憎み、蔑むようになるに違いない。

文明が異なれば、戦争に関する目的や戦略、あるいは勝利とは何かに関する考えも異なってくる。一方で、戦争は双方に互いを研究し、模倣することを強いるため、時間がたつにつれてそうした相違点が減っていくこともある。とはいえ、そうなるまでには、おびただしい血が流されることになるだろう。こうした問題の重要性は、核兵器が登場しても変わっていない。核兵器や抑止、強要に関する考え方はいつ、どこでも変わらないと主張する人もいるが、それは自明なことではない。[6]むしろ、生まれや教育を受けた文明が異なる指導者が、それらについて同じ見方をするほうが奇跡に近いだろう。ある文明に属する指導者がほかの文明の指導者に発する「シグナル」は、それが意図的であれ、偶然であれ、誤解されやすい。実際、こうした問題を探求する兵棋演習では、ほぼ常に誤解されている。

幸いにも、この危険を完全には取り除けないにせよ、軽減はできるように思われる要因が三つある。一つ目は、核戦力の構築には莫大な費用などが重しとなって時間がかかることだ。公に入手できる情報によると、それを五年以下でできたのは、全面戦争に後押しされたアメリカだけだ。厳格きわまりない方法で計画を進めたソ連でさえ、七年を要した。両国よりはるかに規模が小さく、おおむね遅れていた残りの国は、だいたい一〇年かかっている。国が文字どおり、総力を挙げて取り組んだ場合ですらそうだった（パキスタンの首相ズルフィカル・アリ・ブットは、核爆弾を製造するために国民には「草を食べさせる」と言っている）。[7]また、大半の国がしたように、核開発で外部の支援を受けた場合も事情は同じだった。つまり、核兵器の開発に関わる国には、さまざまなことを熟慮する時間がたっぷりあったということだ。そこでは、先行する核保有国の経験についても検討したことになるだろう。

二つ目の要因は、トマス・シェリングが指摘しているとおり、核による抑止と強要のゲームでは、戦略一般の場合と同じように、時間を契機として『孫子』に繰り返し出てくるような一種の「ああすればこうする」式の状況が生まれることだ。ゲームの時間が長くなるほど、敵対する国同士はだんだん似てくる。一方はサッカー、他方はバスケットボールをしていたはずなのに、いつの間にか両方とも、手も足も使っていい新しいスポーツをするようになっている。二〇一二〜一五年のイランをめぐる騒動に明らかなように、最も危険な時期はある国が非核保有国から核保有国に移行しようとする時期だ。その移行が済めば、時間がたつにつれて「計算可能性」とも呼ばれる相互理解度が高まっていくはずだ。一九四五年以後の歴史から判断する限り、それは確かに上がっている。少なくとも、核戦争は一度も起きていない。

三つ目の、そして最も重要な要因は、純然たる恐怖である。「勝者」も敗者も、生きている人が死んだ人をうらやむほどすさまじい、破局(ホロコースト)に対する恐怖だ。抑止や強要のために核兵器を「使う」ことを探る人がまずしなくてはならないのは、心底からであれ、つくろったものであれ、とにかく恐れをなくすことだ。とはいえ、もう一度言うと、ヒロシマ以来、こうした恐怖は強まりこそすれ、弱まってはいないように見える。アルカイダのような組織は言うにおよばず、北朝鮮やイランの指導者がこの問題をどのように考えているのかは、我々には知るよしもない。だが、我々が確かに知っていることがある。それは、あらゆる時代を通じて最も絶対的で、残忍で、偏執的な独裁者に数えられるスターリンと毛沢東ですら、核兵器の使用には慎重だったということだ。それは彼らが核兵器を持つ前も、持った後もそうだった。[8]

いずれにせよ、魔神はもう瓶の中から出てきている。我々には、魔神と共に生きるすべを身につけるか、それとも魔神によって全員が殺されるか、どちらかしか選べない。

三　弱者対強者、強者対弱者

ジョミニは彼の最も重要な著作『戦争概論』（一八三八年）の冒頭に、戦争は政府がその政治共同体の名の下におこなうものである、と記している。だが実際は、我々が見てきたとおり、これは彼が生きた時代でさえ常にそうとは限らなかった。歴史全体については言うまでもない。たとえば、多くの部族民は、少なくとも現代的な意味での政府を持っていなかった。また、政治共同体でも国家でもない組織が互いに戦い合ったり、政治共同体と戦ったりする例もたくさんあった。

こうした組織を構成していた人たちは普通、ありとあらゆる蔑称で呼ばれている。「反逆者（rebel）」はまだましなほうかもしれない。それでも、彼らが組織をつくっていたこと、そして私的な利益のためではなく、政治的な目的を達成する手段として暴力を行使していたことは、やはり事実だ。彼らにも、ほかの戦士と同じように、自分たちを正当化するものがあった。それは、彼らの政府の法律というよりは、それよりも上位の大義や規範、真実といったものだった。そうした大義なり真実なりのために、彼らは自分の命を危険にさらしたのである。体制側の部隊よりも進んでそうすることも多かった。また、一般の人たちから大きな支持を得ることも珍しくなかった。

彼らがおこなう戦争も、おおむね戦略の原則に従っている。ただし、そこでの戦略は展開する規模がより小さく、一部変更したものにはなる。彼らは相手よりもかなり弱いので、開かれた場所で戦うのを避けることが第一の原則となる。戦いを長引かせるため、山岳地帯や沼沢地、森林、頻度は低いが砂漠といった厳しい環境の場所に潜伏することもある。そうすれば、反乱者やゲリラ、テロリストらは援助を得るために、かなり広大な国土や、自由に往来できる国境を確保できる。一般の人々の間に散らばって身を隠すこともある。実際、一般の人の支援を得たり、必要なときにその中に紛れ込んだりできることは、彼らの最も重要な強みである。

ゲリラのような勢力がその戦い全体を通じて常に第一の目標としてきたのは、時間を稼ぐことだった。敵が前進してくると後退し、敵が後退していくと前進する。隠れ場所から出て、敵の弱い環に狙いを定めて挑発や奇襲、襲撃などを仕掛ける。できれば、蝿によって激しく暴れる馬のように敵を怒り狂わせたい。そして再び姿をくらませる。こうしたやり方によって、敵が無差別に爆撃して民間人や非戦闘員を殺害し、住民が反政府側に身を守ってもらうようになれば、なおさらよいということになる。こういった一切は、積極的な宣伝、心理戦、住民を引きつけ支配するための政治手段と絡めておこなわれる。

ときには反乱者らが目的を達成することもあったが、おそらく、鎮圧された場合のほうがはるかに多かっただろう。その結果、一五〇〇年頃以降、近代的な領域国家が生まれてくることになる。だが、第一次世界大戦後しばらくして、理由は必ずしもはっきりしないものの、バランスが変わり始めた。まず、モロッコで一九二一年から二六年まで続いたリーフの反乱（モロッコ北部でのフランスとスペインの支配強化に対して、地元部族のリーフ人が起こした抵抗運動。第三次リーフ戦争）の場合のように、植民地の住民をフランスやスペインなどの宗主国側が抑え込むのが非常に難しくなった。この反乱では、フランスとスペインは数十万人の兵力を投じて、数年にわたって戦争をすることになり、スペインは毒ガスさえ使用した。あのヒトラーのドイツですら、占領した国々の多くで起きたさまざまな抵抗運動を封じ込められなかった。

そしてダムが決壊した。核戦争にエスカレートする恐れから、国家間の戦争は衰退していった。代わりに目立ってきたのが国家内の戦争（内戦）だ。内戦では、あまりにも強力で影響も持続的な核兵器は基本的に無関係となる。こうした変化の影響を最初に受けたのが植民地帝国だった。各国は植民地を維持しようと、現地住民の蜂起に対して軍事作戦を実施した。数多くおこなわれたそうした戦争の中には、ほとんどジェノサイド（大量虐殺）と呼べるほど残虐なものもあった。それでも結局、帝国主義者は次々に植民地から去らざるを得なくなった。

ヴェトナムでのアメリカ、アフガニスタンでのソ連はどっちもどっちだった。一九九〇年以来、平和維持活動など戦争以外の作戦も少なからず実施されているが、いずれも成果は芳しくない。また、失敗したのは西側のいわゆる先進諸国に限らない。中国の国民政府は共産主義勢力を制圧できなかった（国共内戦、一九二七～四九年）。インドネシアの東ティモール支配（一九七五～

九九年)、ヴェトナムのカンボジア支配(一九七八〜九〇年)も同様の結果になっている。

非対称戦争の重要性を最もよく示すものの一つとして、国際法の変化が挙げられる。歴史上のほとんどの時代において、集団のために戦う「戦士」と、それに対して戦う「反逆者」は明確に区別されていた。前者が一定の権利を持つとされることが多かったのに対し、後者はまったく権利を持たないものとされていた。しかし、今では各種の国際的な取り決めが結ばれており、特にジュネーヴ諸条約の追加議定書(一九七七年)の第一条四項では、この条約が適用される事態として「人民が自決の権利を行使して、植民地支配および外国による占領ならびに人種差別体制に対して戦う武力紛争」が含まれた。これらの結果、今では、国のために戦う人と国に対して戦う人との区別がある程度取り払われている。

確かに各国は、誰であれ、自国に対して決起する者は犯罪者だと主張していた。イギリスはケニアのマウマウ運動を、イスラエルはパレスティナ人をそのように扱った。こうしたやり方は法の適用を著しく不公平なものにしていた。それでも、全体として、法の役割が大きくなってきているのは事実だ。たとえば、指揮官や兵士が市販されているさまざまな小型機器で写真に撮られる危険につねにさらされる半面、彼らのほうもまた、今ほど、自分たちの一つ一つの行動を記録に残すように求められている時代はない。アメリカのアフガニスタン戦争では、アフガニスタン人が一人殺害されるたびに、それに責任のある将校らは、死者の当時の姿勢や服装、気温など何から何まで、最低五ページの文書に記入しなくてはならなかった。[9] 彼らの後ろには、ささいな記述であれ、その内容に法的に問題となる点があれば指摘しようと、ワードプロセッサーを脇に大勢の弁護士が控えている。

ケニアやパレスティナ、アフガニスタンなどでの戦争はどれも別々のものだが、共通点もいくつかある。たとえば、これらの戦争のほとんどは、国家とその正規の軍隊が、少なくとも当初はみすぼらしい徒党、暴力集団としか言いようのない敵に対して始めたものである。これらの集団は軍法を持たないので、メンバーに正式な規律を励行させることもできない。彼らが当てにできたのは、ほとんどメンバーの献身だけだ。それ以外では、必要に応じて開く、簡略でしばしば厳格な裁判くらいだろう。それに関して言えば、正式な司法権がなかったからこそ、彼らは時と場合に応じて模範を示さなくてはならなかったのである。彼らはまた、人数や経験、訓練、武器、資金の面でも貧弱だった。一九六四〜七九年のローデシア紛争中、ジンバブエ＝アフリカ民族同盟は一時あまりにも貧しく、ロンドンに派遣した代表団の電話代すら支払えなかったほどだ。

だが、こうした集団には強みもあった。まず、規模が小さいので、財政面や兵站面であまり多くを必要としなかった。彼らは機敏に動き、民間人にまぎれて隠れることもできた。最大の強みは、勝ち目が薄いところから始めたところだろう。そのため、彼らは使える手段は何でも使うしかなかった。だがそれによって、自分たちより強い相手には持てないある種の自由を持てたのである。別の言い方をすれば、彼らは、自分たちの社会やその周りの人の心情に訴えやすかった。彼らが戦争法に違反した場合ですら、ひいき目に見られやすかった。戦争法は、彼らのような集団が成立に関わったわけではないが、国家は特に彼らのような戦闘集団の役に立つことを意図して制定していた。

彼らは、たとえば人質をとったり、戦闘員と非戦闘員の区別を無視したりする。イギリスの委任統治領だったパレスティナでのユダヤ人の建国から、アフガニスタンでのタリバンの反政府活動まで、こうした運動が多かれ少なかれ目的を達成できた一因は、こうした強みによって説明できる。彼らは、しようと思えば何でもできる、はるかに強大な相手に歯向かってそれを成し遂げたのである。

彼らに負けた側にも言い分はある。指揮官たちからはこれまで、反乱者やゲリラ、テロリストらが国境を越えて支援を受けていたという声がよく聞かれた。また、政治家が決断できなかったと批判した人もいれば、メディアが国民からの信頼を残ったとやり玉に挙げた人もいた。「連携不足」を理由に責任転嫁を図ることも多かった。確かに、通常の戦争向けの指揮系統はあまりにも長くて煩雑だった。だが、非正規戦争では今はここ、次はあそこといった具合に戦闘が生じる。そのため上級将校らは細かいところまで指示し、互いに干渉し合うことになり、その結果、それぞれの部下は身動きがとれなくなった。また、情報と作戦も十分に統合されていなかったため、反応時間が遅くなった。あるいは、いわゆる戦略的伍長（ストラテジック・コーポラル）（伍長のような最下級の下士官が、作戦全体に影響する戦略的判断を迫られる状態）によって敗北がもたらされることもあった。軍事的な技能だけでなく、政治的、社会的、文化的、心理的な手腕が必要とされるような事態は、こうした人の手には余るため、過剰な反応をしたり、まったく反応できなかったりした。

こうした現象は非正規戦争の多くに見られ、ごく一部はそのすべてに共通して起きていたかもしれない。とはいえ、最も重要なものに限って見落とされがちである。それは、非正規戦争の場合、弱いほうにとっては失敗ですら、それが公表されれば「成功」になるということだ。なぜなら、失敗の公表は彼らがまだ存在する証になるからだ。逆に、強いほうにとっては、成功ですら「失敗」になる。たとえば、彼らの部隊が敵を殺せば、犯罪でもあれば逆効果にもなる残虐行為だと非難される。半面、部隊側が殺害されるままにすれば、無能のそしりを免れない。いずれにしても、調査がおこなわれることになり、何らかの処罰が下される恐れが出てくる。罰を受ける恐れがあると、皆うそをつこうとするものだ。ヴェトナム戦争がよい例だが、そうなると下士官、将校、上位の指揮官、メディア、世論、政治家を含むすべてがだんだんと道徳的に堕落していくだろう。

　強い軍隊と弱い集団が長期にわたって戦っている場合、強いほうは弱くなり、弱いほうは強くなっていく。この限りでは、戦争は政治や政策の延長ではなく、スポーツの延長だと言えるだろう。では、そうならないようにするにはどうすればよいか。ここでは二つの軍隊がおこなった軍事作戦に注目したい。いずれも、そうした事態に陥るのを避け、最終的に勝利を収めている。一つ目の軍事作戦は、一九八二年にシリアのハーフィズ・アサド大統領（二〇〇〇年に就任したバッシャール・アサド大統領の父親）が始めたものである。当時、アサド政権は反政府運動の拡大に直面し、そのままでは将来の安泰が危ぶまれるような状況にあった。政権に対する反発の背景には、アサド氏とその重要な協力者たちが国内で嫌われている少数派の宗派、アラウィー派（イスラム教シーア派に近いが、キリスト教などの影響も受けた独特な教義を奉じる一派）に属しているという事情があった。また、世俗的な国の性格に、イスラム勢力が不満を募らせていた面もあった。事態をさらに複雑にしていたのが、一九七六年以降、アサド政権側部隊の多くが隣国レバノンの内戦に関与していたことだった。一九八二年には、シリアはイスラエルの侵略を受けそうにもなっている。

反政府運動をおこなっていた組織の一つは、アラブ各国に支部を持つイスラム教団体のムスリム同胞団だった。同胞団はアサド政権側に対し、よく組織され、効果的なテロ作戦を繰り広げていた。そうした中、政権の弱体化と命の危険に直面したアサドは、捨て身の作戦に打って出る。反抗の中心となっていた西部の都市、ハマーの制圧に乗り出したのである。大統領の弟リファート・アサドの指揮の下、一万二〇〇〇人の兵士がハマーを包囲した。兵士たちは市内の住宅をしらみつぶしに捜索し、容疑者とみた人を次々に逮捕していった。これに対して、およそ五〇〇人の聖戦士(ムジャヒディーン)が反撃を開始し、伝えられるところでは公務員や警察官ら約二五〇人を殺害した。

これはリファートとハーフィズが待ち望んでいた展開だった。包囲していた部隊はこの蜂起を口実に、保有する最も強力な武器である重火器を主に用いて市内への攻撃を始めた。これによって、一万〜三万人が殺害された。多くは女性と子どもだった。だが、殺害自体よりも重要な意味を持ったのは、それに続いて起きたことだった。リファートは、彼と彼の部隊が何人殺害したのかと問われた際、わざとその数を誇張して答えた。リファートと彼の主な部下たちはその後、昇進を果たしている。生き残った人たちは、建物が崩れ落ちて住民が下敷きになり、側溝は遺体でいっぱいだったなどと証言している。それから何年もたった後も、巨大なモスクがあった場所のそばを通る人は目をそらし、身震いしたという。

以前は、シリアではクーデターが頻繁に起きていた。ところが、ハマー以後は三〇年にわたって秩序が維持された。勝利に寄与した重要な原則を五つ挙げることができる。第一に、攻撃が秘密裏に準備されたこと。そして電撃的に実行された。第二に、攻撃に先立って餌をまき、敵を隠れ場所からおびき出したこと。第三に、攻撃が非常に強力だったこと。弱過ぎるよりは強過ぎるほうがよい。第四に、攻撃の期間が短かったこと。第五に、これが最も肝心なのだが、攻撃が公然とおこなわれ、謝罪がなかったこと。世界で最も強力な攻撃であっても、相手全員を消し去ることは不可能だろう。攻撃が及ぼす影響は、大半とはいかなくても多くが心理的なものだといってよい。謝罪、たとえば非戦闘員が死亡して申し訳ないといった謝罪をすれば、そうした影響は弱まるだろうし、場合によっては決定的に弱まるかもしれない。

二つ目の例は、北アイルランドでおこなわれたものである。北アイルランドをめぐる「厄介事（ザ・トラブルズ）」は、イングランド王としてこの島を初めて併合しようとしたヘンリー二世（在位一一五四～八九年）の時代までさかのぼるが、最近では一九六九年一月に再燃した。爆弾によって送電鉄塔や送水ポンプなどのインフラが破壊され、対立するデモ隊同士が路上で衝突する中、問題は一気にエスカレートした。

事態は急速に悪化していく。ベルファストで同年八月一四日から一五日にかけての夜に起きた「戦闘（バトル）」では、警察官四人と民間人一〇人が死亡し、民間人一四五人が負傷した。建物などにも甚大な被害が出た。一九七一年一～八月には三一一件の爆弾攻撃があり、合わせて一〇〇人以上がけがをしている。翌年には爆弾攻撃がさらに増え、通年で一〇〇〇件をゆうに超えた。アイルランド共和軍（ＩＲＡ）は作戦の対象を北アイルランドからイギリス全体に広げていった。対立が頂点に達したのが一九七二年一月三〇日の「血の日曜日事件」である。この事件では、イギリス軍部隊が北アイルランドのロンドンデリーの路上で衝突を鎮圧しようとして、市民一三人が死亡した。

もし、状況をそのまま流れるに任せていたら、北アイルランドを保持するイギリスの取り組みは、これまでと同様、完全な失敗に終わっていただろう。そうならず、結果がいつものパターンに従わなかったとしたら、そこから教訓を引き出せるように思う。血の日曜日事件の後、イギリス陸軍が自分たちや他者の経験に学んで、何をしなかったに注目したい。

第一に、デモ行進中あるいは暴徒化した群衆に対して、二度と発砲しなかった。暴動やデモがどんなに激しくても、より抑制された手段を用い、死傷者数を大幅に減らした。第二に、反撃や報復をするにしても、戦車や装甲人員輸送車、迫撃砲、航空機といった重兵器をもう使わなかった。第三に、夜間外出禁止令の発令や住宅の爆破といった集団的懲罰を決して科さなかった。代わりに、住民を苦しめるのではなく守る者として自分たちを位置づけた。そうすることで、暴動が広がるのを防ぐことができた。第四に、これが最も重要だが、おおむね法の枠内で行動した。

確かに、法を逸脱した行為もときどきはあった。また、法を犯さずとも、人を十分脅せるような尋問方法も存在した。明確な人権侵害がおこなわれることもあった。情報を引き出したり、確証を得たりするために、拷問や偽りの嫌疑を利用する場合もあった。外国政府によって特定され、追跡されているＩＲＡの指導者数人は、今日では「標的殺害（ターゲティッド・キリング）」として知られる処刑スタイルで射殺されている。だが、全体として、イギリス軍は法に従って行動し、むやみに挑発しないようにした。エリザベス女王の叔父、マウントバッテン伯爵（当時七九歳）がヨットの上でテロリストによって爆殺された後も、サッチャー首相が演説する予定だったホテルの一部が、テロリストの仕掛けた爆弾によって破壊された後も、それは変わらなかった。さらに、ダウニング街一〇番地での閣議を狙ってテロリストが迫撃砲を打ち込んだ後も、やはり変更はなかった。

イギリスが収めた成功の真の秘訣は「鉄の自制」にあった。マキャヴェリが言っているように、権力の用い方として、これほど権力を行使される側の人を感嘆させるものはない。自制はある種の社会に根ざしたものだが、それを示すには忍耐、プロフェッショナリズム、そして規律が求められる。それを確認したければ戦死者名簿を見ればよい。対反乱作戦では普通、「秩序」を維持する側の死者一人につき、反乱者側に少なくとも一〇人の死者が出る。いわゆる巻き添え被害（コラテラル・ダメージ）を加えれば、後者の数はもっと多くなるだろう。ところが、北アイルランドの紛争では死者の内訳がまったく異なる。この紛争では三〇〇〇人が死亡したが、うち約一七〇〇人は民間人で、そのほとんどはテロリストによる爆弾の犠牲者である。そして、残り一三〇〇人のうち一〇〇〇人がイギリス兵で、テロリストはわずか三〇〇人に過ぎない。イギリスのある将校は私にこう言った。

「だからこそ私たちはまだそこにいられるのです」

ハマーのシリア軍は武力行使を最大限に活用し、北アイルランドのイギリス軍はそれを最小限に抑えた。その限りでは、両者がとった方法は正反対だと言える。だが、そこには共通点もある。それは、正規軍側が決定的な要素として時間を重視し、時間にともなう士気の低下という事態を避けたことだ。シリア軍の場合はそれを、作戦を始める前にほぼ終えることで成し遂げた。

イギリス軍の場合は、時間に左右されない「勇気ある自制」によって達成した。とはいえ、よくあることだが、いずれかの道に従うのに必要なものを持ち合わせていない場合はどうなるか。二〇〇四年の「ワシントン・ポスト」の見出しを借りれば、アメリカ軍によるイラクでの対反乱作戦は「殺害から親切へ」、そして親切から殺害へと行ったり来たりしていた。[10] このように指針がぶれると、部隊の士気は下がり、敵を利する結果になってしまう。

この種の非対称な戦いの帰趨を決めるには、軍事手段だけではまず不十分だ。非正規兵やゲリラ、テロリストらは人々を味方につける必要があり、そうしなければ勝利できない。一方、対反乱作戦をおこなう者も、毛沢東が言った「人民の海」を彼らから奪うため、人々をコントロールしようとする。どちらの側にとっても、「人民の海」に関する優れた情報が必要になる。非正規の勢力は人々との結びつきがあるため、こうした情報を敵よりも入手しやすい立場にある。特に、敵が外国である場合はそうだ。彼らはまた、宣伝や脅迫によって人々を自分たちの側に引き寄せようともするだろう。双方とも相手から仲間を奪い、相手を買収し、分断し、可能であれば派閥抗争をさせようとする。どんな種類の非正規勢力も一枚岩ではないので、こうした策に非常に弱い。

こうした方法をどれもとらない作戦は持続するのが難しくなるだろう。特に、反乱者側が世論を味方につけられなかったり、資源が尽きたりした場合はその可能性が高くなる。そうした作戦は逆にエスカレートし、公然とした戦いとして、戦略の通常の原則に従う全面的な内戦に発展するかもしれない。これは毛沢東が「第三段階」と呼んだものだ。いずれにせよ、前に説明したようなプロセスによって、時間の経過にともなってゲリラ側に有利になり、その敵側に不利になっていく。そのため、内戦になる前に前者の勝利が可能になる。アメリカの国際政治学者ヘンリー・キッシンジャー（一九二三〜）が言ったように、ゲリラは負けない限り勝ち、彼らの敵は勝たない限り負けるのだ。[11]

最後の重要な点は、反乱者側にとってもそれに対抗する側にとっても、非対称戦争では政治が全面化して軍事紛争を包み込み、最も下位のレベルですら政治と戦争を区別できなくなることだ。こうして、非対称戦争は全面戦争を反転させた形になる。全面戦争では逆に、戦争が全面化して政治を包み込み、やはり両者の見分けがつかなくなる。どちらの戦争も、戦争の本質に関するクラウゼヴィッツの有名な言葉を裏づけている。戦争は普遍的な真理ではなく、特殊な事実である。戦争は両極端の間に存在する。

展望

変化、持続、そして未来

一 変化

歴史的に言えば、戦争が遂げてきた変化は重大以外の何物でもない。とはいえ、軍事上の変化はそれだけで進むものではない。それには政治的、経済的、社会的、文化的な要因もあり、逆にそうした要因のほうも軍事上の変化から影響を受けている。そのため、戦争に関わる事柄の変化を予測することはきわめて難しく、ほとんど不可能なことも多い。

軍事に関して最も重要な変化の一つは、組織の分野で起きている。最初の戦士が誰だったかはわからない。だが、彼らがつながりの緩やかな部族集団として組織化されていたことはわかっている。少なくとも、我々はそうだと考えている。いわゆる農業革命が起き、それに促されてより中央集権的で階層化された政治共同体が生まれると、民兵、封建的な召集兵（土地の使用権の見返りに戦った）、傭兵、常備軍などが登場してきた。組織が異なる部隊が組み合わされて共に戦うこともよくあったが、こうした方法では連帯感や信頼性を高められなかった。

フランス革命の時期に、近代的な徴兵制が成立した。徴兵制は古代の都市国家や中世の共同体でもよく採用されていたが、その後長らく放棄されていた。半世紀後にはさらに、鉄道の発達のおかげで、政府や国家は徴兵制を補う制度として予備役の動員が可能になった。予備役制度は二つの世界大戦の間やそれ以後も活用された。この仕組みによって一部の国は、最高で全人口の一〇パーセント近くを戦地に何年も配置することができた。だが、一九七〇年頃から再び流れが変わる。文化や社会、技術、経済の変化から徴集兵や予備役の役割は低下し、代わりに職業軍人の役割が高まったのである。

こうしたさまざまな軍事組織の形態が生まれてくる一方で、より簡素で分散的、水平的な組織形態も完全には消えなかった。後者のような形態は、莫大な経費がかかる大規模な常備軍を持つ余裕がない場合に、こう言ってよければ「採用」された。もっとも一五〇〇年頃以降、支配権を握ってきたのが、新たに台頭してきた近代国家の軍隊だったのは事実だ。一九一四〜四五年の時点では、一握りのそうした軍隊が地球上のほぼすべてを分け合っていたほどである。これらの軍隊を抑え込めるものは同種の軍隊以外になかった。ただし、今後もそうかどうかはまだ判断できない。

軍事に関わる二つ目の重要な変化は、経済の発展である。最も単純な部族社会では、戦争はほとんど経済的なコストをかけずに実行できた。この点では、部族社会は定住型の社会よりもはるかに有利だった。一六五〇年頃まで、部族社会が国際政治の舞台で重要な役割を演じ続けていた理由の一つも、そうした事情に求められるだろう。とはいえ、一般的には、軍事力と経済力は手を携えて発展してきた。ほかの条件が同じであれば、社会が裕福であるほど、訓練をおこない、維持し、装備を与えられる兵士の数も多くなるからだ。

産業革命によって、豊かな社会と貧しい社会、昔の呼び方をするなら「文明化された」社会と「野蛮な」社会の格差は著しく広がった。ある時点では、前者がたいした資源も動員せずに、たちまち後者を征服できてしまうほど、その格差は大きかった。以来、両社会の格差は縮まってきているものの、なくなるには至っていない。たとえば、いわゆる先進諸国はいまだに、いわゆる発展途上国の大半に対して封鎖や侵攻をちらつかせて脅すことができる。その逆は不可能だ。ともあれ、ある社会が持つ富の量に関して、それを超えるとその社会の軍事力が増すのではなく減るような上限は存在するだろうか。過去の歴史はそれが存在することを示唆している。将来に関しては時間がたてばおのずと明らかになるだろう。

三つ目の重要な変化は、技術の進歩である。時代が下るにつれて、兵器やそのシステムをはじめとする各種装備は、威力や速度、射程、航続距離、精度といった面でめざましい向上を遂げてきた。電報に始まり、今日のセンサーやデータリンク、コンピュータに至るまで、情報を収集し、伝送し、処理する能力はそれ以上に急速に進歩している。こうしたあらゆる技術の能力は向上し続けており、それには限界が見えない。兵器の中には、あまりにも強力になった結果、世界を破滅させるとの恐れから使えなくなっているものすらある。

一九一四年前後に、技術上の変化は兵站の革命にもつながった。以前は、兵站で最も重要な必要品は食料と飼料だった。だが、後に戦場の機械化が進むと、必要となる物資の種類は飛躍的に増大した。また、新たに必要とされた物資には、非常に特殊なものも多かった。それらを現地で調達することは不可能だった。こうして、基地や補給線、輸送がかつてなく重要になったのである。裏を返せば、テロリストやゲリラ、反乱者による各種の作戦が多くの場合成功してきたのには一つ理由がある。それは、「一握りの米」などとも言われるように、彼らにとって兵站面で必要とするものが比較的少ないことだ。

過去に何度も、技術によって戦場は新たな環境に広がってきた。陸から海へ。海の上から海の中へ。空へ、宇宙へ。そしてサイバー空間へ。技術がなければ、海戦も空戦も、宇宙戦もあり得なかった。サイバー空間は、それ自体が存在しなかった。今後、さらに新たな環境や次元が戦場として加わるのだろうか。参考になりそうな話はある。アルベルト・アインシュタインは一九〇五年から一五年にかけて、四番目の次元をつけ加えた。次元の数はさらに増えるかもしれない。新たな戦場は、一九世紀の小説で描かれたような地下の環境だろうか？　あるいは、テレパシーが起きるような摩訶不思議な次元だろうか？

これは単なる想像に過ぎないが、一つはっきりしていることがある。それは、新たな環境や次元が発見されたり、つくり出されたりしても、技術によってそれに「身の毛のよだつしずく」が注がれるのは時間の問題に過ぎず、おそらく長くはかからないということだ。そのしずくは、イギリスの詩人アルフレッド・テニスン（一八〇九～九二年）が、征服される空の「真ん中の青」から降り落ちてくると言ったものだ[1]。確かにそこには、人間による新たな環境の征服は、実際にそこで戦って克服するまでは終わらないという意味合いも読み取れる。

もともとは、戦争用の道具は狩猟用の道具と同じだった。後にこの二つは別々のものとなる。そして、食料を得るための手段としての狩猟の役割が低下すると、戦争用の技術が狩猟用の技術を追い抜いていった。一方、古代にも風車や水車など、自然の力を利用したエネルギー源は存在したものの、それらは地理的に固定され、野外では使えなかった。その結果、軍事技術は最も優れた民生技術に遅れをとるようになっていった。状況が再び変わるには、産業革命、とりわけ内燃機関の登場を待たなくてはならなかった。

一八九〇年頃以降、研究開発がきちんとした計画に従って持続的におこなわれるようになると、軍事技術が巨額の投資を生かして民生技術を追い越していった。ライト兄弟が最初の顧客候補として軍を当て込んだのは偶然ではない。だが、一九八〇年頃のマイクロチップの発明によって、再び潮目が変わり始めた。民間企業が民間市場向けに生産する製品のほうが、世界屈指の現代的な軍も含め、各国の軍が保有している機材よりも優れていることが多くなってきたのである。この大きな変化はまだ始まったばかりだ。おそらく、その影響は向こう数十年かけて徐々に明らかになっていくだろう。

軍事技術の変化にともない、教義や訓練方法なども変わってきたし、また軍による計画の立案、展開、作戦の実施、戦闘のそれぞれの仕方も変わってきた。さらに言えば、術語の変更も必要になった。たとえば、現代的な意味での「戦略（strategy）」という言葉が登場するのは一七八〇年頃のことである。ギリシア語に由来するこの単語は、長らく忘れられていたが、原義とは少し違う、戦争の高度な作戦計画を意味するものとして使われ始めた。

新たに加わった用語は戦略だけではない。ほんの数例を挙げれば、「基地」「目標」「補給線」「内線」「外線」などもそうだ。後に「大戦略（grand strategy）」という言葉もお目見えする。また、戦略と戦術の間に位置するものとしての「作戦」など、新たな層を示す言葉もいくつか加わった。他方、同じ言葉でも意味が変わったものもあった。たとえば、「ground battle」は長年にわたって双方の主力部隊間の大規模な衝突を意味していた。だが、主力部隊がかなり分散されるようになり、直接まみえる機会がめったになくなった結果、今では単なる小競り合いを指す言葉になっている。

一九四五年、核兵器が初めて使用された。それ以前の軍事史で、もしかするとあらゆる歴史でも、これに匹敵する重要な出来事はなかった。それ以後にも、これほど重要な出来事はないし、たぶん今後もあり得ないだろう。人類は「戦争の絶頂（ウォーガズム）」によって、みずからを破壊し得る状況を初めて生み出した。以来、エスカレーションへの恐怖から大国間の大規模な戦争が発生しなくなったばかりか、大国以外にもさまざまな波及効果が出ている。また、そうした戦争は一方で抑止、他方で強要に置き換えられている。不安定さが、ある種の安定をもたらしたわけだ。もっとも、核兵器が今後絶対に使用されないという保証はない。それは使用されるかもしれない。仮にそうなれば、我々は本当に別の世界を迎えることになるだろう。もしそのときも、世界がまだ存在しているなら。

戦争法もいくどとなく変遷を遂げており、この変化も重大なものだ。負けた側の多くの男性、もしかすると大半の男性が処刑されていた時代もあった。男性の処刑が済むと、女性と子どもは、運が良ければ生かされ、奴隷にされた。古代のギリシア人とローマ人ほど、これを組織的に、また大規模におこなった民族はいない。戦争法は、階級の区別が反映されていた場合もあれば、それが比較的関係なかった場合もあった。一七〇〇年以降、負傷者を独自の権利を持つ人として区別して扱う考えが生まれた。その後、死者にも一定の権利が認められるようになった。

クラウゼヴィッツのように戦争法を軽視しがちだった人もいれば、キケロのようにその重要性を強調した人もいる。現代の基準からすれば、ローマ人の戦争は野蛮だったのだが、これについては気にかけないことにしよう。それは見方の問題でもあるからだ。いずれにせよ、クラウゼヴィッツとキケロの立場の違いには、クラウゼヴィッツはもともと兵士、キケロは法律家だったという事情も関わっているだろう。法の順守度というものは、測るのが難しいことで有名だ。ただ、測れる限りでは、最近の状況の変化、特にカメラがあちこちにあるようになったことと、情報の記録や拡散がしやすくなったことによって、法の役割が拡大したとみてよさそうだ。こうした方向に動いていることを示す重要な証拠として、二〇〇二年の国際刑事裁判所の設立が挙げられる。国際刑事裁判所は、戦争犯罪人を裁ける史上初の常設の裁判所であり、すでに複数の公判が開かれている。多くの場所で、この裁判所の権限に関して不安を募らせる人が出ている。

通常型の戦争が減少する半面、強者が弱者に、弱者が強者に仕掛ける戦争は増え、重要性も高まっているように見える。こうした戦争やほかの形態の非正規戦争は、以前のような戦争や、それを担った軍隊に取って代わる可能性がある。そうなれば、新たな種類の組織が出現することになるだろう。宗教政党、軍事組織、経済・慈善団体、そして言うまでもなく犯罪組織という側面を併せ持ち、現代技術の扱いにも長けたヒズボラとアルカイダは、そうした組織の原型と言えるかもしれない。とはいえ、戦争の将来を扱うのに先立ち、戦争に関して変わっていないものについてみておく必要がある。

二　持続性

軍事、民生いずれの分野でも、あるいは組織の場合にせよ技術の場合にせよ、変化は、どんな時代や場所でも一様に進むわけではない。遅々として進まないときもあれば、戦争に後押しされて一気に加速するときもある。何千年にもわたって同じ形式の戦争にこだわっていた政治共同体もあれば、戦争の形態を思いもよらぬ方向に、驚くべき速さで転換し、しかもそれを何度も繰り返してきた政治共同体もある。こうしたプロセスで何よりも重要な原動力となっているのが、共振作用である。戦争という生きるか死ぬかがかかった闘争では、厳しい選択を迫られる。敵に追いつき、できれば追い抜くために変わるか。それとも、「敗れたる者に災いあれ（ワエ・ウィクティース）」と呼ばれるかだ。

だが一方で、戦争に関する事柄には変わっていないものも非常に多く、それらは今後も変わりそうにない。そうしたものとして第一に挙げられるのが戦争の大義だが、それについては次の節に譲ろう。次が戦争の最も基本的な特徴である。それには、次のようなものが含まれる。戦略のルールに従う、あるいは従うべき二者間の闘争であること。その暴力はエスカレートする傾向が常にあり、制御しがたいこと。どのように定義されたものであれ、政策の道具であり、政策がなければ無意味な、目的のないものとなること。犯罪と異なり、それを始めた社会のかなりの部分によって、多くの場合、敵によっても受け入れられ、たたえられてすらいること。個人的な活動でなく、集団的な活動であること。

戦争がもたらす課題や、それをおこなう者に課せられる要求も変わっていない。最も重要な課題は、トップの責任に関わるものだ。次が、不確実性、摩擦、そして最大の課題である瞬時の残酷な死を含む苦難（シュトラパーゼン）だ。戦争というものが生まれて以来、これらはいずれも少しも変わっていない。戦争が続く限り、今後も変わらないだろう。同じことは、苦難に対処し、克服するのに必要な能力や方法についても言える。それには、勇気や決断力、連帯、組織、訓練、規律、統率力、まとめれば戦闘力が含まれる。

確かに、一九世紀半ば以来、すべての近代的な軍隊で、敵の砲火に直接さらされる部隊の割合は下がってきている。多くの部隊は、遠く離れたところから「戦闘」に「参加」している。コンピュータのプログラミングをする人もいれば、ミサイルを発射する人、ドローンを操縦する人もいるだろう。彼らはそうした作業を、エアコンの利いた部屋の中に座っておこなっている。その部屋には、核兵器による直接攻撃でなければ破壊できないほど、深い地下にあるものもあるだろう。彼らは、集中操作卓（コンソール）を見ながらシステムを制御している。そうしている間、彼らに危険は微塵もない。

これらは気がかりな問いを投げかけている。特に、ドローンのオペレーターが従事している活動は、本当に戦争なのだろうか？　単なるハイテク殺人ではないのか？　もしそうだとすれば、それは道徳的、法的にどう正当化できるのか？　戦争は人間的な要素を失っていくのではないか？　最初の二つの問いについては議論の余地がある。三つ目については、正当化は難しそうだ。経験が示しているように、ドローンやその仲間、すなわちロボットを保有し、使用している側が、それらを持たない側との戦いで行き詰まるというのは、あり得ないことではない。二〇〇六年に登場した「イスラム国」の掃討作戦でアメリカが成功してきたこと、また成功していないことを思い起こすとよいだろう。

　戦争を始めるにあたって社会が定める目標には、これまで必ず資源の獲得が含まれてきた。そうした資源には、狩猟や放牧をする土地や水源の利用権から、女性や子ども、奴隷、農地、鉱物資源、金銀まで、さまざまなものがある。資源絡みの動機は今も健在であり、特に国家内戦争では顕著だ。二一世紀初めの現在、「資源戦争」や「環境戦争」がよく話題になっている。水不足が武力衝突につながると予想している人もいるし、エネルギーや、希少だが不可欠な原材料をめぐってそうなると考えている人もいる。争いの種になる資源は多種多様であり、今後もそうであるに違いない。だが、戦争が起きる要因として、経済的な要因が重要であり続ける点は変わらないだろう。

　一八三〇年頃から、軍事技術は驚異的なスピードで進歩を遂げてきた。そのペースは加速すらしているかもしれない。技術は、それを持っていない者や、より劣った技術しか持たない者に対して使われると、非常に大きな威力を発揮する。そのため、それを持つ者はきわめて大きな強みを得られる。そうした強みは圧倒的なため、しばらくは抵抗できないように見える。イギリスの作家ヒレア・ベロックは、ヨーロッパとそれ以外の地域との軍事力の格差がピークに達していた一九〇〇年前後の植民地戦争について、こんなふうに書いている。「つまるところ、我々にはマキシム機関銃がある。彼らにはない」。[2]ただ、技術が同様の技術を持っている敵に対して使われる場合は、効果ははるかに限定的だった。理由の一つは、今でもそうだが、技術以外の要因が重要性を発揮することになることだ。

さらに言えば、クラウゼヴィッツも述べているとおり、戦略の原則は、用いられる手段よりも戦略それ自体の性質によって決まる。技術が戦略の原則にあまり大きな影響を与えてこなかったのはそのためだ。これはまた、二五〇〇年前に孫子が書いた文章が古びていない理由でもある。それが古びていないことを示す点としてわかりやすいのは、孫子が示した原則がおおむね、本人が扱わなかった海戦はおろか、想像できなかった空戦やサイバー戦争にすら当てはまるという事実だ。

では、核兵器についてはどういうことが言えるだろうか。表面的には、核兵器はすべてを一変させたように見える。SF作家の中には、核兵器の影響力が大き過ぎるため、それを禁止しなければ戦争をテーマにした作品はもう書けないという人もいるくらいだ。しかし、核兵器がこれまで及ぼしてきた影響には限界があった。その巨大な影に覆われながらも、たくさんのことが以前と同じようにおこなわれている。機甲戦の提唱者として有名なイギリスの軍事評論家J・F・C・フラーは一九四六年に、都市を徹底的に破壊するという脅しでは戦争を廃止できないと述べている。都市を徹底的に破壊すれば、むしろ報復を招くだけだろう。戦争は柔軟で器用な野獣のようなものだ。姿を自在に変える神話の登場人物のように、本質を保ったまま状況に合わせた形をとる。

戦争法は数々の重要な変化を経てきたが、その必要性はずっと変わっていない。戦争は過去に見られたように現在も、多くのものが禁止されている状態から、それらが許容され、命令され、称賛される状態へと、根本的な、そしてしばしば急激な変化を遂げつつある。また、これも今までと同じように、誰が、誰の命令に基づいて、どんな敵に対して、どんな理由で、どんな目的で、どんな手段で戦争を始める権利を持ち、誰が持っていないか、言い換えれば、何が戦争で、何が戦争でないかを定義する必要がある。戦時に許容されていることの枠内にとどまる者は顕彰に値するだろうし、逸脱した者は処罰されて当然ということになる（ときどき実際にそうされている）。年齢や性別にかかわらず認められる捕虜の権利から、はてはテロリストの権利まで、数多くの現実的な問題が持ち上がっており、解決が求められている。

ただし、戦争法が実際にどれほど重要なのか、その影響がどれほど大きいのかをめぐっては、これもまた議論の余地がある。実際、クラウゼヴィッツとキケロの主張は、前者は二〇〇〇年、後者は二〇〇〇年たった後でも、どちらもある点では正しいと言える。一方で、何らかの理由から法律（と法律家）によって両手を後ろで縛られたような軍隊は、自分よりも弱い敵にさえ負ける恐れがある。「必要の前に法律なし」という原則に基づいて行動する後者は、やらなくてはならないと感じたことは何でも自由にやるからだ。他方で、軍隊に法を無視して好き勝手にやらせる政治共同体は、野獣の群れと化すに違いない。それはやがて、政治共同体とはもはや呼べないものになってしまうだろう。

繰り返せば、核兵器の拡散と大規模な通常型戦争の後退によって、強者が弱者に、弱者が強者に仕掛ける非対称戦争の数が増え、重要性が高まっているように見える。もう一種類の非対称戦争、すなわち文明間戦争も、ずっと存在している。こうした戦争は、宗教、社会、文化、心理、何に関わるものにせよ、あらゆる問題の中で最も個人的なものをめぐっておこなわれている。また、性や生殖といった生物学的な圧力も関わっているかもしれない。だからこそ、文明間戦争はこれまで特に破壊的で野蛮だったし、それは今も変わっていない。

三 戦争に未来はあるか

「戦争に未来はあるか?」というのは、『フォーリン・アフェアーズ』一九七三年一〇月号に掲載された論文のタイトルである。同月には、アラブ諸国とイスラエルの戦争としては過去二〇年で最も規模が大きく、最も現代的だったヨム・キプール戦争(第四次中東戦争)が起きている。それから一年もたたないうちに、ポルトガルではクーデターによって独裁政権が打倒された。リスボンは、以前は植民地のアンゴラとモザンビークでの蜂起を押さえ込もうとしていたが、クーデター後、両国は内戦に突入した。それは数十年にわたって続き、おびただしい数の人命が失われた。

そうした状況に構うことなく、以後もこの論文と同じテーマを扱った文章が書き継がれてきた。同じタイトルを使ったものも少数ある。とはいえ、じつは戦争の未来に関する論文はそれが初めてではなかった。早くも一五八〇年代に、ジャン・ボダンは『歴史研究の簡潔な方法』の中で、今日議論されている論点の多くを論じている。戦争を終わらせたいと望み、実施にそうできると考えた人には、経済学者ではフリードリヒ・リスト（一七八九〜一八四六年）やノーマン・エンジェル（一八七二〜一九六七年。その取り組みによってノーベル平和賞も受賞している）、哲学者ではジョン・スチュアート・ミル（一八〇六〜七三年）やハーバート・スペンサー（一八二〇〜一九〇三年）、人類学者ではマーガレット・ミード（一九〇一〜七八年。一九四〇年には戦争を「単なる発明品」と呼んだ）[3]らがいる。しかし、どの人の希望もくじかれた。

統計によると、二一世紀初めの現在は、普通の人が戦争で死ぬ可能性が過去のどの時代よりも低くなっている。これは朗報には違いない。だが残念ながら、その原因はおそらく、我々が平和を好むようになったからではなく、歴史上類を見ない規模の人口爆発の結果に過ぎないとつけ加えなくてはならない。さらに言えば、戦争はずっと、間を置いて起きるものだった。その間はある程度長く、おおむね平和が保たれる。ただ、紀元前一四〇〇年以降で、完全に平和だった年は全体の一〇パーセントにも満たないと言われる。だとすれば、我々に与えられる（理由は誰にもわからない）「休息」は、どの場合も一時的なものということになる。これは株式市場と似たようなものかもしれない。バブルが弾けるたびに、業界の権威らは「今回は例外だった」などと言う。そして、次にバブルが崩壊して初めて、それが誤りだったと証明されるわけだ。

一八九〇年代に、前出のスペンサーは戦争を奴隷制になぞらえている。どちらも、自由な交換ではなく強制に基づくものだからというのが理由だ。彼はそうした見立てから、戦争は奴隷制と同じ道をたどって、いずれ歴史のごみ箱に捨てられるだろうと主張した。だが、そもそも、奴隷制はなくなってなどいない。二一世紀初頭の時点で、世界全体におよそ三〇〇〇万人の奴隷がいる。一方、少年や少女の拉致を通じて、戦争自体が奴隷制を再びもたらすケースもある。そうした少年は兵士や労働者に、少女はメイドや二人目以降の妻、売春婦にされる。さらに言えば、奴隷制も戦争と同じくらい歴史が古く、さまざまな形態があったので定義するのは難しい。現在では多くの国に外国人労働者(ゲストワーカー)がいるが、彼らはパスポートを召し上げられ、奴隷とほとんど変わらない境遇で生活している。彼らは人身売買されることもあり、それが合法的におこなわれる場合すらある。「賃金奴隷」とはよく言ったものだ。こうした人やほかの形で強制労働をさせられている人を含めると、現代の奴隷の数はもっと膨れ上がるに違いない。

戦争はまた、政策や政治の延長として、必ず考え抜かれた行為である。戦争と政治の境界線は、クラウゼヴィッツが通常型の国家間戦争について述べたようにかなり明確な場合もあれば、総力戦や反乱、対反乱の場合のように(理由はそれぞれ異なる)ほとんど存在しない場合もある。いずれにせよ、戦争を廃止する一つの方法は、戦争が政策や政治の目的に役立たないようにすることになる。戦争の二つの主な目標は、恐怖を和らげることと、欲望を満たすことだった。そして、恐怖と欲望は軍事と政治、経済の相対的な力関係の変化によって刺激される。歴史的に見れば話はわかりやすい。時間の経過にともなって、恐怖と欲望のどちらかが、場合によっては両方が強まったり弱まったりしている。ホッブズの時代と変わらず、今も紛争を「公平に」裁ける最高裁判所なるものは存在しない。最も弱いもの以外の「主権」国家すべてに決定事項を強制できるほど強力な国際的な警察組織がないのは、言うまでもない。

一八世紀のイマニュエル・カントやトマス・ペインから現代の政治学者まで、多くの人が民主制国家は互いに戦い合うのを嫌うと論じている。それはある程度は正しいのかもしれない。とはいえ、民主制国家は、非民主制国家と戦うこともしくはその領域内で戦うことは明らかに嫌わなかった。そうするのが自分たちの義務だとすら主張していた時期もある。確かに一九九〇年代には、あたかもほとんどの国が民主化の方向に進んでいて、歴史は終わったかのように見えた。だが、ソ連の崩壊が世界に与えた一〇年間の猶予期間はすぐに終わり、権力政治(パワーポリティクス)が再び幅を利かすようになった。その頃も、核戦争による破滅への恐れから、独裁者が支配する国も含めて大国間の大規模な戦争が防がれたのは事実だ。しかし、その恐れでは、より規模の小さい戦争が世界各地で起きるのは防げなかった。

歴史的に言えば、多くの戦争は富の獲得を目指して始められた。また、当初の意図がどうだったかは別として、戦争で利益を得た支配者や国家のリストは、古代中東の君主制国家に始まり、両世界大戦でのアメリカで終わっている。ジョージ・H・W・ブッシュが介入を決断しなければ、サダム・フセインによる一九九〇年のクウェート侵攻はイラクに莫大な利益をもたらしていたはずだ。あるいは、東南アジアのどこかの国が、国防に熱心とは言いがたい域内の小国、ブルネイ王国を征服すれば、それは輪をかけて大きな利益を手に入れられるだろう。

大半の国家間戦争は、もはや経済的には利益をもたらさないとしても、それ以外の利益ならまだもたらせるかもしれない。たとえば、ニーチェが書いているように、勝利は魂にとって最上の癒やしとなる。[4] 勝者は抑止力も高まり、以前よりは敵の攻撃を受けにくくなる。一九八二年に、アルゼンチンに勝利した後のイギリスがそうだった。現代国家の支配者らは、理屈の上では、国を代表して開始する戦争から個人的に利益を得ることはないとされる。ところが実際は、彼らの意図はさておき、個人的な利益を得ることが多い。たとえ直接の金銭的な見返りがなくても、威信や支持が高まることで、結果としてそうなることがある。サッチャーは、アルゼンチン軍があの時期にフォークランド諸島に侵攻せず、それに自ら対応することもなければ、再選されなかったかもしれない。一九七〇年代後半のハノイでさえ、四半世紀におよぶ激しい戦争のおかげで、腹の出た金持ちの男たちがいた。

とはいえ、戦争は国家でしかおこなわれないものではない。少なくとも一九四五年以来、最も激しい部類に入るものを含め、ほとんどの戦争は国家内でおこなわれている。政府と非国家の組織が戦うこともあれば、非国家の組織同士が戦うこともあった。集団や組織のトップには、身一つから大金持ちになる人も出てくる。パレスティナ解放機構の創設者で長期にわたってその指導者だったヤセル・アラファト（一九二九〜二〇〇四年）は、死去したときに数十億ドル規模の資産があったと言われる。アンゴラのゲリラ指導者だったジョナス・サヴィンビ（一九三四〜二〇〇二年）もそうだったようだ。また、彼らに付き従って働いた者たちも、給与の支払いを受けたり、周りの社会を食い物にしたりするなど、戦争をうまく利用して生計を立てている。国家側の薄給の人よりも裕福になる人もいるだろう。この種の戦争が長期化する一因はこうした事情にある。

それをおこなう人にはできるだけ長引かせるあらゆる理由があるのだ。

ようやく、あらゆる問いの中で最も厄介な問いにたどりついた。「我々の本性に潜むより善い天使たち」（エイブラハム・リンカーンが一八六一年三月の就任演説で使った言葉。アメリカの心理学者スティーブン・ピンカーが人類の暴力を扱った著作のタイトルに使用）はどこかにいるのだろうか。彼らはもう飛び立ってしまったのか、それともこれから飛び立とうとしているのか。我々の内側で何かが起きれば、戦争に終わりがもたらされるのだろうか。人間はより善く、より親切に、より優しく、強欲や残酷さがより少なくなっている、またそうなることができるという考えは、後期啓蒙思想の産物である。「すべて人間は兄弟になるだろう」。シラーは一七八五年の詩「歓喜に寄す」でそう謳った。しかしその四年後、フランス革命が勃発し、ヨーロッパは血の海となった。

大量殺戮は一八一五年で終わらなかった。一八五四～六〇年の中国の太平天国の乱（二〇〇〇万～三〇〇〇万人が死んだ）、一八六一～六五年のアメリカ南北戦争、パラグアイとアルゼンチン、ウルグアイの三カ国が戦った一八六四～七〇年の戦争（戦闘員一人あたりでは近代史上、最多の死者を出した）、一八六六年の普墺（ふおう）戦争、一八七〇～七一年の普仏（ふふつ）戦争があった。一九世紀末から二〇世紀初頭にかけておこなわれた植民地戦争の中には、ベルギーがコンゴ、ドイツがナミビアでおこなったもののように、現地住民を根絶やしにした戦争もあった。その後さらに日露戦争、二度のバルカン戦争、第一次世界大戦、日中戦争（『ザ・レイプ・オブ・南京』に描かれた事件も起きた）、エチオピアでのイタリアの戦争、スペイン内戦、第二次世界大戦があった。一九四五年から二〇一三年の間にも、二〇〇ほどの戦争が発生している。最も重要なものをいくつか挙げれば、中国の国共内戦、朝鮮戦争、ナイジェリアのビアフラ戦争、アルジェリア戦争（二回）、ヴェトナム戦争、アンゴラ、モザンビーク、スリランカ、ルワンダ、スーダン、ザイール（現コンゴ民主共和国）各国での戦争などだ。このほか、アフガニスタンやチャド、レバノン、イラク（二回）、シエラレオネ、ソマリア、ユーゴスラヴィアでもより小規模な戦争や大虐殺が起きている。

過去二世紀を振り返ると、戦争の終焉に関する予測よりも戦争自体のほうがありふれたものだった。また、右に列挙した中には、スターリンの大粛清、ホロコースト、中国の大躍進政策と文化大革命、カンボジアの「キリング・フィールド」など、大量殺害は含まれていない。何度もラッパが鳴り響いた。何度も、行儀の良い、他人と変わらない普通の人が大勢それに反応し、文明の衣をかなぐり捨てた。地獄の門の番犬が繰り返し解き放たれ、言葉では表せない犯罪が繰り返しおこなわれた。そうした行為には理性的な目的があったものもあれば、純粋にサディズムに動かされていたものもあった。二〇世紀を通じて、こうした「政治的殺人」の犠牲者は二億五〇〇〇万人に上ると推定されている。こうした出来事の後でさえ、なお道徳的な進歩を信じている人がいるとすれば、よほど神経が太い人であるに違いない。

歴史を通じて、最も規模が大きく最も多くの死者を出した戦争は、大国同士が戦い合ったものだった。もし世界人口比でみた戦争の死者数が実際に減っているとすれば、それは主にこうした大国間の大規模な戦争がほぼなくなったからだ。それはまた、天使の介入などではなく、戦争が当然の成り行きとしてエスカレートすることへの恐怖そのものからでもある。その戦争が歴史上、類を見ない圧倒的な破壊に終わりかねないという恐れ、歴史が劇的な終幕を迎えかねないという恐れからだ。

とはいえ、ここに挙げた戦争の一覧が示すとおり、核兵器では予防できない形態の戦争も多い。実際、いわゆる発展途上国では、大なり小なり新たな武力衝突が毎日のように起きている。核による抑止が利かない戦争の多くは、もともとは指導者が具体的な目的をもって始めたものだった。だが、戦争が長引くにつれて、目的と手段の区別は曖昧になりがちだった。また、国の外からの関与も出てくる。それには外国政府のほかに、資産を守ったり、戦争に乗じて利益をあげたりしようとする外国企業も含まれる。このほか、傭兵も参加していた。結果として多くの場合、複雑きわまりなく、怪物のように残忍かつ破壊的で、絶えず変化しながらもほぼ常に泥沼のような状態が生まれた。それは、指導者とその追随者、一般市民をのみ込み、逃れられなくした。加害者が被害者に、被害者が加害者になった。両者とも民間が持つものを略奪し、彼らが抵抗すれば容赦なく殺害した。三〇年戦争のときと同じように、戦争と犯罪の区別がつかなくなった。そして、こうした紛争の重要性はむしろ高まっている。代表的な例としては、ザイール（一九八七年〜）、シエラレオネ（一九九一〜二〇〇三年）、ソマリア（一九九一年〜）、アフガニスタン（一九八一〜八八、二〇〇一年〜）などが挙げられる。二〇一六年時点では、リビア、シリア、イラクもそうだ。

いわゆる先進諸国の大半では状況は違っている。そこでは、政府が彼らのトゥイードルダムとトゥイードルディー（『鏡の国のアリス』に登場するよく似た二人の人物）である社会保障制度と安全保障機関によって国民を管理している。怒りに任せた銃声すら聞いたことがない大半の国民は、戦争を壮大なスポーツのようなものと考えているほどだ。それが本当はどういうものなのか、彼らは想像できない。そして実際に戦争に直面することになると、目をつぶり耳をふさぐ。だが、戦争と無縁でいられるほど、「先進」的で、豊かで、均質で、自足した国などあるだろうか。あるいは、気候変動というものが存在するとして、それと無縁でいられる国があるだろうか。過去や現在、未来の経済危機の場合はどうか。人が最も大切にしているものに関わる文化間の軋轢（あつれき）の場合はどうか。礼儀、民主主義、多様性、平等、公正、環境、健康、人間性、道徳、安全、政治的正しさ（ポリティカル・コレクトネス）の名の下に、我々の手足を拘束している数多くの法律はどうか。法律が増えればそれを破る者も増えるという老子の警句は当てはまらなくなったのだろうか。[5] またこれまで、人々の不満などを茨（いばら）の冠として編み上げ、社会の頭にかぶせることになるような宗教的な相違はどうだろうか。

フランシス・ベーコンの言葉を再び引用すれば、「暴動やもめごと」にこと欠いたことはこれまで決してなかったし、今後も決してないだろう。[6] それらについて判決を下せる国際法廷はどこにも見当たらない。したがって一部の問題は、仮に解決されるとしても、これまでと同じく武力の行使によってだと考えられる。だが、これは、戦争は永遠に人類を苦しめ続けるということだろうか。必ずしもそうではあるまい。確かに、戦争では政治が大きな役割を果たしている。国際秩序が乱れる一方で、各共同体内にも構造上の欠陥があるからだ。それでも、最も基礎的なレベルでは、戦争は我々の衝動や感情がエネルギーになっている。主なものとしては憎しみや攻撃性、怒り、復讐、「力への意志」（ニーチェ）などがある。これらの情動は互いに密接に関わり、影響し合うものである。

もしこうした衝動や感情が我々の魂の中から消し去られれば、支配者や政治共同体はもはや戦争に訴えることができなくなる。それも一つの理由で、内科医や精神科医、精神薬理学者、脳科学者、遺伝学者たちは、それらの衝動や感情を変えたり、方向づけたり、抑えたり、ことによると取り除いたりしようとしている。彼らによると、一部では成果も出ているという。多くの国では、出生前診断で異常が見つかった無数の胎児が多数中絶されている。検査によって「好戦的な」遺伝子を持っているとわかった胎児が殺される日も、そのうち来るだろうか。

影響を受けているのは胎児だけではない。一部の犯罪者や多くの精神障害者は、電気けいれん療法、化学療法、ホルモン療法などを定期的に受けるようになっている。さらに、ナノテクノロジーを活用したほかの療法も加わろうとしている。こうした治療は自分の意志で受ける人もいれば、そうでない人もいる。次に対象となるのは、国によって人口の四分の一から半分を占める子どもになりそうだ。目的は、子どもの感情や気分を社会に適したものに調整することである。丸い穴には丸い杭を、というわけだ。その次は誰になるだろう?

しかし、戦争に反映されているのは、我々の本性の最悪の部分だけなのだろうか。レーニンはクラウゼヴィッツについてのノートに、侵略者は常に平和を求めていると記している。[7] 侵略者は我々の国家を占領しようとし、我々の自由と財産を奪おうとする。我々が抵抗しようものなら、我々を殺害しようともする。そうすれば自分にとって平和が実現するからだ。だからこそ、侵略者は決まって、自分に敵意はなく、平和のためにここに来たと主張する。ヒトラーも平和を求めていた。ただし、先にダンツィヒ、ポーランド、スカンジナヴィア、低地諸国、フランス、バルカン諸国、ソ連の支配を求めたのである。彼の以前にも以後にも、多くの人が同じように行動している。

「彼らが国境を越えて押し寄せて来たとき／私は降伏せよと言われた／それは私にはできなかった」。カナダのシンガーソングライター、レナード・コーエン（一九三四年〜）はそう歌った。家庭を守るということはそんなに悪いことだろうか。侮辱を常に甘んじて受け入れるべきなのだろうか。キリスト教やヒンドゥー教、仏教の宗派の中には、殺すよりも殺されるほうをよしとしたものもある。イエス、アッシジの聖フランチェスコ、マハトマ・ガンディーもそう説いた。宗教運動がそうできたのは、周りのより大きな社会に守られていると感じていたからである。この三人が、たとえば組織化された政治共同体に対して責任を負う立場にあったとすればどうだったか。その場合、彼らの振る舞いは英雄的どころではなく、おそらく反逆とはいかなくても犯罪と見なされていたに違いない。

戦争は悪いものである。だが、果たして悪いだけのものだろうか。戦争より悪いものはないのだろうか。不正義、あるいは迫害は、戦争よりましなのだろうか。エイブラハム・リンカーンは、戦争を避けるために奴隷制の存続を許しただろうか。イギリスは一九四〇年にヒトラーの提案を受け入れて、講和を結んでいただろうか。自由、尊厳はもはや問題ではなくなったのだろうか。生き残って、穏やかな暮らしをすることが、生の目的になったのだろうか。だとすれば、そのために我々はどの程度まで自分たちの生活が制約されるのを受け入れるべきなのか。また、身体や心をつくり変えるのを許すべきなのだろうか。戦争とは、自分自身を限界まで試そうという我々の野心、勇気、意欲を必要とするものではなかったか。別の誰かや何かのために苦しんだり、尽くしたり、ほかに方法がなければ死んだりする意志の源、すなわち愛はどうなってしまうのだろう。我々が持つこうした最も優れた能力をどう扱えばよいのか。使わずに取っておくということだろうか。その場合、そうした能力は必要となったときにまだそこにあるだろうか。それらを養っていなければ、我々は簡単に打ち負かされるのではないだろうか。最後に言えば、我々の内にある悪と善が絡み合っている以上、悪を抑えるのに用いる手段によって善も取り除かれはしないだろうか。

すでに我々の一つ一つの行動や言葉は、本人の同意がなくても、しかも知らないうちに監視できるようになっている。さらに思想や感情もコントロールされるようにすべきだろうか。操り人形になることとは、平和な生活を送る代償として見合ったものだろうか。人間が戦争をしなくなった世界とはどんなものなのだろう？　オルダス・ハクスリー作の『すばらしい新世界』とジョン・オーウェル作の『一九八四年』を合わせたようなものだろうか。こうした問いは、それぞれの社会や個人が自ら答えを探らなくてはならない。少なくとも、世論の趨勢としてそう問うことがまだ許されている限りはそうしなければならない。

恐ろしい戦争をめぐる我々の旅はここで終わりとしよう。

『戦争論』の遺産

カール・フォン・クラウゼヴィッツ、ハンス・デルブリュック、マイケル・ハワード、あるいは政軍関係

はじめに

マーチン・ファン・クレフェルト（Martin van Creveld）は、オランダ生まれのユダヤ人歴史家である。彼はロンドン大学経済政治学学院（ＬＳＥ）で博士号を取得した後、イスラエルに渡った。一九七一年から長年にわたってヘブライ大学歴史学部で教鞭を執った後、二〇一〇年秋に同大学を退官した。その後のクレフェルトは、基本的には執筆活動に専念している。

彼の著作の中から邦訳されているものを一部紹介すれば、『補給戦――何が勝敗を決定するのか』（佐藤佐三郎訳、中央公論新社、二〇〇六年）、『戦争文化論』（石津朋之監訳、原書房、上下巻、二〇一〇年）、『戦争の変遷』（石津朋之監訳、原書房、二〇一一年）がある。

クレフェルトの人物像とその戦争観について詳しくは、既にこうした著作の解説などにあるため、ここでは、彼が最も意識し、最も尊敬し、そして批判するプロイセン＝ドイツの軍人で思想家カール・フォン・クラウゼヴィッツの戦争観を考察することにより、やや異なる視点からクレフェルトの戦争観に光を当ててみたい。

実は、本書はこのクラウゼヴィッツと、クレフェルトが高く評価するもう一人の思想家である古代中国の孫子の戦争観を批判的に考察することで、この二人の偉大な思想家を超える著作を遺すことをその狙いとしている。その中でもクレフェルトのクラウゼヴィッツへの対抗意識は際立っている。

これについては、本書とクレフェルトの代表作『戦争の変遷』の表題をめぐるエピソードを紹介しておこう。

クレフェルトが世に問うたこれまでの全ての著作の中で、最も評価されている作品が『戦争の変遷』であろうが、原書の副題が明確に示す通り、同書はクラウゼヴィッツ以降の武力紛争――武力紛争とは戦争より広い概念――に対する最も大胆な再評価を試みたものである。

『戦争の変遷』は、まさにクラウゼヴィッツの『戦争論（*Vom Kriege / On War*）』を強く意識し、『戦争論』を超える著作を目的として執筆された。周知のように、同書はその出版以来大きな反響を呼び、現在までに多くの言語に翻訳されている。そうした中、当時のクレフェルトは、『戦争の変遷』の執筆を終えた以上、今後は何も書くものはなく、あとは後世の歴史家の評価を待ちたい、と述べていた。

なぜ『戦争の変遷』の原書の表題を *The Transformation of War* に決めたのかとの筆者の疑問に対して、当初はクラウゼヴィッツの大著『戦争論』に敬意を示す意味でも『「戦争論」について（*On War*)』を望んだのであるが、出版社とその編集者の強い意向により *The Transformation of War* に落ち着いたという経緯を語ってくれた。

さらに昨年、クレフェルトは本書の原題である *More On War* の On War とは、これがクラウゼヴィッツの『戦争論』を強く意識している、と筆者に明かしてくれた。

確かに、戦争とは何か、そしてとりわけ政治と戦争の関係性をめぐる問題を考える際にその出発点としてしばしば言及されるのがクラウゼヴィッツであり、とりわけクラウゼヴィッツと孫子という二人の戦争観を超えるための試みである事実を認めながらも、とりわけクラウゼヴィッツの『戦争論』と彼の戦争観を概観する。第二に、彼の戦争観をより具体的に理解するためドイツの歴史家ハンス・デルブリュックとイギリスの歴史家マイケル・ハワードの戦争観を紹介する。第三に、クラウゼヴィッツの戦争観がどのように継承されてきたかについて考えてみたい。併せて、偉大な思想家のいわば宿命とも言える、思想の誤読と誤解、さらには曲解について考える。最後に、政治と戦争（あるいは軍事）の関係性、いわゆる政軍関係のあり方をめぐる議論を手掛かりとして、今日における『戦争論』の妥当性と有用性を検討する。

だが、最初に確認すべき事実として、クラウゼヴィッツは戦争について深く思索を続けたのであって、何か明解な「理論」を提示したのではない点が挙げられる。実際、彼の著作の原題は『戦争について（*Vom Kriege*)』であり、『戦争論』ではなかった事実は、クラウゼヴィッツの戦争観を理解するためには、案外重要なのである。

併せて、クラウゼヴィッツの戦争観の土着性と普遍性にも留意する必要がある。

第一義的にはクラウゼヴィッツは、『戦争論』で同時代のプロイセン軍人に対して自らの戦争観を示したのであり、当然ながら、ここにクラウゼヴィッツの土着性が現れてくる。それと同時に、クラウゼヴィッツは、戦争という問題に関心を抱く者であれば一度は必ず手に取ってみたくなる著作の執筆も目指した。普遍性への挑戦である。

その結果、『戦争論』には今日ではいわば陳腐化した内容が多々見受けられる一方、時代や場所を超越した普遍的な発想や概念も含まれる。だからこそ、今日に至るまで世界規模で読み継がれているのであり、逆に、『戦争論』の内容の粗探しをしようと思えば、今日の時代に相応しくないものなど簡単に見つかる。

かつてアメリカの国際政治学者バーナード・ブロディは、クラウゼヴィッツを「最高の戦略思想家のみならず、唯一の戦略思想家」であると評価した。もちろん、この評価には誇張が含まれている。しかし、戦略思想家として最も学ぶべき人物を敢えて一人選ぶとすれば、それが、クラウゼヴィッツか孫子になるであろうことは疑いない。

一　クラウゼヴィッツと『戦争論』

◉クラウゼヴィッツとその時代

カール・フォン・クラウゼヴィッツ（一七八〇～一八三一年）が生きた時代は、一七八九年のフランス革命とその後の革命戦争及びナポレオン戦争の衝撃の時代であった。そして、ここでの戦争の様相の変化を目の当たりにしたのがクラウゼヴィッツであり、もう一人の著名な思想家が『戦争概論』を著したスイス（フランス）のアントワーヌ＝アンリ・ジョミニであった。

ややもすれば、保守的で伝統主義的軍人の代表としてのクラウゼヴィッツの人物像が強調されるが、実は、改革派の軍人ゲルハルト・フォン・シャルンホルストに傾倒し、彼が主導したプロイセン＝ドイツ軍制改革に積極的に参画した急進的な人物像もまた、クラウゼヴィッツの重要な一面である。

周知の通り、『戦争論』の刊行後しばらくは、同書が広く読まれることはなく、その評価は必ずしも高いものではなかった。他方、当時のヨーロッパ諸国の政治及び軍事指導者には、ジョミニの戦争観が圧倒的に支持された。

この時代にジョミニの影響が支配的であった理由として、以下の要因が挙げられる。すなわち、①フランス革命がもたらしたナショナリズムという巨大な社会のエネルギーから、当時の支配者層が目を背けたいと思ったから、②クラウゼヴィッツの難解かつ観念的な文章よりも、ジョミニの明解で処方的な説明の方が人々に理解し易いと共に、とりわけ軍人の思考に合致していたから、③フランス語という「国際語」で書かれたジョミニの著作の影響力は、当時は主要言語でなかったドイツ語のクラウゼヴィッツの著作と比較して、その読者層などに大きな違いが見られたから、④ジョミニが当時としてはかなりの長寿であったため、⑤ジョミニがナポレオンに高く評価され多数の著作を著した経緯などにより、ヨーロッパ諸国の軍人の注目を多く集めたため、などである。

また、ジョミニの影響はヨーロッパ大陸だけに留まらず、大西洋を越えたアメリカ大陸にも広がっていた。事実、一九世紀中頃のアメリカ南北戦争では、「将軍の大半は片手にサーベルを、そしてもう片手にはジョミニの『戦争概論』を持って戦った」、と言われたほどである。

だが、一八六〇年代から七〇年代初頭に掛けて、プロイセンがいわゆる「ドイツ統一戦争」(デンマーク戦争、普墺戦争、普仏戦争)に勝利し、その勝利の立役者として宰相オットー・フォン・ビスマルクと共に陸軍参謀総長ヘルムート・フォン・モルトケ(大モルトケ)が注目された結果、二人の思想家の評価に逆転が生じることになる。

当時のヨーロッパ諸国の大方の予想に反して勝利したプロイセンの軍事指導者である大モルトケが、自らの人生に影響を及ぼした著作として、『聖書』やホメロスの名前などと共に、クラウゼヴィッツの『戦争論』を挙げたからである。その後、クラウゼヴィッツに対する評価に転機が訪れた。

つまり、他の著名な思想家と同様、クラウゼヴィッツの『戦争論』は後年に「発見」されたのである。

◉一八二七年の「危機」

クラウゼヴィッツの人物像及び彼の戦争観の変遷について詳しくは、アメリカの歴史家ピーター・パレットの作品をはじめ既に多くの著作が出版されているため、それらを参照して頂くとして、ここでは、クラウゼヴィッツの戦争観の形成過程を素描するに留める。

『戦争論』を考える際に最初に注目すべきは、いわゆる一八二七年の「危機」についてである。つまり、クラウゼヴィッツは自らの死の数年前になって初めて、それまで書き溜めていた草稿の重大な問題点に気付いたのである。こうした事情については、『戦争論』の「方針（Nachricht）」や「序文（Vorrede des Verfassers）」に詳しく記されているが、その核心は、クラウゼヴィッツが戦争を政治の継続であると捉えたこととされる。

◉「絶対戦争」と「制限戦争」

クラウゼヴィッツは『戦争論』で、①戦争には二種類の理念型が存在すること、②戦争は他の手段を用いて継続される政治的交渉に他ならない、という二つの問題意識の下、「戦争における諸般の事象の本質を究明し、これら事象とそれを構成している種々の要素の性質との関係を示そう」とした。

クラウゼヴィッツは戦争の本質を「拡大された決闘」と考える。

戦争は一種の力(ゲヴァルト)の行為であり、その旨とするところは敵に自らの意志を強制することである。また、戦争は常に生きた力の衝突であるため、理論的には相互作用——エスカレーション——が生じ、それは必ず極限にまで到達する筈である。

こうした論理展開からクラウゼヴィッツは、戦争の一つの理念型、「絶対戦争(absoluten Krieges)」という概念を導き出した。戦争が自己目的化する傾向が強いのは、まさこの理由による。そして彼は、この戦争の理念型から必然的に得られる帰結として、戦争の究極を敵戦闘力の殲滅(せんめつ)に見出した。

◉戦争の「政治性」

だが同時にクラウゼヴィッツは、とりわけ晩年になって戦争がそれ自体で独立した事象でない事実もまた理解し始めており、戦争には現実世界における手直し、「現実の戦争(wirklichen Krieges)」もしくは「制限戦争」が生まれると指摘する。

これが、クラウゼヴィッツによる戦争の二種類の理念型、すなわち、理論上の「絶対戦争」と現実における「制限戦争」である。

また、『戦争論』で示されたクラウゼヴィッツの戦争観で、政治と戦争の関係性をめぐってとりわけ重要なものとして、彼が戦争を政治に内属すると位置付けた(らしいとの)事実、戦争を政治の文脈の中に組み入れて議論し始めた事実、が挙げられる。

クラウゼヴィッツによれば、戦争は政治的行為であるばかりでなく政治の道具であり、敵・味方の政治的交渉の継続に過ぎず、外交とは異なる手段を用いてこの政治的交渉を遂行する行為である。この論理に従えば、当然、政治的意図が常に「目的」の位置にあり、戦争はその「手段」に過ぎない。また、そうであるからこそ、この政治の役割が、理論的には「絶対戦争」という極限に向かう筈の戦争を抑制する最も重要な要素とされるのである。

クラウゼヴィッツが『戦争論』で「戦争がそれ自身の文法を有することは言うまでもない。しかしながら、戦争はそれ自身の論理を持つものではない」と記したのは、この戦争の政治性に注目した結果である。

◉マキャヴェッリからクラウゼヴィッツへ

一部は繰り返しになるが、クラウゼヴィッツの『戦争論』の核心的な文章として、「戦争は外交とは異なる手段を用いて政治的交渉を継続する行為に過ぎない(Der Krieg ist eine blosse Fortsetzung der Politik mit anderen Mitteln.)」、「戦争は政治的行為であるばかりでなく政治の道具であり、敵・味方の政治的交渉の継続に過ぎず、外交とは異なる手段を用いてこの政治的交渉を遂行する行為である」、「戦争がそれ自身の文法を有することは言うまでもない。しかしながら、戦争はそれ自身の論理を持つものではない」、「戦争は一種の力の行為であり、その旨とするところは敵に自らの意志を強制すること」、などが挙げられるが、実は、これらの何れにも、イタリアの政治哲学者ニッコロ・マキャヴェッリ(一四六九〜一五二七年)の影響が強くうかがえる。

詳しくは、マキャヴェッリの主著『ディスコルシ』などを参照して頂きたいが、従来、クラウゼヴィッツの戦争観の源泉としてイマヌエル・カントやG・W・F・ヘーゲルなどの名前は指摘されていた。もちろんこうした人物の影響は決して無視できないものの、クラウゼヴィッツの戦争観に対して最も決定的な影響を及ぼした人物がマキャヴェッリであることは疑いようのない事実である。これは史料によって裏付けられている。つまり、クラウゼヴィッツはマキャヴェッリの著作を数多く精読し、実際にメモを取っているのである。

その意味においてクラウゼヴィッツを、現実主義の国際政治観あるいは戦争観の系譜の中に位置付けることも可能であり、だからこそ、たとえクラウゼヴィッツの『戦争論』を一度も読んだことがなくても、現実主義的もしくは保守的な戦争に対する見方を抱く者であれば、彼とほぼ同様の戦争観を示すことになる。詳しくは後述するが、ここに思想家の影響を測ることの難しさの一端がある。

◉奇妙な「三位一体」

クラウゼヴィッツが『戦争論』で示したその他の多くの発想や概念の中で、今日に至るまで――あるいは今日だからこそ――注目されているものとして、摩擦、戦争の霧、不可測な要素、軍事的天才、奇妙な「三位一体」、などが挙げられる。もちろん、こうした発想や概念は多くの場合、当時から今日に至るまで妥当であり、有用であるものの、残念ながら時としてこれらは、『戦争論』で示された文脈を全く無視する形で、いわば短絡的に用いられている。誤用と乱用、さらには曲解の問題である。

もちろんその一方で、例えばクラウゼヴィッツが生きた時代には産業革命の影響がまだ戦争及び軍事の領域にまで広く浸透していなかったこともあり、クラウゼヴィッツは戦争の技術的側面に殆ど注目することはなかった。これは、明らかに『戦争論』の問題点の一つである。

これを受けてハワードが、クラウゼヴィッツが示した（とされる）「政治」、「軍事」、「国民」、の奇妙な「三位一体」に加えて、クラウゼヴィッツの死後、一九世紀中頃からは無視し得なくなった新たな要素として「技術」を指摘した事実は広く知られている。また、筆者はさらにこれに加えた第五の要素として「時代精神」を提唱している。これらの妥当性はともかく、このようにクラウゼヴィッツが示した発想や概念が時代と共に進化し続けている事実を鑑みれば、『戦争論』の重要性が改めて理解できよう。

二　クラウゼヴィッツからデルブリュック、そしてハワードへ

◉デルブリュックとその時代

次に、政治と戦争の関係性をめぐるクラウゼヴィッツの立場をほぼ正確に継承し、学問としての軍事史の確立に大きく貢献したとされる歴史家としてドイツのハンス・デルブリュック（一八四八〜一九二九年）が挙げられる。

デルブリュックは、①「軍事史家」としての一面に加え、②当時は一般国民に馴染みの薄かっ

た戦争について平易な言葉で説明した「解説者」としての一面、③第一次世界大戦でのドイツの戦争指導に強く異論を唱えた「批判者」、という三つの顔を併せ持つ人物であった。

軍事史家としてのデルブリュックの代表作は『政治史の枠組みの中の戦争術の歴史（*Geschichte der Kriegskunst im Rahmen der politishen Geschichte*）』であり、「実証批判（Sachkritik）」や比較歴史学といった新たな研究手法を駆使し、政治という大きな枠組みの下で戦争の歴史を考察すると共に、ある国家の体制とそこで用いられる具体的な戦略の関係性について明らかにした。それまでの誇張に満ちた戦記物や武勇伝などに対して、いわば神話の破壊者たらんとしたのであるが、この姿勢はデルブリュックの生涯を通じて一貫している。

その過程で彼は、やや強引な論理展開が見受けられるものの、あらゆる時代にはその時代の社会や政治のあり方を反映した固有の戦争形態や戦略が存在する事実を指摘した。

解説者としてのデルブリュックは、第一次世界大戦中にその真価を発揮し、雑誌『プロイセン年報』などを通じてこの大戦の戦況や戦略の説明に努めた。また、大戦後の彼は批判者として知られ、エーリヒ・ルーデンドルフに象徴されるドイツの戦争指導のあり方を厳しく批判した。

もちろん、軍事史家としてのデルブリュックの議論には多くの問題点が挙げられ、また、解説者や批判者としての彼は、必ずしも同時代の政治や戦争の実情に通じていなかったこと――所詮デルブリュックは「部外者」に過ぎない――もあり、やや見当違いの論評も多々残している。

だが、それにもかかわらず、学問としての軍事史の確立に務め、その中で今日で言う政軍関係のあり方について深く追究したデルブリュックの歴史観及び戦争観は、今日でも参考となる点が多い。

そのため、以下では、第一次世界大戦を具体的な事例として政治と戦争の関係性をめぐるデルブリュックの立場を考えてみたい。

◉「政治による戦争指導」と「軍事による政治指導」

最初に結論的なことを述べてしまえば、デルブリュックにとって第一次世界大戦ほど、自らが理想とする「政治による戦争指導」と現実に生起した「軍事による政治指導」との落差が顕著であった例はなかった。

彼は、いかなる戦争方法を用いるかを決定するのも、いかなる軍事戦略を用いるかを決定するのも、政治（家）の責任であり、仮に政治目的から逸脱した形で軍事戦略が実施されれば、国家運営全般に対する障害になると正しく認識していた。

その結果、彼は常に「交渉による平和」の基礎を提供し得る戦争方法を唱えた。つまり、敵との交渉の窓口は絶対に閉ざしてはならず、敵がその窓口を閉ざすことになるような軍事戦略は決して用いてはならないのである。

このデルブリュックの政軍関係のあり方をめぐる立場は、今日、アメリカの国際政治学者エリオット・コーエンなどに継承されている。コーエンは、こうした政治目的と戦争もしくは軍事の関係を「対等ではないものの対話（unequal dialogue）」と的確に表現している。

◉政治の枠組みの中の戦争

デルブリュックは『政治史の枠組みの中の戦争術の歴史』の中で、戦争と政治及び社会の関係性を強調する。

すなわち、「……（前略）……この著作に通底する思想である国家の組織と戦術、そして戦略の相互作用の立体的な構築が可能となった。戦術、戦略、国家の体制、そして政治の相互作用を理解することにより、キリスト教普遍史との関係に焦点を当て、従来は無視あるいは誤解されてきた多数の事柄を明らかにできる。この著作は戦争術のためではなく、世界史のために執筆されたものである」。

デルブリュックとクラウゼヴィッツの類似点として、彼が示した「殲滅戦略（Niederwerfungsstrategie）」と「消耗戦略〔二極戦略〕（Ermattungsstrategie）」という概念が挙げられる。

こうした概念を提示するに際して、明らかにデルブリュックはクラウゼヴィッツの「絶対戦争」と「制限戦争」を参考にしている。だが、はたしてデルブリュックの概念がクラウゼヴィッツの示したものと同一なのかについては、今日に至るまで専門家の見解が分かれている。

一方、旧帝国陸軍の石原莞爾に代表されるように、日本にもデルブリュックが示した概念と類似したものを提示した人物が存在する。だが、はたしてこれが石原の主張するように偶然の一致に過ぎないのか、それとも、実は『戦争史大観』や『最終戦争論』などで示された彼の思想の源泉がデルブリュックであったのかについては、今日でも必ずしも明確にされていない。

◉「戦略論争」

デルブリュックの名前を著名にしたものの一つがいわゆる「戦略論争」である。

これは、とりわけプロイセンのフリードリヒ大王が実際に用いた戦略に対する評価をめぐって、デルブリュックとドイツ陸軍参謀本部を中心とする軍人歴史家の間で戦わされた論争——これが「論争」の名に値するものであったかについては問わないとして——である。軍人歴史家の中心となった人物がコルマール・フォン・デア・ゴルツであり、軍人以外にも、文筆家のテオドール・フォン・ベルンハルディなどが積極的にこれに参加している。

この論争の核心は、はたしてデルブリュックが主張したように、フリードリヒ大王が「消耗戦略」の実践者であり、フランスのナポレオン・ボナパルトが「殲滅戦略」の代表であるかをめぐっての、解釈の問題であった。

とりわけ、多くのドイツ軍人が信奉するフリードリヒ大王の戦い方をデルブリュックが「消耗戦略」の典型的な事例であるとしたことに対して、軍人歴史家が、これを大王に対する侮辱と捉え、強く反発したのである。

この論争は決着が付かないまま、その対立の構図だけが一九一四〜一八年の第一次世界大戦に、さらには大戦後にまで持ち越され、そこでは戦時中のドイツ軍最高統帥部——軍人——の戦争指導をめぐって新たな議論が展開されることになる。ここでのデルブリュックの論争の相手は、第一次世界大戦中は一九一六年以降のドイツ軍最高統帥部そのものであり、戦後はルーデンドルフに代表されるいわゆる「シュリーフェン派」の軍人及び軍人歴史家であった。

繰り返すが、こうした論争でのデルブリュックの確信は、この大戦ほど自らが理想とする「政治による戦争指導」と実際の「軍事による政治指導」との落差が顕著であった例はなかった、とする点であろう。

だが、今日から振り返れば、可能な限り客観的で学問的な歴史の記述を心掛けたデルブリュックと、自らの正当化や政策提言を主たる目的とした軍人及び軍人歴史家との論争など、所詮は不毛なものであったように思われる。

◉デルブリュックと第一次世界大戦

では、より具体的に第一次世界大戦をめぐるデルブリュックの立場を整理しておこう。

第一に、デルブリュックはドイツが敵の同盟体制を破壊することに集中し、イギリスとフランスの政治的離反を図るべきであると唱えた。

同時に、この敵の同盟強化を何よりも懸念した彼は、ドイツ海軍による無差別潜水艦作戦に強硬に反対した。なぜなら、これを口実としてアメリカがこの大戦に参戦する可能性が高く、仮に同国が参戦すれば、ドイツが勝利する可能性は殆どなくなるからである。

第二に、デルブリュックは敵の完全な殲滅を目指す戦略に反対した。

例えばかつてナポレオンは、フランス革命戦争及びナポレオン戦争の緒戦で圧倒的な軍事的勝利を得た結果、「成功の極限点」を踏み越え、和平への機会を逃したばかりでなく、逆に、敵の抗戦意志と同盟体制を強化させ、結局は敗北へと追い込まれた。仮に、ドイツが戦場で圧倒的な軍事的勝利を収めたとしても、ヨーロッパ大陸での同国の覇権確立を他のヨーロッパ諸国、とりわけイギリスが認める筈はなく、却って戦争の長期化に繋がってしまう。

第三に、第一次世界大戦を通じてデルブリュックは、ドイツには中立国ベルギーを併合する意図がない旨を国際社会に宣言するよう、また大戦が終結次第、同国がベルギーから無条件に撤退する旨を宣言するよう、提言を続けた。彼は、ドイツがヨーロッパ大陸で領土的野心を有する限り、戦争の終結は不可能であることを理解していた。

第四に、戦争の道義的側面への配慮が当時の「時代精神」になりつつあると認識したデルブリュックは、ドイツによる占領地域の強硬な「ドイツ化政策」を控えるよう主張した。なぜなら、仮に同国が他民族に対する圧政者と見られれば、国際社会で孤立し、中立諸国からの支持すら得られないからである。

第五に、一九一八年春にドイツ軍が実施した軍事攻勢についてデルブリュックは、たとえこの攻勢が成功しても、大戦を真の意味での勝利へと導く政治的意味を持ち得ないと考えた。この攻勢は、敵を和平交渉の席に誘い出すための、より広範な政治攻勢の一端を担うべきであったのである。

こうしたデルブリュックの提言に対し、実際にドイツの指導者がいかなる戦争指導を行い、第一次世界大戦がいかなる結果をもたらしたかについての詳述は控える。ここでは、①ドイツの無差別潜水艦作戦がアメリカ参戦の大きな要因となった、②主としてベルギーに対するドイツの強硬な政策により、イギリスとフランスは決して和平交渉に応じようとしなかった、との事実を指摘するだけで十分であろう。

◉ルーデンドルフの戦争指導

第一次世界大戦後のデルブリュックは、この大戦中のドイツの戦争指導のあり方について再び問題を提起し、一九二二年の『ルーデンドルフの自画像（*Ludendorffs Selbstporträt*）』などを通じて同国の指導者を厳しく批判した。

例えばデルブリュックは、ルーデンドルフは軍人ではあったものの戦略家ではなかった、と厳しい評価を下している。政治と戦争もしくは軍事が相互に作用する領域で、ルーデンドルフは適格性に欠けたとの意味である。

さらに彼は、仮に一九一四年七月にドイツが異なる政治方針を用いたとしても、おそらく戦争は回避できなかったであろうが、仮に第一次世界大戦での戦争指導をルーデンドルフ以外の人物が担当していれば、違った形でこの大戦を終結できたであろう、と述べている。

デルブリュックが容赦なく批判し、激しい論争を展開したルーデンドルフの戦争観については、その主著『総力戦』を参照して頂くとして、デルブリュックとルーデンドルフの論争が提起した問いは、誰が戦争を指導すべきなのか、つまり、今日で言う政軍関係のあり方をめぐる対立であった。

ルーデンドルフが、いわゆる総力戦の時代を迎えたからこそ軍人が戦争を指導すべきと考えた一方、デルブリュックは、クラウゼヴィッツの戦争観を継承しながら政治（家）による戦争指導を唱えるに至った。この考え方はその後、例えば英語圏を中心とする今日の文民政治指導者を頂点とした政軍関係の概念——文民統制（シビリアン・コントロール）——へと発展する。

確かに、戦争指導という概念が世界各国でとりわけ注目を集め始めたのは、第一次世界大戦後であることは疑いなく、当時のフランス首相ジョルジュ・クレマンソーが、戦争は将軍だけに任せておくにはあまりに重大な事業（ビジネス）であるとの認識の下、戦争全般の指導は国家政策の頂点に立つ文民政治家が自ら行わなければならないと考えたことが大きな契機となった。つまり、総力戦の時代だからこそ文民政治家が戦争を指導すべきとの認識であり、これはルーデンドルフの戦争観とは真逆の立場である。

そして、ここから文民政治家による戦争指導のほぼ同義語として、当初は「高級戦略」、その後は「国家戦略」や「大戦略（グランド・ストラテジー）」といった概念が登場してくるのである。なお、第二次世界大戦前の日本では、ルーデンドルフもしくはドイツの考え方が主流であった。

興味深いことに、今日のドイツではデルブリュックの再評価が行われている。実際、ドイツ軍事史社会科学研究所は、その運営方針の大きな基盤として、デルブリュックの研究姿勢とその精神を位置付けているという。

◉ハワードとその時代

戦争と社会の関係性についてデルブリュックとほぼ同様の認識を示した歴史家として、イギリスのマイケル・ハワードの名前が挙げられる。実は、クラウゼヴィッツもデルブリュックやハワードと同様、その晩年には戦争が社会的な事象であるとの認識に至っていた。

ハワードは、戦争と社会の関係性についてその著『ヨーロッパ史における戦争（*War in European History*）』で、以下のように述べている。

すなわち、「戦争を戦争が行われている環境から引き離して、ゲームの技術のように戦争の技術を研究することは、戦争それ自体ばかりでなく戦争が行われている社会の理解にとって、不可欠な研究を無視することになります」。また彼は、「政治史の枠組みにおいてばかりでなく、経済史、社会史、文化史の枠組みにおいても戦争を研究しなければなりません。戦争は人間の経験全体の一部であり、その各部分は互いに関係付けることによってのみ理解できるのであります。戦争が一体何をめぐって行われたのかを知らずには、どうして戦争が行われたのかを、十分に記述することはできません」と指摘する。

◉ハワードのクラウゼヴィッツ観

ハワードのもう一つの代表作として『クラウゼヴィッツ（*Clausewitz*）』が挙げられるが、同書はクラウゼヴィッツの戦争観に批判的考察を試みたことで知られる。

その中でハワードは、クラウゼヴィッツが、①陸上での戦いだけをその考察対象としている、②情報の重要性に一切触れていない、③戦争の倫理をめぐる問題を避けている、④技術の側面を軽視している、といった一般的なクラウゼヴィッツ批判を紹介すると共に、こうした批判に対して説得力に富む反論を展開している。

前述したように、クラウゼヴィッツの『戦争論』はその内容に多々問題が含まれている。現実主義あるいは保守主義の立場からの戦争観、あるいはそうした戦争観のいわば寄せ集めに過ぎないとも言え、さらには、確かに同書の内容の大部分は時代遅れですらある。他方、『戦争論』には、戦争について真摯に考えるためには必要で有用な多くの示唆が含まれている。

そこで、最終的に問われるべきは、問題点を多々抱えているにもかかわらず『戦争論』が、なぜ今日に至るまで世界規模で読み継がれているのかであり、より具体的には、同書のどの部分がいかなる文脈の下で引用されているか、を丁寧に分析することであろう。

◉「媒介(メディア)」としてのコルベット

興味深いことに、前述のデルブリュックやハワードと並ぶクラウゼヴィッツの戦争観の継承者として、イギリスの海軍戦略思想家ジュリアン・コルベットと同じくイギリスの戦略思想家バジル・ヘンリー・リデルハートの名前がしばしば挙げられる。

コルベットはともかく、リデルハートをクラウゼヴィッツの戦争観の継承者と位置付けることには違和感を抱く者も多いであろう。事実、彼はクラウゼヴィッツを「大量集中理論と相互破壊理論の救世主」として厳しく批判している。だが、実はリデルハートは、半ば無意識の内にコルベットを通じてクラウゼヴィッツの戦争観を継承していたのである。

前述したように、一八二七年にクラウゼヴィッツの思想に危機が訪れ、その後、それまで彼がその生涯をかけて考察し、強く唱えていた戦争に対する見解を、その死に至るまで徐々に修正し始めた。最終的にクラウゼヴィッツは、不承不承ながらも「制限戦争」の重要性を認めるようになり、これを、目的に合致するよう戦争を抑制する政治の影響、といった論理展開によって説明を試みたのである。

そして、一九世紀後半から二〇世紀前半にかけてコルベットとデルブリュックがそれぞれ独自に戦争観を発展させ、絶対戦争理論や破壊戦略などが支配的であった当時の時代状況に異議を唱えたのは、まさにこのクラウゼヴィッツの戦争観を基礎とした結果であった。

◉クラウゼヴィッツからリデルハートへ

少し複雑ではあるが、クラウゼヴィッツからリデルハートへの戦争観の継続性は次のように整理できる。

つまり、コルベットは晩年のクラウゼヴィッツの戦争観を基礎として海上での戦いを中心とする戦争史の研究を進めたが、コルベットの信奉者とも言えるリデルハートは、このコルベットから継承した戦争観をクラウゼヴィッツ批判に用いたのである。クラウゼヴィッツを批判するためにリデルハートはコルベットの戦争観を援用したのであるが、実はそのコルベットの戦争観の多くはクラウゼヴィッツを継承したものであり、結局のところ、リデルハートは半ば無意識の内にクラウゼヴィッツを批判するためにクラウゼヴィッツを援用していたのである。

当然ながら、この一見矛盾するかのように見える現象は、クラウゼヴィッツの戦争観の形成過程が極めて複雑であった事実に起因する。

つまり、クラウゼヴィッツが自らの初期の戦争観を修正しつつあった事実はまだ、殆ど一般に知られていなかったため、例えば政治と戦争の関係性をめぐるクラウゼヴィッツの見解――見解の変遷過程――が、リデルハートには十分に理解されていなかったのである。

これとは対照的にコルベットとデルブリュックは、クラウゼヴィッツを研究する中で彼が最終的な結論にまで到達していなかった事実を知っていた。だが、リデルハートにはこうした経緯が明らかではなかったため、クラウゼヴィッツに対する厳しい批判へと繋がったのである。

◉リデルハートの戦争観

しかし、実際にリデルハートの著作を読んでみれば、この二人の戦争観の類似性が際立っていることが理解できる筈である。彼の主著『戦略論――間接的アプローチ』から一部を引用してみよう（訳文は筆者）。

> 戦争の目的とは、少なくとも自らの観点から見てより良い平和を達成することである。それ故、戦争の遂行に当たっては自己の希求する平和を常に念頭に置かなければならない。これこそ、『戦争は他の手段をもってする政治の継続である』とするクラウゼヴィッツの戦争に関する定義の根底を流れる真実である。したがって、戦争を通じた政治の継続は、戦後の平和へと導かれるべきことを常に想起する必要がある。仮に、ある国家が国力を消耗するまで戦争を継続した場合、それは、自国の政治と将来とを破滅させることになる。

仮に、戦勝の獲得だけに全力を傾注して戦後の結果に対して考慮を払わないのであれば、戦後に到来する平和によって利益を受け得ないまでに消耗し尽くしてしまうであろう。同時に、そのような平和は、新たな戦争の可能性を秘めた、言うなれば悪しき平和に過ぎないのである。このことは、数多くの歴史の経験によって実証されている教訓である。

また、戦争を遂行するに当たり戦後の構想を常に描いておく必要がある――戦争の政治性――とのリデルハートの思想の核心は、『戦略論』の以下のような記述にも表れている。

戦前よりも戦後の平和状況、とりわけ国民の平和状況が良くなるというのが真の意味での戦争の勝利である。この意味での戦勝の獲得は、速戦即決によるか、あるいは、長期の戦争であっても自国資源と経済的に均衡が取れた場合のみ可能となる。目的は手段に応じて適合されなければならない。

賢明な政治家であれば、そのような戦争の勝利が十分に見込めなくなった時は、平和交渉のための好機を逸するようなことはしない。交戦当事諸国が偶然、相互の実力を認識し合ったことを基礎として戦局が手詰まり状態に陥った結果、講和が結ばれたとしても、少なくともこれは、相互の国力消耗の果てに結ばれた講和より良いのであり、実際、この方が永続的平和のための基盤となることが多かったのである。

三　『戦争論』批判——本当に戦争は政治的な営みなのか？

◉文化としての戦争

だが、クラウゼヴィッツの戦争観のこうした一般的な受容にもかかわらず、そして、政治による戦争の統制が強く意識されているにもかかわらず、現実には戦争を抑え込めない理由は一体どこにあるのか。そもそも、本当に戦争は政治に内属しているのであろうか。戦争は本当に政治の産物なのであろうか。

こうした問題意識からクラウゼヴィッツの戦争観の妥当性を批判したのが、イギリスの歴史家ジョン・キーガンであり、本書の著者であるクレフェルトである。以下では、キーガンとクレフェルトのクラウゼヴィッツ批判を簡単に振り返ることで、政治と戦争の関係性についてさらに考察を進めてみたい。

最初に、キーガンの主著である『戦略の歴史』では、戦争は「文化の表現」であると捉えられている。

キーガンの戦争観の根底を流れる確信は、戦争とはクラウゼヴィッツが唱えたような政治的な事象ではなく、文化的な事象であるというものであった。

つまり、戦争は政治といった狭義かつ合理的な枠組みの中では到底説明できるものではなく、より広義の文化という文脈の下で捉えることによって初めて理解できるとしたのである。だからこそ彼は、それぞれの文化圏には固有の戦争観と戦争の様相が存在すると主張したのである。

実際、キーガンは『戦略の歴史』の中で「人類の始まりから現代世界に至るまでの時空を超えたその文化の進化と変遷の姿が、戦争の歴史である」と述べると共に、「戦争とは常に文化の発露であり、またしばしば文化形態の決定要因、さらにはある種の社会では文化そのものなのである」と主張する。

さらに彼は、「クラウゼヴィッツの考えでは戦争は国家と国益のために合理的な計算の存在を前提としているが、戦争の歴史は、国家とか外交、戦略などよりも遥かに古く数千年も遡るのである。戦争は人類の歴史と同じくらい古く、人間の心の最も秘められたところ、合理的な目的が雲散霧消し、プライドと感情が支配し、本能が君臨しているところに根差している」と指摘する。

キーガンにとって、「戦争とは何よりもまず独自の手段による一つの文化の不朽化の試みであり得る」のであった。

◉戦争はスポーツの継続である

一方、クレフェルトはクラウゼヴィッツが歴史上最も傑出した戦略思想家である事実を素直に認めている。と同時に、彼はクラウゼヴィッツの戦争観、つまり、今日の人々が抱く一般的な戦争観に対しては懐疑的であり、その中でも、政治と戦争の関係性をめぐるクレフェルトのクラウゼヴィッツ批判は、以下の四点に集約される。

第一に、クレフェルトは、『戦争論』を執筆する際にクラウゼヴィッツが、あたかも戦争が主権国家間だけで生起することを所与のものと考えている点を批判する。

第二に、クラウゼヴィッツが主唱したとされる、戦争は外交とは異なる手段を用いて政治的交渉を継続する行為に過ぎない、という『戦争論』の枠組み自体に対する批判である。

クレフェルトは、例えば、中世ヨーロッパの王朝国家間の関係では、政治といった要素よりも「正しさ」の要素が重視されていた事実を指摘し、「正義」のための戦争が存在した事実を主張する。また、旧約聖書の時代ややはり中世の十字軍の時代は、「宗教」戦争の時代と位置付けられ、宗教が戦争の最も重要な原因であったと指摘する。

もちろん、クレフェルトが自ら認めているように、「正義」や「宗教」といった大義の裏には、常に現実的な政治——政治的利益——が存在していたことは事実であるが、同時に、旧約聖書の時代や十字軍に代表される中世ヨーロッパの戦争が、冷徹かつ合理的に計算された政治に基いて遂行されたとするには相当の無理がある。

第三に、クレフェルトは、「正義」や「宗教」の戦争に加えて「生存を賭けた」戦争の存在を挙げる。「生存を賭けた」戦争とは、他のあらゆる政治的手段が尽き、戦争以外の選択肢が残されていないといった状況での、まさに最後の生き残りを賭けた戦争を指す。

第四に、クレフェルトは、人類が戦争に取り憑かれてきたのは、戦争が危険や歓喜と隣り合わせになっているからこそであると指摘し、戦争とは政治の継続などではなく、スポーツの継続としての側面が強いとの議論を展開した。

◉戦争文化について

クレフェルトはもう一つの代表作『戦争文化論』で、戦争と文化の関係性について次のように指摘する。

すなわち、「戦争には理性で考えられるもの以上の何かがある。いかなる理由のためであれ、戦争には、兵士が互いに殺し合う以上の何かがある。そして、人類は過去と同様に今日においても、戦争に魅了されている。戦争はそれ自体が強力な魅力を発しており、また、人々は、合理的な思考からだけでは自らの生命を犠牲にしようとはしないものである。戦いは喜びの源泉であり、この喜びや魅力からある文化全般が生まれてくる」。

クレフェルトが示した戦争はむしろスポーツの継続であるとの見解、そして人々は戦争に魅了されているとの指摘は挑発的ではあるものの、一定の説得力を備えている。彼によれば、核兵器がなければ人々は今日に至るまで喜々として戦争を続けているのである。

クレフェルトの戦争観と比較すると、確かにクラウゼヴィッツは規範論として戦争の政治性を指摘したに過ぎないようにも思える。だが、ここでも重要な点は、クラウゼヴィッツが今日の戦争観あるいは「時代精神」を象徴する思想家であり、また政軍関係のあり方を考える際の基本的な枠組み——パラダイム——を提供し続けている事実である。

◉戦争とは何か

よく考えてみれば、「非日常」としての戦争については、ロジェ・カイヨワの『戦争論』に代表されるように多くの論者が唱えている。例えばカイヨワは、戦争と「祭り」の類似性を指摘する中で、①周期、②道徳的規律の根源的逆転、③平時の生活様式の断絶、④内心の態度、⑤神話、といった要素を類似点として指摘した。

同様に、オクタビオ・パスはその著『孤独の迷宮』で、戦争と「フェスタ（祭り）」の関係性について鋭く考察している。

実は、戦争とは何か、とりわけ戦争の原因について考えるためには、クラウゼヴィッツの戦争観よりも古代ギリシアの歴史家トゥキュディデスの戦争観、すなわち戦争の原因をめぐる「三つの要素」に留意する方が、遥かに有益であるように思われる。すなわち、「利益」、「名誉」、「恐怖」と戦争の関係性である。

この三つの要素の中でクラウゼヴィッツの戦争観は、「利益」に含まれるのであろうが、トゥキュディデスは、不可測なものを含めて戦争についてより広範な視点から捉えている。

周知のように、トゥキュディデスは古代ギリシア世界のスパルタとアテネの戦争、ペロポネソス戦争（紀元前四三一～四〇四年）について記した『歴史（戦史）』の中で、戦争が勃発する原因として「利益」、「名誉」、「恐怖」という三つの要素を挙げた。富の追及、名誉への欲望、そして恐怖から逃れようとする行為が、人々を戦争へと駆り立てると言うのである。

なるほどトゥキュディデスは、この三つの要素をことさら強調してはいないが、例えば『歴史』には、「（前略）与えられた支配権を引き受けた以上は、体面と恐怖と利益の三大動機に把えられて我々は支配圏を手放せなくなったのだ」、「つまり、何人も無知のために戦争に追いやられる者はなく、戦うことが利益になると考えればこそ、恐怖があっても戦いを避けない。ある者には恐怖よりも戦争による利益が重大に思え、また他の者には目前の損失を我慢するより、戦争の危険を耐えるほうを選ぶ」といった記述が見られる。

そしてこの三つの要素の中でも、とりわけ「恐怖」は注目に値しよう。やはり『歴史』には、以下のような記述がある。「アテナイが強大になり、ラケダイモン人(=スパルタ人)に恐怖をもたらしたことが戦争を必然ならしめた(後略)」、「アテナイの勢力拡大をラケダイモン人自身が恐れたからであった」。

四　『戦争論』の誤読と誤解、そして曲解

◉未完の大著

話題を『戦争論』に戻そう。同書の内容が誤読や誤解などの余地を与える大きな理由として、これが未完の著作であった事実が挙げられる。

実は、『戦争論』はクラウゼヴィッツの死後、夫人ら親族の手によって出版された遺稿集の一部であった(『カール・フォン・クラウゼヴィッツ将軍遺稿集』[全10巻、『戦争論』は1〜3巻])。そのため、同書のいわゆる章立てなどもクラウゼヴィッツの意図を夫人らが推し測りながら決めたものである。

だがそれ以上に重要な点は、クラウゼヴィッツが一八二七年に戦争の政治性について理解し始め、そうした認識の下で草稿の修正作業に着手したにもかかわらず、諸事情によって中断を余儀なくされた事実である。

その結果、『戦争論』にはあたかも二つの異なる戦争観が並存しているかのようになり、これが、同書の矛盾を大きなものにしている。

◉『戦争論』の読み方について

次に、『戦争論』の読み方、あるいは解釈の方法についても多くの問題が存在する。

例えばある文学作品の読み方について、①書かれた文章だけを理解しようと試みる、②それが書かれた時代の文脈の下で、つまり著者が置かれた環境などに留意しながら解釈する、③今日の文脈の下で再解釈あるいは読み替える、といった方法などが考えられるが、これは、カール・マルクスの『資本論』にも、アダム・スミスの『国富論』にも、さらにはクラウゼヴィッツの『戦争論』にも当てはまる。

その結果、『戦争論』の内容そのものを理解しようとする者と、これを今日の文脈の下で読み替えようとする者の間には、どうしても埋めることのできない溝が生じる。いわゆる歴史の「教訓的理解」の妥当性をめぐる問題である。

今日、歴史認識という言葉に注目が集まっている。当然ながら、歴史認識という視点は極めて重要なものであり、有用である。なぜなら、結局のところ歴史とは、優れて認識――パーセプション――をめぐる問題であるからである。だが、残念ながら時としてこの言葉が乱用され、自らの信念や信条を認識の違いと称して、史実とは大きく異なる歴史を語る人々も多い。

また、超訳という翻訳方法が一部で注目されているが、残念ながらこれも、原書の内容の曲解をいわば正当化する道具として持ち出される事例が見受けられる。

何れにせよ、『戦争論』を読む際に重要な点は、出版時点における妥当性及び有用性、そして、今日における妥当性及び有用性について丁寧に仕分けし、それぞれを検討することである。

◉第一次世界大戦前夜

クラウゼヴィッツの誤読と誤解、そして曲解の中でも最も甚だしい事例が、第一次世界大戦に至るまでのヨーロッパ主要諸国の軍人を中心とした『戦争論』の乱用――「つまみ食い」としか表現できない――である。

これは主としてドイツ陸軍軍人を中心としたものであり、その中でもアルフレート・フォン・シュリーフェンは広く知られている。だが、こうした傾向はドイツ軍人に留まるものではなく、フランス軍人のフェルディナン・フォッシュもまたその一人であった。

一般に彼らに共通することは、戦争での不可測な要素や精神力の果たす重要性についてはクラウゼヴィッツの立場をほぼそのまま継承している一方、攻撃に対する防御の優位性や戦争もしくは軍事に対する政治の優越性といった点については、クラウゼヴィッツの見解を倒立させた。その結果が、第一次世界大戦前夜の「攻勢主義への妄信」や「過剰な攻勢」といった思想に繋がったのである。

興味深いことに、第一次世界大戦の凄惨な様相を受けて、戦後、リデルハートに代表される思想家はその批判の矛先をクラウゼヴィッツに向けた。彼は、クラウゼヴィッツを「大量集中理論と相互破壊理論の救世主」として厳しく批判している。

だが、よく考えてみれば、一人の思想家の発想や概念がそのまま同時代の戦争の様相を形作ることなどあり得ない。事実、リデルハートは当時、第一次世界大戦のような戦いは二度と繰り返してはならないとの強い使命感に駆られていたため、その原因を短絡的にクラウゼヴィッツの戦争観に求めたのである。

実は、アメリカの海軍戦略思想家アルフレット・セイヤー・マハンも同様に、第一次世界大戦前のドイツ皇帝ウィルヘルム二世や海軍大臣アルフレート・フォン・ティルピッツに影響を多々及ぼしたとして、この大戦の原因を作った人物として厳しい批判に晒された。

しかし、明らかにこうした評価は、思想というものが及ぼす影響を過大視し過ぎている。

◉総力戦の時代の戦争観

周知のように、第二次世界大戦は総力戦のいわば完成形の様相を呈すると共に、核兵器が初めて用いられた戦争であった。

当然ながら、この大戦後の国内及び国際社会は、当時の「時代精神」に強く規定されながら形成される。それが、核兵器との共存への模索と民主主義社会の拡大であり、これに伴って、戦争あるいは軍事力行使における政治及び政治家の重要性が改めて認識され始めた。そして、ここに『戦争論』の有用性が再度、「発見」されることになる。

だが、ここでもやはり、クラウゼヴィッツの戦争観のやや強引な援用が見受けられる。例えば、『戦争論』での戦争に対する政治の優越性がしばしば強調される一方、クラウゼヴィッツは、それを示唆するとされる戦争の奇妙な「三位一体」について、同書で一度しか言及していない。

それ以上に、イスラエルの歴史家アザー・ガットが明らかにしたように、はたしてクラウゼヴィッツが本当に政治の優越性を受け入れていたのかについては、極めて疑わしい。事実、ガットはクラウゼヴィッツが戦争の政治性を不承不承認めるに至った、との見解を示している。そうしてみると、ここでもクラウゼヴィッツの真意は不明なままである。

だが、仮にクラウゼヴィッツの戦争観として戦争の政治性が過大に評価されているとすれば、例えばゲルハルト・リッター、ハワード、ブロディ、パレットといった歴史家は、いずれもクラウゼヴィッツを誤読ないし誤解している可能性がある。そうであれば、結局のところ彼らも全て、総力戦と核の時代の「申し子」に過ぎなくなる。

また、仮にこれが正しければ、一九八〇年代を中心とした「クラウゼヴィッツ・ルネサンス」とは一体何であったのか、との疑問が出てくる。おそらくクラウゼヴィッツの戦争観は、例えば、第二次世界大戦を経た核時代における戦争や戦略の相互作用（エスカレーション）、核時代の戦争は政治（家）によって強く統制される必要がある、との発想などが強く意識された結果、改めて注目されたのであろう。

思えば、これはクラウゼヴィッツに限られたことではなく、偉大な思想家の宿命なのであろう。近年、マルクスの『資本論』に再び人々の注目が集まっているが、実は、同書を改めて精読した者など少ないように思われる。そして、『資本論』のある一部分が、今日の時代状況に適合する形で援用されているに過ぎないようである。

さらに付け加えれば、そもそも思想家にはどの程度の影響力があるのか、との問いについても懐疑的にならざるを得ない。

◉思想家の影響

一体、「影響」とは何を意味するのか、そして、いかにして影響を測ることが可能か、との根源的な問題もさることながら、この問いに敢えて答えるとすれば、「部外者」の影響は極めて限定的である、となろう。これは、リデルハートやブロディが現実の政策及び戦略にどれほど影響を及ぼし得たかを考えただけでも、容易に理解できる。

戦略とはそれを担当する者でなければあらゆることが可能である、との痛烈な皮肉が投げ掛けられることにも頷ける。

残念ながら、思想というものが現実の政策及び戦略決定に直接的かつ決定的に影響を及ぼし得た事例は、過去、殆ど存在しないように思われるし、またその影響は、せいぜい間接的なものに留まる。

確かに、クラウゼヴィッツや孫子——結局のところ、この二人の偉大な思想家ですら「部外者」

である――の思想がものの考え方に対する大きな全般的枠組みを提供してきたことは事実であろう。だからこそ、彼らの著作が時代や場所を超えて今日でも広く読まれているのである。だが、やはり歴史の教えるところでは、思想の影響がうかがえる時とは、その時代の政治及び軍事指導者が、自らの政策及び戦略方針を正当化する目的で、ある人物の思想の一部分を援用する場合に限られるように思われる。

前述のブロディはかつて、戦略は実践的でなければ意味をなさないと述べた。また、大モルトケに至っては戦略とは臨機応変の体系であり、一旦、戦争が始まれば事前に準備された戦略など直ちに役に立たなくなる、と断言した。こうした指摘は、単なる思想としての戦略と実際にある政策を遂行するための戦略の間に、埋めることのできない溝が存在する事実を示唆している。本論で繰り返し言及したように、クラウゼヴィッツの戦争観の一つの側面だけが、ある時代の要請に沿って何度も都合良く使われてきた事実を否定できる者はいないであろう。

思想家の影響は過大に評価されてはならないのであり、クラウゼヴィッツもその例外ではない。イギリスの歴史家ブライアン・ボンドが鋭く指摘したように、政治及び軍事指導者が抱える内部事情に疎い「部外者」の影響は大きなものとはなり得ない。戦略とは決して白紙の状態から生まれてくるものではなく、その意味では、思想家が描く単なるヴィジョンと実務者が遂行する具体的な戦略は異なる次元に属するものなのである。今日でもなお、直接的に政策及び戦略立案に携わらない思想家が、しばしばアームチェア・ストラテジストと揶揄(やゆ)される所以である。

意外とも思えるが、おそらくクラウゼヴィッツの戦争観を最も精確に受け継いでいる人物は、前述のデルブリュックやハワード、そしてコルベットやリデルハートを別とすれば、中国の毛沢東なのであろう。

そしてこの毛沢東の思想は、アメリカとソ連の冷戦という対立構造の下、植民地解放思想や共産主義革命思想として世界各地に広がった。

事実、毛沢東の主著『遊撃戦』には、クラウゼヴィッツの戦争観がほぼそのまま継承されており、毛沢東が、党（政治）による軍に対する戦争指導の必要性を強く唱えたのも、クラウゼヴィッツの影響であると思われる。

おわりに——政軍関係のあり方を考える

人々が意識しているか否かは別として、今日の国際社会はクラウゼヴィッツの戦争観の枠組み（パラダイム）の中にある。

一方で今日の国際社会は、第一次世界大戦及び第二次世界大戦という二つの総力戦を経て、核兵器と共存して生きていくしかない時代にある。他方、今日の民主主義社会では、文民統制（シビリアン・コントロール）という政軍関係のあり方は必須の条件である。そして、ここに『戦争論』の有用性が再び見出された——「発見」された——のである。

だが、思えばクラウゼヴィッツの戦争観は、民主主義社会での文民統制の概念とは無関係である。彼は王政下で『戦争論』を著したのであり、民主主義といった社会制度など全く想定していない。また、なるほどデルブリュックは第一次世界大戦末期に文民統制の必要性を唱えたものの、それは大戦でのドイツの戦争指導があまりにも稚拙であると考えた結果であり、それにもかかわらず彼は、ドイツの帝政とその伝統的な軍人階級の優位性を固く信じて疑わなかった。

さらに踏み込んで考えてみれば、戦争は政治の継続であるとする戦争観の妥当性についても検討が必要とされるのであり、この事実はとりわけ今日に当てはまる。

仮に政治とは戦争を行わないことであるとすれば、戦争は政治の継続ではなく、破綻となる。事実、クラウゼヴィッツが示した「戦争の霧」や「摩擦」に対する批判と併せて、『戦争の霧』や戦争が生む『摩擦』がもたらす意図せざる結果の重大さこそが、クラウゼヴィッツの戦争観を無効にする。戦争とは決して現行の政治の継続にはなり得ない。戦争とは全く新しい政策、しかも本来の政策とは全く矛盾するような政策を生み出すものである。意図せざる、もしくは予測できない結果は、意図された目的よりも遥かに長期的な影響を持つものであり、しばしば本来の目的に反作用するものである」といった強力な反論も存在する。

前記の引用は、ケネス・J・ヘイガン及びイアン・J・ビッカートンの著作からであるが、実は、戦争とは政治の破綻に過ぎないとする視点は、それ以前にもドイツの軍人ハンス・フォン・ゼークトやアメリカの歴史家ラッセル・ウィーグリーなどによって繰り返し言及されてきたものである。

だが、こうした批判や問題点にもかかわらず、二〇世紀前半における総力戦の完成、一九四五年以降の核兵器の登場、国内及び国際社会における民主主義の急速な拡大、などの結果、改めてクラウゼヴィッツが注目された。戦争や軍事力行使に際して政治による慎重な判断が強く求められる時代状況になったからである。確かに、一つの戦争がもたらす損害や犠牲者数を考えると、もはや戦争は「将軍（軍人）だけに任せておくにはあまりにも重要な事業（ビジネス）」になった。

だが、やはりこうした視点も、『戦争論』の誤用あるいは乱用なのかもしれない。繰り返すが、ハワードやブロディに代表されるクラウゼヴィッツの戦争観を継承するとされる者は、いずれも総力戦の時代や核時代の「申し子」であるに過ぎず、クラウゼヴィッツの戦争観を自らが生きる時代に合わせて再解釈しているとも言える。

二一世紀を迎えた今日、冷戦の終結に伴って核兵器を用いた大国間の大規模戦争の可能性は低下したものの、依然として核の脅威は存在する。また、民主主義といった政治及び社会理念は地球規模で受け入れられつつある。

そうであれば、今日においても文民統制という政軍関係のあり方をめぐる問題は重要である。かつて、モーリス・ジャノウィッツとサミュエル・ハンティントン（より正確にはハンティントンの世界観の継承者）の間で、政軍関係をめぐって大きな論争が展開された。だが、こうした論争を何度繰り返したとしても、民主主義社会の下でのその結論は、「文民政治家には過ちを犯す権利がある」（ピーター・フィーバー）といった原則にたどり着くのであろう。

かつてヴェトナム戦争から一九九一年の湾岸戦争の時期にかけて、同じくアメリカの政軍関係のあり方が問題視され、そこでは、ヴェトナム戦争での政治家の過度な関与と湾岸戦争で軍人に与えられた自由裁量が、やや短絡的に比較考察された。

だがそこで示された議論は、第一次世界大戦後にルーデンドルフを中心として展開された「匕首（あいくち）伝説」のいわば焼き直しに過ぎないように思われる。つまり、ドイツがこの大戦に敗れたのは軍人の責任ではなく、国内の一部の勢力――例えば政治家、社会主義者、ユダヤ人――の発言や行動の結果である、と責任転嫁したルーデンドルフの議論の再現である。

アメリカの軍人ハリー・G・サマーズの『アメリカの戦争の仕方』が突き付けた問いを改めて思い起こせば、何がヴェトナム戦争（さらにさかのぼれば朝鮮戦争）でアメリカを失敗させ、何が湾岸戦争で成功させたのかとの疑問が出てくるのは当然であろう。

この問いに対してサマーズは、政治家が戦争もしくは軍事の領域にどこまで介入するかが一つの分水嶺であると指摘した。すなわち、ヴェトナム戦争では政治家が戦争に対して過度に介入したために失敗し、逆に湾岸戦争では、政治家が戦争での大きな方向性を示すに留め、軍人に広範な自由裁量を与えたために成功したとする議論である。実は、ヴェトナム戦争の失敗が政治家による軍人に対する「マイクロ・マネージメント」にあったとする説は、とりわけ軍人を中心として今日でも多くの支持を集めている。

しかし、実はこの議論は実証性に乏しく、逆に、新たなる匕首伝説を生んだだけである。

実際、例えば一九八二年のフォークランド戦争が明確に示した事実は、戦争での勝利と敗北を分ける一つの重要な要因が政治家の資質――強いリーダーシップ――であるという点である。たとえ他にいかなる好条件が整っていたにせよ、当時のイギリス首相マーガレット・サッチャーの戦争指導、すなわち彼女の強力なリーダーシップがなければ、同国がこの戦争に勝利することなど決してなかったであろう。

こうした戦争における強力なリーダーシップの必要性は、前述のコーエンの著作でも明確に示されている。そこでは、エイブラハム・リンカーンやジョルジュ・クレマンソーに代表される政治指導者が取り上げられ、彼らの強力なリーダーシップ及び戦争指導が、どのように戦争の勝利へと繋がったかが明らかにされている。

『戦争論』は、今日の政治と戦争の関係性を考えるための必読書である。なぜなら、クラウゼヴィッツの戦争観は既に今日の「時代精神」として一般に定着しており、戦争について考える際の規範として広く受容されているからである。言い換えれば、今日、クラウゼヴィッツの『戦争論』は、その妥当性には多々疑問が残る一方、依然としてその有用性は高いのである。

最後にもう一度問いたい。クラウゼヴィッツは本当に戦争及び軍事に対する政治の優越性を認めるに至ったのであろうか。政治による戦争に対する優越性と、政治家による軍人に対する優越及び統制の必要性を認めるには、クラウゼヴィッツはあまりにも誇り高きプロイセン軍人であった。だからこそガットは、不承不承——不本意ながら——といった表現を用いたのであろう。

〈参考文献〔和書を中心として〕〉


カール・フォン・クラウゼヴィッツ著、篠田英雄訳『戦争論』岩波文庫、上中下巻、一九六八年。

カール・フォン・クラウゼヴィッツ著、清水多吉訳『戦争論』中公文庫、上下巻、二〇〇一年。

ジョン・キーガン著、遠藤利国訳『戦略の歴史』中公文庫、上下巻、二〇一五年。

ジョン・キーガン著、井上堯裕訳『戦争と人間の歴史――人間はなぜ戦争をするのか?』刀水書房、二〇〇〇年。

マーチン・ファン・クレフェルト著、石津朋之監訳『戦争文化論』原書房、上下巻、二〇一〇年。

マーチン・ファン・クレフェルト著、石津朋之監訳『戦争の変遷』原書房、二〇一一年。

ロジェ・カイヨワ著、秋枝茂夫訳『戦争論――われわれの内にひそむ女神ベローナ』法政大学出版局、一九七四年。

ロジェ・カイヨワ著、塚原史、吉本素子、小幡一雄、中村典子、守永直幹共訳『人間と聖なるもの(改訳版)』せりか書房、一九九四年。

オクタビオ・パス著、高山智博、熊谷明子共訳『孤独の迷宮――メキシコの文化と歴史』法政大学出版局、一九八二年。

マイケル・ハワード著、奥村房夫、奥村大作共訳『ヨーロッパ史における戦争』中公文庫、二〇一〇年。

ジュリアン・スタフォード・コーベット著、エリック・グロゥヴ編、矢吹啓訳『コーベット　海洋戦略の諸原則』原書房、二〇一六年。

エーリヒ・ルーデンドルフ著、伊藤智央訳・解説『ルーデンドルフ　総力戦』原書房、二〇一五年。

清水多吉、石津朋之共編著『クラウゼヴィッツと「戦争論」』彩流社、二〇〇八年。

石津朋之著『戦争学原論』筑摩書房、二〇一三年。

石津朋之著『大戦略の哲人たち』日本経済新聞出版社、二〇一三年。

石津朋之著『リデルハートとリベラルな戦争観』中央公論新社、二〇〇八年。

オットー・ヒンツェ、ヘルベルト・ロジンスキー、エーベルハルト・ケッセル共著、新庄宗雅編訳『クラウゼヴィッツ研究論文選――戦争論の発生史的研究』私家版、一九八三年。

ウィリアム・マクニール著、高橋均訳『戦争の世界史――技術と軍隊と社会』刀水書房、二〇〇二年。

レイモン・アロン著、佐藤毅夫、中村五雄共訳『戦争を考える――クラウゼヴィッツと現代の戦略』政治広報センター、一九七八年。

ウィリアムソン・マーレー、マクレガー・ノックス、アルヴィン・バーンスタイン共編著、石津朋之、永末聡監訳、「歴史と戦争研究会」訳『戦略の形成――支配者、国家、戦争』中央公論新社、上下巻、二〇〇七年。

ジョン・ベイリスほか共編著、石津朋之監訳『戦略論――現代世界の軍事と戦争』勁草書房、二〇一二年。

アザー・ガット著、石津朋之、永末聡、山本文史監訳、「歴史と戦争研究会」訳『文明と戦争』中央公論新社、上下巻、二〇一二年。

スティーブン・ピンカー著、幾島幸子、塩原通緒共訳『暴力の人類史』青土社、上下巻、二〇一五年。

トゥキュディデス著、小西晴雄訳『歴史』ちくま学芸文庫、上下巻、二〇一三年。

ケネス・J・ヘイガン、イアン・J・ビッカートン共著、高田馨里訳『アメリカと戦争――1775－2007』大月書房、二〇一〇年。

ハリー・G・サマーズ著、杉之尾宜生、久保博司共訳『アメリカの戦争の仕方』講談社、二〇〇二年。

三宅正樹、石津朋之、新谷卓、中島浩貴共編著『ドイツ史と戦争――「軍事史」と「戦争史」』彩流社、二〇一一年。

エリオット・コーエン著、中谷和男訳『戦争と政治とリーダーシップ』アスペクト、二〇〇三年。

戦略研究学会編集、小堤盾編著『戦略論大系⑫ デルブリュック』芙蓉書房出版、二〇〇八年。

H・U・ヴェーラー編、ドイツ現代史研究会訳『ドイツの歴史家』未来社、第三巻、一九八三年。
毛沢東著、小野信爾、藤田敬一、吉田富夫共訳『抗日遊撃戦争論』中公文庫、二〇一四年。
Michael Howard, *Clausewitz: A Very Short Introduction* (Oxford: Oxford University Press, 2002).
Gordon A. Craig, "Delbrück: The Military Historian," and Peter Paret, "Clausewitz," in Peter Paret, ed., *Makers of Modern Strategy: from Machiavelli to the Nuclear Age* (Oxford: Clarendon Press, 1986)(ピーター・パレット編、防衛大学校「戦争・戦略の変遷」研究会訳『現代戦略思想の系譜――マキャヴェリから核時代まで』ダイヤモンド社、一九八九年).
Peter Paret, *Understanding War: Essays on Clausewitz and the History of Military Power* (Princeton: Princeton University Press, 1992).
Peter Paret, *Clausewitz and the State: The Man, His Theories, and His Times* (Princeton: Princeton University Press, 1985)(ピーター・パレット著、白須英子訳『クラウゼヴィッツ――「戦争論」の誕生』中央公論社、一九八八年).
W. B. Gallie, *Philosophers of Peace and War: Kant, Clausewitz, Marx, Engels and Tolstoy* (Cambridge: Cambridge University Press, 1978).
Azar Gat, *A History of Military Thought: From the Enlightenment to the Cold War* (Oxford: Oxford University Press, 2001).
Bernard Brodie, *War & Politics* (New York: Macmillan, 1973).
Carl von Clausewitz, edited and translated by Michael Howard and Peter Paret, *On War* (Princeton: Princeton University Press, 1976).
Hew Strachan, *Carl von Clausewitz's On War: A Biography* (London: Atlantic Books, 2007).
Donald Stoker, *Clausewitz: His Life and Work* (Oxford: Oxford University Press, 2014).
Hans Delbrück, edited and translated by Arden Bucholz, *Delbrück's Modern Military History* (Nebraska: University

of Nebraska Press, 1997).
Hans Delbrück, *Geschichte der Kriegskunst im Rahmen der politishen Geschichte,* 4 vols. (Berlin: Walter de Gruyter, 1962-66).
Hans Delbrück, *Ludendorffs Selbstporträt*(Berlin: Verlag für Politik und Wirtschaft, 1922).
Hans Delbrück, *Krieg und Politik*, 3 vols. (Berlin: Georg Stilke, 1918).
Arden Bucholz, *Hans Delbrück and the German Mikitary Establishment: War Images in Conflict* (Iowa: University of Iowa Press, 1985).

6　R. M. Gates, *Duty: Memoirs of a Secretary at War* (Kindle Edition, 2014), loc. 10752.（ロバート・ゲーツ『イラク・アフガン戦争の真実』、井口耕二・熊谷玲美・寺町朋子訳、朝日新聞出版、2015年）。
7　核作動許可装置については Anon. "Principles of Nuclear Weapon Security and Safety," 1997, at http://nuclearweaponarchive.org/ Usa/Weapons/Pal.html. 参照。
8　V. P. Malik, *The Kargil War* (IDSA, 1999) 参照。

第十章

1　Sun Tzu, *The Art of War*, p. 88.
2　Clausewitz, *On War*, p. 76.
3　Hobbes, *Leviathan*, p. 143.
4　1 *Samuel* 15:3.（「サムエル記（上）」）。
5　W. Lloyd Warner, *A Black Civilization* (Harper, 1937), pp. 174–7.
6　*Numbers*, chapters 31 and 32.（「民数記」）。
7　A. Grossman, "Maimondies and the Commandment to Conquer the Land," 17.9.2013, at www.etzion.org.il/vbm/archive/11.../29milchama.rtf 参照。
8　*Iliad* 24.26.
9　J. Bodin, *On Sovereignty*, J. H. Franklin, ed. (Cambridge University Press, 1975), pp. 16–39, 258-91.
10　Frederick II, *Réfutation de Machiavel*, in *Oeuvres* (Decker, 1857), vol. 8, pp. 169, 298.
11　Virgil, *Aeneid* Book VI.（ウェルギリウス『アエネーイス』、泉井久之助訳、岩波文庫、1997年）。
12　F. H. Russell, *The Just War in the Middle Ages* (Cambridge University Press, ı1975), pp. 16–39, 258–91 参照。
13　1 *Samuel* 25.
14　像の画像は https://www.google.co.il/search?hl=en&site=imghp&tbm=isch&source=hp&biw=1097ı&bih=559&q=Leonhard+Kern+&oq=Leonhard+Kern+&gs_l=img.12.0i30l2.2137.2137370.4484.1.1.0.0.0.0.129.129..0j1.1.0....0...1ac.2.64.img.0.1.129.pClFHpCcoMQ#imgrc=CcVZAb8TuOFWNM%3A で閲覧できる。
15　1949 年のジュネーヴ諸条約の条文は https://www. icrc.org/en/war-and-law/treaties-customary-law/geneva-conventions で読める。
16　Cicero, *De officiis 1*.11.（キケロー「義務について」、『キケロー選集9』所収、高橋宏幸訳、岩波書店、1999 年）。

第十一章

1　E. N. Luttwak, *The Rise of China vs. the Logic of Strategy* (Belknap, 2012), passim.（エドワード・ルトワック『自滅する中国』、奥山真司訳、芙蓉書房出版、2013 年）。
2　*On War*, pp. 479–83.
3　Polybius, *The Histories* 18.26.10–12.（ポリュビオス『歴史』、城江良和訳、西洋古典叢書、京都大学学術出版会、2004 ～ 13 年）。
4　I. Ehrenburg, *Thirteen Pipes* (1923), Pipe No. 4.
5　S. P. Huntington, "The Clash of Civilizations," Foreign Affairs, 72, 3. summer 1993, p. 25.（サミュエル・P・ハンチントン「文明の衝突――再現した「西欧」対「反西欧」の対立構図」、『フォーリン・アフェアーズ』1993 年 8 月号）。
6　L. Sondhaus, *Strategic Culture and Ways of War* (London, Routledge, 2006) 参照。
7　この発言が行われた正確な時期や場所については議論がある。"Storing up trouble: Pakistan's nuclear bombs," The Guardian, 3.2.2011, at https://www.theguardian.com/commentisfree/2011/feb/03/paki stan-nuclear-bombs-editorial も参照。
8　J. L. Gaddis, ed., *Cold War Statesmen Confront the Bomb* (Oxford University Press, 1999), pp. 39–61, 194–215.
9　Lt. Jeff Clement, *personal communication*, p. 153.
10　Washington Post, 4.12.2004.
11　H. A. Kissinger, "TheVietnamNegotiations," *Foreign Affairs*, 47, 2, January 1969, p. 2.

展望

1　Lord Alfred Tennyson, "In Locksley's Hall" (1842).http://www.poetryfoundation.org/poem/174629 で読める。
2　H. Belloc, *The Modern Traveler* (Arnold, 1898), p. 42.
3　M. Mead, "Warfare is Only an Invention—Not a Biological Necessity," *Asia*, 1940, pp. 402–5.
4　*Daybreak* (Cambridge University Press, 1982), ifth book, aphorism No. 571.
5　政府についての老子の考えは http://www.sacred-texts.com/tao/salt/salt08.htm で読める。
6　F. Bacon, "Of Seditions and Troubles," in *Francis Bacon: The Major Works,* B. Vickers, ed., (Oxford University Press, 1996), pp. 366–71.
7　D. F. Davis and W. S. C. Kohn, eds., *Lenin's Notebook on Clausewitz,* Illinois State University, n.d., at http://www.clausewitz. com/bibl/DavisKohn-LeninsNotebookOnClausewitz.pdf, p. 167.

2 MilitaryHistoryOnline.com, at http://en.citizendium.org/wiki/Napoleonic_military_staff.
3 M. de Saxe, *Reveries on the Art of War* (Dover, 2007), pp. 36–8.
4 Plato, *Republic*, 460B.（プラトン『国家』、藤沢令夫訳、岩波文庫、1979年）。
5 G. H. von Berenhorst, *Betrachtungen ueber die Kriegs-kunst* (Fleischer, 1797, vol. 2), p. 424–5.
6 H. Dollinger, ed. (Brueckmann), 1974, p. 61.
7 Th. Campbell, ed., *Frederick the Great, His Court and Times* (Colburn, 1848), vol. p. 138.
8 J. B. Vachée, *NapoléonenCampagne* (Legaran, 1900), p. 195.
9 *Henry V*, III.（ウィリアム・シェイクスピア『ヘンリー五世』、小田島雄志訳、白水Uブックス、1983年）。

第五章

1 Heeresdienstvorschrift 300, *Truppenfuehrung* (Mittler, 1936), p.1. 英訳は著者。
2 J. Clement, *The Lieutenant Don't Know* (Casemate), 2014, p. 249.
3 Sun Tzu, *The Art of War*, p. 72.
4 B. Davies, *Empire and Military Revolution in Eastern Europe* (Continuum, 2011), p. 69.
5 *CIA Handbook* (2014), p. 249.
6 Sun Tzu, *The Art of War*, p. 145.
7 Tacitus, *Annales*.（タキトゥス『年代記』、国原吉之助訳、岩波文庫、1981年）。

第六章

1 H. von Moltke, "Ueber Strategie" (1871), in *Militaer- ische Werken* (Mittler, 1891), vol. 2, part 2, p. 293.
2 Colson, ed., *Napoleon on the Art of War*, p. 83. に引用。
3 Sun Tzu, *The Art of War*, p. 77.
4 F. W. Lanchester, "Mathematics in Warfare," J. R. Newman, ed., *The World of Mathematics* (Simon and Schuster, 1956, vol. 4), pp. 2138–57.
5 Napoleon on War, at http://www.napoleonguide.com/maxim_war.htm.
6 Moltke, *Miltitaerische Werke*, vol. 3, part 2, p. 163.
7 J. Jackson, *The Fall of France* (Oxford University Press, 2003), p. 9.
8 Clausewitz, *On War*, p. 204.
9 N. Machiavelli, *The Prince* (Harmondsworth, Penguin, 1969), p. 99.（マキャヴェリ『君主論』、池田廉訳、中公文庫 BIBLIO、2002年）。
10 De Saxe, *Reveries*, p. 121.
11 B. H. LiddellHart, *Strategy* (Faber and Faber, 1954), *passim*.（リデルハート『戦略論　間接的アプローチ』上下、市川良一訳、原書房、2010年）。
12 A. von Schlieffen, "Cannae Studien," *Gesammelte Schriften* (Mittler, 1913, vol. 1), p. 262.
13 D. MacArthur, *Reminiscences* (Naval Institute Press, 1964), p. 264.（ダグラス・マッカーサー『マッカーサー大戦回顧録』、津島一夫訳、中公文庫、2014年）。
14 Machiavelli, *The Prince*, p. 133.

第七章

1 A. Hitler, speech of 28.4.1939, at http://comicism.tripod.com/390428.html.
2 Francis Bacon, "Essays Civil and Moral," in *The Works of Francis Bacon*, B. Montague, ed. (Care & Hart, 1844, vol. 1), p. 39.（ベーコン『随筆集』、成田成寿訳、中公クラシックス、2014年）。

第八章

1 歌詞全文は http://www. theaerodrome.com/forum/showthread.php?t=2774 で読める。
2 H.G.Wells, *The War in the Air* (Bell&Sons), 1907.
3 J. M. Stouling, "Rumsfeld Committee Warns against Space Pearl Harbor,'" *SpaceDaily*, 1111.1.2001, at http://www.spacedaily.com/news/bmdo-01b.html.
4 R. C. Molander, A. Riddle, and P. A. Wilson, *Strategic Information Warfare* (RAND, 1996) など参照。
5 K. Zetter, "An Unprecedented Look at Stuxnet, the World's First Digital Weapon," *Wired*, 11.3.2014, at http://www.wired.com/2014/11/countdown-to-zero-day-stuxnet/ 参照。
6 Clausewitz, *On War*, pp. 198–9.
7 C. Steele, "The Most Disturbing Snowden Revelations," *PC News*, 11.2.32014, at http://www.pcmag.com/article2/0,2817,2453128,00.asp 参照。

第九章

1 Plutarch, *Life of Pyrrhus 21*.8.（プルタルコス『英雄伝3』、柳沼重剛訳、西洋古典叢書、京都大学学術出版会、2011年）。
2 Lippincott & Co., 1960.
3 1983年3月23日に行われたこの演説の全文は http://www.atomicarchive.com/Docs/Missile/Starwars.shtml. で読める。
4 Federation of American Scientists, *Status of World Nuclear Weapons 2015*, at http://fas.org/issues/nuclear-weapons/status-world-nuclear-forces/.
5 本章で言及されているさまざまな戦略については L Freedman, *The Evolution of Nuclear Strategy* (New York, St. Martin's, 1984) 参照。

原注

序章

1　Sun Tzu, *The Art of War* (S. B. Griffith, trans. Oxford University Press, 1963), p. 63.（『孫子』、金谷治訳注、岩波文庫、2000 年）。
2　C. von Clausewitz, *On War* (M. Howard and P. Paret, eds., Princeton University Press, 1976), p. 76.（カール・フォン・クラウゼヴィッツ『戦争論』、篠田英雄訳、岩波文庫、2001 年）。
3　N. D. Wells, “In the Support of Amorality” に引用。
4　Karl Demeter, “*The German Officer-Corps in Society and State, in Society and State 1650–1945* (Praeger, 1965), p. 67.
5　J. V. Stalin to L. Z. Mekhlis, 1942, https://en.wikipedia.org/wiki/Lev_Mekhlis に引用。
6　Clausewitz, *On War*, p. 147.
7　W. E. Cairnes, ed., *Napoleon's Military Maxims* (Dover, 2004), p. 80.

第一章

1　*Iliad*, 5.583.（ホメロス『イリアス』、松平千秋訳、岩波文庫、1992 年）。
2　Th. Holcroft, ed., *Correspondence Letters between Frederic II and M. de Voltaire* (G. J. G. and J. Robinson, 1809, p. 7).
3　Ling Yuan, *The Wisdom of Confucius* (Random House, 1943), pp. 157–8 に引用。
4　Th. Hobbes, *Leviathan* (J. Palmenatz, ed., Collins, 1962), p. 135.（T・ホッブズ『リヴァイアサン』、水田洋訳、岩波文庫、1992 年）。
5　*Isaiah* 5:26.（「イザヤ書」）。
6　*Iliad*, 2.355.
7　D. L. Hartl, *Essential Genetics: A Genomic Perspective* (Jones, and Bartlett, 2011), pp. 159-60.（D・L・ハートル他『エッセンシャル遺伝学』、布山喜章・石和貞男監訳、培風館、2005 年）。http://news.nationalgeographic.com/news/2003/02/0214_030214_genghis.html も参照。
8　*Iliad*, 11.169.
9　E. Hemingway, *For Whom the Bell Tolls* (Arrow, 2004), p. 243.（アーネスト・ヘミングウェイ『誰がために鐘は鳴る』、大久保康雄訳、新潮文庫、2007 年）。
10　J. Glenn Gray, *The Warriors* (Harper & Row, 1970), p. 56.（J・グレン・グレイ『戦場の哲学者』、谷さつき・吉田一彦訳、PHP研究所、2009 年）。
11　J. M. Wilson, *Siegfried Sassoon, The Making of a War Poet* (Duckworth, 1998), pp. 179–80, 221, 268, 291, 317, 319, 510 に引用。
12　W. Taubman, *Kruschchev: The Man and His Era* (Norton, 2003), p. 211.（ウィリアム・トーブマン『父フルシチョフ　解任と死』、福島正光訳、草思社、1991 年）。
13　Sun Tzu, *The Art of War*, pp. 6–7.

第三章

1　Clausewitz, *On War*, p. 148.
2　R. Hofmann, *German Army War Games* (Army War College, 1983), pp. 29–30.
3　Livy, *Roman History*, viii.（リウィウス『ローマ建国史』、鈴木一州訳、岩波文庫、2007 年）。
4　Clausewitz, *On War*, pp. 87–88.
5　Clausewitz, *On War*, p. 78
6　R. -D. Mueller and G. R. Ueberschaer, *Hitler's War in the East* (Berghahn, 2002), p. 104. に引用。
7　Clausewitz, *On War*, p. 583.
8　D. Pietrusza, *The Rise of Hitler & FDR* (Rowman & Littlefield, 2016), p.150.
9　G. S. Patton, *War as I Knew It* (Fontana, 1979), p. 120.
10　Clausewitz, *On War*, p. 583.
11　Clausewitz, *On War*, p. 115.
12　Josephus Flavius, *The Jewish War*, Book 3, Chapter 5.（フラウィウス・ヨセフス『ユダヤ戦記 3』、新見宏訳、山本書店、1982 年）。
13　Plato, *Laws* 796 and 830c–813a.（プラトン『法律』、森進一・加来彰俊・池田美恵訳、岩波文庫、1993 年）。
14　R.Hoess, *TheCommandant* (Duckworth, 2012), locs. 266–71.

第四章

1　B. Colson, ed., *Napoleon on the Art of War* (Oxford University Press, 2015), p. 81 に引用。

【著者】 マーチン・ファン・クレフェルト　Martin Van Creveld

ヘブライ大学名誉教授。オランダ生まれで、1950年からイスラエル在住。軍事史および軍事戦略の世界屈指の専門家。著書は30冊以上にのぼり、20か国語に翻訳されている。既訳に『エア・パワーの時代』『戦争の変遷』『戦争文化論』『補給戦』がある。

【監訳】 石津朋之（いしづ・ともゆき）

防衛省防衛研究所戦史研究センター長（併）国際紛争史研究室長。
ロンドン大学キングス・カレッジ戦争研究学部名誉客員研究員、英国王立統合軍防衛安保問題研究所（RUSI）客員研究員、シンガポール国立大学客員教授を歴任。青山学院大学、放送大学非常勤講師。著訳書に、『戦争学原論』、『大戦略の哲人たち』、『リデルハートとリベラルな戦争観』、『戦争の変遷』、*Conflicting Currents : Japan and the United States in the Pacific* (Santa Barbara, CA: Praeger, 2009)、*Routledge Handbook of Air Power* (London: Routledge, 2018)　等がある。

【監訳】 江戸伸禎（えど・のぶよし）

国際基督教大学卒。訳書にナデラ他『Hit Refresh（ヒット リフレッシュ）――マイクロソフト再興とテクノロジーの未来』（共訳、日経BP社）がある。

MORE ON WAR
by Martin van Creveld

First Edition published in 2017
Japanese translation rights arranged with Martin van Creveld
c/o Artellus Lyd., London through Tuttle-Mori Agency, Inc., Tokyo

新時代「戦争論」

●

2018年5月31日　第1刷

著者…………マーチン・ファン・クレフェルト

監訳…………石津朋之

翻訳…………江戸伸禎

装幀…………岡孝治

発行者…………成瀬雅人

発行所…………株式会社原書房
〒160-0022 東京都新宿区新宿 1-25-13
電話・代表 03(3354)0685
http://www.harashobo.co.jp
振替・00150-6-151594

印刷…………新灯印刷株式会社
製本…………東京美術紙工協業組合

ISBN978-4-562-05575-3, Printed in Japan